Deepen Your Mind

序一

近年來，以新一代人工智慧為代表的新興應用正引領著下一代資訊技術的發展和全球化的產業變革。許多國家都制定了針對人工智慧技術和產業的發展規劃，力圖在變革中佔得先機。在這一輪人工智慧的熱潮中，資料、演算法和算力成為推動其發展的三個重要基石。

目前，人工智慧的算力普遍建構在 CPU+GPU 的異質計算平台上，由 GPU 提供對大規模向量、矩陣和張量處理所需的算力。GPU 原本是為圖形影像處理而設計的專用晶片，得益於其巨大的算力、靈活的程式設計模式和完整的生態，正逐漸發展成為兼顧通用計算、科學計算和圖形計算的通用加速器形態，即 GPGPU(General Purpose GPU)，極佳地契合了人工智慧對算力的迫切需求。美國的英偉達 (NVIDIA) 公司因此也成為近十年來成長最快的晶片公司之一。

遵從積體電路產業的發展規律，一款處理器晶片從設計到完成，並最終得到市場認可是一個漫長的過程。這個過程離不開一代又一代科技人才持續的投入，因此人才的培養與產品的研發處於同樣重要的地位。人才培養的根基在於大學的教學。GPGPU 設計領域仍然面臨大量專業人才的缺少。因此，一本合適的教材是十分必要的。我很高興該書的作者能夠即時地推出這樣一本教材，填補該領域教材的空白。

本書作者長期從事 GPGPU 架構、硬體和應用相關方面的研究，累積了豐碩的研究成果。本書深入 GPGPU 架構原理和設計的多個方面，系統全面地為讀者展現了 GPGPU 諸多方面的核心技術和實作細節。同時我很高興地看到，作者在撰寫本書時，透過架構原理、設計方法到前端研究一脈相承的論述，促發讀者對於計算本質的深入思考。本書有助電腦、電子和微電子相關專業的大學生、研究所學生更深刻地認識和了解 GPGPU，掌握 GPGPU 架構設計的核心技術。對於相關領域的工程師和研究人員，本書也是一個很好的參考。

毛軍發

中國科學院院士

序二

隨著深度學習技術的興起，人工智慧 (Artificial Intelligence，AI) 的第三次浪潮正深刻地改變著人類生活的各方面。演算法、巨量資料和算力是人工智慧發展的三大支柱，三者之間的正向互動推動了人工智慧的高速發展。回顧 20 世紀 50 年代以來人工智慧的幾次繁榮，無不與運算能力的增長有很大關係。比如第一次繁榮期緣於 20 世紀 50 年代電子電腦開始發展，第二次繁榮期則與 20 世紀 80 年代以英特爾為代表的處理器和記憶體技術得到廣泛應用密切相關。而第三次 AI 浪潮興起的很重要的原因，也是運算能力的快速提升，特別是通用圖形處理器 (GPGPU) 作為平行計算最重要的晶片架構形態，在最近的人工智慧浪潮的發展中有著關鍵性的作用，有力地支撐了運算能力的提升。尤其在雲端計算平台中，GPGPU 良好的可程式化能力能夠有效地發揮大算力的優勢，使其更容易滿足不同演算法和多樣化應用的開發需要，因此成為當前資料中心人工智慧計算平台的首選。同時，GPGPU 架構和硬體不斷發展和演變，也成為驅動晶片架構創新的最重要動力之一。

經歷了多年的發展，以 GPGPU 為核心的計算生態也形成了自身的發展框架，涉及軟硬體設計的各方面。雖然近年來有不少關於 GPGPU 軟體程式設計的教材，但是還沒有一本能對現代 GPGPU 系統結構原理進行深入剖析和解釋的書，本書的出現填補了這樣一個空白。本書從基本的 GPGPU 程式設計模型入手，第一次為人們展示了 GPGPU 平行計算架構的本質，並介紹該領域研究的重要進展和成果，讓人們在深入理解 GPGPU 架構的基礎上進一步思考 GPGPU 架構設計的核心要素和發展方向。本書不僅能夠幫助晶片設計人員深入理解 GPGPU 的架構，也能夠更進一步地幫助應用和演算法開發人員設計出更高效的軟體。對大學生和研究所學生，以及人工智慧和平行架構設計領域的相關研發人員也都有所裨益。

本書的作者長期從事 GPGPU 系統結構領域的研究工作，累積了豐富的研究成果。在當前半導體晶片發展的關鍵時期，本書的出版非常即時。希望本書能夠為充實高階通用晶片的基礎，促進產學研協作發展，推動 AI 產業和晶片架構設計領域的持續創新貢獻一份力量。

謝源

阿里巴巴副總裁，達摩院計算技術首席科學家

IEEE/ACM/AAAS Fellow

序三

隨著全球社會邁入數位時代，「算力等於生產力」已經成為共識。GPU 憑藉高度平行計算的「獨門秘笈」，逐漸發展成為人工智慧的主要算力形式之一。GPGPU(通用圖形處理器) 這一算力晶片形態應運而生，並擴大到科學計算、圖形計算、生物計算等領域，大有「後生可畏」之勢。掌握 GPGPU 晶片研發主動權的重要性不言而喻。

作為一名理工科出身的科技產業連續創業者，我親身經歷了 20 世紀 90 年代以來的電腦與資訊技術、網際網路與雲端運算、人工智慧三大浪潮。如今，再次投身於以 GPGPU 為代表的智慧計算產業，我為這樣的歷史機遇感到振奮，同時也感受到沉重的使命感。這是一條極為艱難的賽道。

晶片研發的「核心三要素」是人才、資本和產業資源。在資本和產業資源日益重視晶片發展的今天，人才短缺成為限制積體電路產業發展的最大「瓶頸」。相較於普通晶片，高階 GPGPU 晶片的開發難度呈現幾何級上升，能勝任 GPGPU 開發的專業人才缺少更是巨大。「21 世紀最缺的是人才！」這句話道出了 GPGPU 領域創業者的共同心聲。

很高興看到許多優秀的學者不僅在自己專注的前端領域產出了豐碩的學術成果，還致力於改變積體電路人才短缺的現狀，著力培養晶片產業真正需要的具有創新意識、工匠精神和實幹能力的年輕一代人才。聞悉作者籌畫、編纂的教材得以成書，作為相關產業的創業者，我由衷地向作者表示感謝。正是在許多有識之士的共同努力下，我國的積體電路人才培養力度已經獲得了空前的提升，開始了「量」與「質」的齊頭並進式發展。

我相信，本書作為貼近 GPGPU 產業前端發展內容與先進技術解析的教材，可以幫助培養出更多相關領域的優秀人才，為高階晶片產業實作突破性發展輸送生力軍，為未來的科技發展做出貢獻。

張文

壁仞科技創始人、董事長、CEO

前言

隨著人工智慧的高速發展，現代資訊社會中資料就是生產要素，算力就是生產力。如何構築未來大算力的基礎設施，滿足人們對通用大算力無止境的追求，成為促進人工智慧和資訊產業持續健康發展的重要因素。

在當前許多算力晶片的不同形態中，源於圖形處理器的通用圖形處理器 (General Purpose Graphics Processing Unit，GPGPU) 脫穎而出，在許多產業和多個領域中獲得了充分的驗證，廣泛賦能圖形 / 遊戲、高性能計算、人工智慧、數位貨幣及多種產業應用的巨量資料處理。得益於其大算力和高度可程式化特性，GPGPU 身為通用加速器已經成為未來算力建設的基礎性元件。正值本書撰稿之時，在人工智慧、算力基礎建設等多種因素的推動下，GPGPU 產業發展和創業熱潮也正呈現出前所未有的熱度。

GPGPU 的歷史並不長。人們對 GPGPU 的了解並沒有像通用處理器 CPU 那樣深入，也沒有達到深度學習專用加速器近年來高漲的熱度。這導致無論 GPGPU 的產業發展還是學術研究都面臨著較高的門檻。

不積跬步，無以至千里。我們嘗試著去填補這個空白，邁出深入 GPGPU 系統結構的一小步。本書並不是一本 GPGPU 應用程式開發指南，也不是一本 GPGPU 程式設計語法手冊，更不是特有產品的推廣或是複雜晶片的工程實作，因為在這些方面已經有了大量很好的教材和參考書可以提供豐富充實的案例與完整準確的說明。

我們希望的是讓讀者以架構的角度，去理解 GPGPU 系統結構的特點，去思考 GPGPU 晶片設計的方式。我們更希望透過本書能夠啟發更多的讀者去理解晶片設計的特點，思索計算的本質，進而能夠把握未來高性能通用計算架構的發展方向。我們也希望透過本書與同行一起探討和分享 GPGPU 架構和晶片設計的研究成果，推動高階通用處理器晶片和人工智慧產業的進一步發展。

本書共分為 7 章，內容涵蓋 GPGPU 概述、程式設計模型、控制核心架構、儲存架構、運算單元架構、張量核心架構及複習與展望。其中，第 1 章 GPGPU 概述，著重介紹 GPGPU 與 CPU 系統結構上的差異和現代 GPGPU 產品的特點。第 2 章 GPGPU 程式設計模型，介紹 GPGPU 程式設計模型的核心概念，勾勒出 GPGPU 異質計算的設計要點。第 3 章 GPGPU 控制核心架構，對 GPGPU 指令管線和關鍵控制元件的原理進行分析和介紹，並深入探討 GPGPU 架構的瓶頸問題和最佳化方法。第 4 章 GPGPU 儲存架構，對 GPGPU 多樣的層次化記憶體介紹，重點探討單晶片記憶體的設計和最佳化方法。第 5 章 GPGPU 運算單元架構，介紹數值表示和通用運算核心的設計。第 6 章 GPGPU 張量核心架構，對專門為人工智慧加速而設計的張量核心架構展開分析與介紹，揭示 GPGPU 對深度學習進行硬體加速的基本原理。在上述架構原理、設計方法的探討中，本書還著重介紹國際前端的研究成果，力圖解釋設計背後的挑戰，促讓讀者更深入地思考 GPGPU 架構設計的核心要素問題。第 7 章複習與展望，對全書內容進行複習，並對 GPGPU 發展進行展望。

這本書的出版，凝聚了許多老師、同學和業界同行的努力和心血。感謝上海交通大學的博士研究所學生李興、劉學淵、王旭航及碩士研究所學生官惠澤、王雅潔、王玨在本書資料搜集、整理工作中做出的巨大貢獻。感謝上海交通大學的主管和同事在本書寫作過程中給予的支持。

感謝壁仞科技董事長張文在本書寫作過程中提供的支持，也特別感謝壁仞科技王海川、陳龍、唐衫博士等對本書內容的建議和補充。感謝清華大學出版社盛東亮和崔彤等在本書的編校工作中所做出的貢獻。雖然我們在本書編撰過程中精益求精，但由於時間倉促和編者水準有限，書中難免有疏漏和不足之處，懇請讀者批評指正！

編者

GPGPU 常用術語對照表

本 書 用 語	CUDA 對應用語	OpenCL 對應用語
執行緒	thread(執行緒)	work-item
執行緒束	warp	wavefront
執行緒區塊	thread block	work-group
執行緒網格	grid	NDRange
協作組	cooperative groups	N/A
可程式化多處理器	streaming multiprocessor	CU
可程式化串流處理器	streaming processor	PE
張量核心	tensor core	matrix core
區域記憶體	local memory	private memory
共享記憶體	shared memory	local memory

目錄

Chapter 01 GPGPU 概述

Chapter 02 GPGPU 程式設計模型

Chapter **03** GPGPU 控制核心架構

Chapter 04 GPGPU 儲存架構

Chapter 05 GPGPU 運算單元架構

Chapter 06 GPGPU 張量核心架構

Chapter 07 複習與展望

Chapter 01 GPGPU 概述

GPGPU(General Purpose Graphics Processing Unit, 通用圖形處理器)脫胎於 GPU(Graphics Processing Unit，圖形處理器)。早期由於遊戲產業的推動，GPU 成為專門為提升圖形繪製效率而設計的處理器晶片。如今，圖形影像處理的需求隨處可見，無論在伺服器、個人電腦、遊戲主機還是行動裝置(如平板電腦、智慧型手機等)上，GPU 都已經成為不可或缺的功能晶片。隨著功能的不斷演化，GPU 逐漸發展成為平行計算加速的通用圖形處理器，即 GPGPU。尤其近年來隨著人工智慧的高速發展，GPGPU 由於其強大的運算能力和高度靈活的可程式化性，已經成為深度學習訓練和推理任務最重要的計算平台。這主要得益於 GPGPU 的系統結構極佳地適應了當今平行計算的需求。

1.1 GPGPU 與平行電腦

什麼是平行電腦？ Almasi 和 Gottlieb 舉出的定義是：「平行電腦是一些處理單元的集合，它們透過通訊和協作快速解決一個大的問題。」

這個簡單的定義明確了平行電腦的幾個關鍵要素，即處理單元的集合、通訊和協作。「處理單元」是指具有指令處理和運算能力的邏輯電路，它定義了平行計算的功能特性。一個處理單元可以是一個算術邏輯功能單元，也可以是一個處理器核心、處理器晶片或整個計算節點。「處理單元的集合」則定義了平行計算具有一定的規模性。「通訊」是指處理單元彼此之間的資料互動。通訊的機制則明確了兩類重要的平行系統結構，即共享儲存結構和消息傳遞結構。「協作」是指平行任務在執行過程中相對於其他任務的同步關係，約束了平行電腦進行多工處理的順序，保障其正確性。「快速解決一個大的問題」表明了平行電腦是為解決一個問題而工作的，其設計目標是性能。

然而，這個寬泛的定義並沒有指明平行電腦的設計方式和實作方法，比如，處理單元如何組織，通訊媒體如何選擇，協作的機制和細微性如何處理等。平行系統結構研究的就是如何組織這些要素，從而實作一個平行電腦，並使之高效工作。

從這個定義來看，GPGPU 系統結構也符合平行電腦的定義，而且它明確地採用了類似單指令多資料的設計方式和實作方法，成為當今平行電腦最為成功的設計範例之一。

1.1.1 平行系統結構

雖然實作多核心平行的單晶片微處理器是 2001 年以後才出現的 (IBM Power4)，但人們對平行電腦的關注從很早就開始了。弗林 (Flynn)

在 1972 年就對不同類型的平行性進行了研究，並根據指令串流和資料串流的關係定義了平行電腦的類型。指令串流是由單一程式計數器產生的指令序列，資料串流是指令所需的資料及其造訪網址的序列，包括輸入資料、中間資料和輸出資料。弗林分類法將平行歸納為以下 4 類。

(1) 單指令串流單資料串流 (Single Instruction Stream & Single Data Stream，SISD)。SISD 並不是平行系統結構。傳統的單核心 CPU 就是 SISD 的代表，它在程式計數器的控制下完成指令的循序執行，處理一個資料。但它仍然可以利用指令級平行 (Instruction-Level Parallelism，ILP)，在指令相互獨立時實作多行指令的平行。

(2) 單指令串流多資料串流 (Single Instruction Stream & Multiple Data Stream，SIMD)。SIMD 是一種典型的平行系統結構，採用一行指令對多個資料操作。向量處理器就是 SIMD 的典型代表。很多微處理器也增加了 SIMD 模式的指令集擴充。在實際應用中，SIMD 通常要求問題中包含大量對不同資料的相同運算 (如向量和矩陣運算)。大部分的情況下，SIMD 需要有高速 I/O 及大型存放區來實作高效平行。GPGPU 也參考了 SIMD 的方式，透過內建很多 SIMD 處理單元和多執行緒抽象來實作強大的平行處理能力。

(3) 多指令串流單資料串流 (Multiple Instruction Stream & Single Data Stream，MISD)。MISD 是指採用多行指令 (處理單元) 來處理單筆資料串流，資料可以從一個處理單元傳遞到其他處理單元實作平行處理。一般認為，脈動陣列 (systolic array) 結構是 MISD 的一種實例，例如 Google 公司的 TPU 系列深度學習加速器。脈動陣列結構在傳統數位訊號處理中有比較廣泛的應用，但往往對計算場景有著比較嚴格的約束。

(4) 多指令串流多資料串流 (Multiple Instruction Stream & Multiple Data Stream，MIMD)。MIMD 是最為通用的平行系統結構模型。它對指令串流和資料串流之間的關係沒有限制，通常包含多個控制單元和多個處理單元。各個處理單元既可以執行同一程式，也可以執行不同的程式。在弗林分類中，MIMD 通用性最高，但設計的複雜性可能導致效率較低。目前大多數多核心處理器就屬於 MIMD 的範圍。

根據實作層次的不同，平行系統結構可以有多種實作方式。最基本的方式是單核心內指令級平行，即處理器在同一時刻可以執行多行指令。管線技術是實作指令級平行的關鍵啟用技術。採用管線技術設計的指令級平行微處理器核心已經成為教科書級的設計典範。在這個基礎上是多執行緒和多核心平行，即一個晶片上緊密整合多個處理單元或處理核心，同時處理多個任務。再上一個層次的平行是多電腦平行，即將多個晶片透過專用的網路連接在一起實作更大規模的平行。更高層次的平行式倉儲級電腦 (warehouse-scale computer)，即借助網際網路技術將數以萬計的處理器和電腦節點連接在一起。每個節點可能是一個獨立的電腦，並具備前述多種層面的平行。

在摩爾定律的指引下，半導體製程曾按照每 18 個月電晶體數量成長一倍的速度發展，從而為平行系統結構提供了物理實作的基礎。伴隨著半導體製程的進步和平行系統結構的發展演化，平行系統結構的實作考慮了所有層次的平行類型，而且在哪種層面支援何種類型的平行性也變得相對明確。舉例來說，指令級平行和資料級平行更適合在核心內實作，因為它所需要的暫存器傳輸級 (Register Transfer Level，RTL) 通訊和協作可以在核心內以極低的延遲完成。因此，現代微處理器中每個核心都會綜合運用管線化、超過標準量、超長指令字、分支預測、亂數執行等技術來充分挖掘指令級平行。相對來講，MIMD 的平行層次更高，會更多地利用多個處理單元、多個處理核心和多個處理器或更多的節點來實作。

1.1.2 GPU 與 CPU 系統結構對比

在面對平行任務處理時，CPU 與 GPU 的系統結構在設計理念上有著根本的區別。CPU 注重通用性來處理各種不同的資料型態，同時支援複雜的控制指令，比如條件轉移、分支、迴圈、邏輯判斷及副程式呼叫等，因此 CPU 微架構的複雜性高，是指令執行導向的高效率而設計的。GPU 最初是針對圖形處理領域而設計的。圖形運算的特點是大量同類型資料的密集運算，因此 GPU 微架構是這種特點導向的計算而設計的。

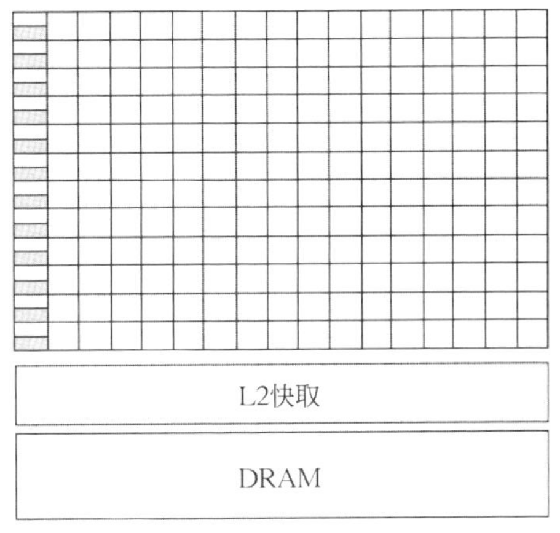

▲ 圖 1-1 多核心 CPU 和眾核心 GPU 的架構對比

設計理念的不同導致 CPU 和 GPU 在架構上相差甚遠。CPU 核心數量較少，常見的有 4 核心和 8 核心等，而 GPU 則由數以千計的更小、更高效的核心組成。這些核心專為同時處理多工而設計，因此 GPU 也屬於通常所說的眾核心處理器。多核心 CPU 和眾核心 GPU 的架構對比如圖 1-1 所示。可以看到，CPU 中大部分電晶體用於建構控制電路和儲存單元，只有少部分的電晶體用來完成實際的運算工作，這使得 CPU 在大規模平行計算能力上極受限制，但更擅長邏輯控制，能夠適應複雜的運算環境。由於 CPU 一般處理的是低延遲任務，所以需要大量如圖 1-1 所示的一級 (L1)、二級 (L2)、三級 (L3) 快取記憶體 (cache) 空間來減少存取指令和資料時產生的延遲。GPU 的控制則相對簡單，對快取記憶體的需求相對較小，所以大部分電晶體可以組成各類專用電路、多筆管線，使得 GPU 的運算能力有了突破性的飛躍。圖形繪製的高度平行性，使得 GPU 可以透過簡單增加平行處理單元和記憶體控制單元的方式提高處理能力和記憶體頻寬。

應用場景和架構上的差異還導致多核心 CPU 與眾核心 GPU 在浮點計算性能上的差別。圖 1-2 描述了 2006—2020 年具有代表性的部分 Intel 的 CPU、NVIDIA 的 GPU 和 AMD 的 GPU 在性能上的對比和發展趨勢，垂直座標是單精度的峰值浮點性能 (GFLOPS)。可以看出，GPU 的浮點性能都遠高於 CPU。近年來，CPU 大幅提升了其峰值浮點性能，但仍舊與具有強大浮點運算能力的 GPU 存在差距。

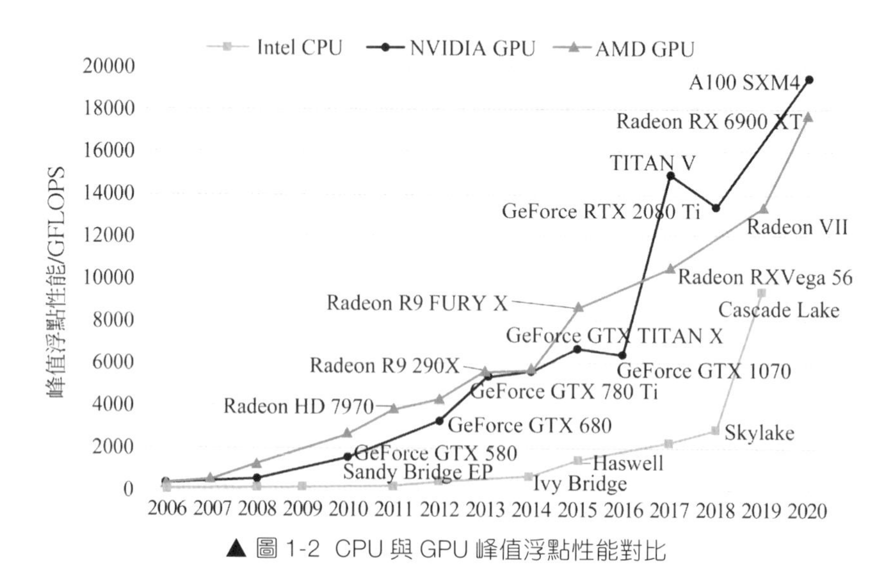

▲ 圖 1-2 CPU 與 GPU 峰值浮點性能對比

1.2 GPGPU 發展概述

隨著半導體製程水準的不斷提升和電腦系統結構設計的不斷創新，GPU 在過去的二十餘年間獲得了快速發展，從傳統圖形影像相關的三維影像繪製專用加速器拓展到多種應用領域，形成了通用計算導向的圖形處理器，即 GPGPU 這一全新形態。

1.2.1 GPU

要深入理解 GPU 計算的本質，就需要首先明確「圖形影像相關」的任務是什麼。在電腦顯示過程中，將三維立體模型轉化為螢幕上的二維影像需要經過一系列的處理步驟，這些處理步驟在實際設計中會形成圖形處理的管線。圖形管線需要不同的應用程式介面 (Application Programming Interface，API) 來定義它們的功能。目前主要有兩種標準，OpenGL 和 Direct3D。圖 1-3 為這些影像 API 所定義的邏輯圖形管線的示意圖。它以某種形式的三維場景作為輸入，輸出二維影像到顯示器，其主要操作過程包括以下步驟。

(1) 輸入階段。執行在 CPU 上的應用程式是整個圖形管線的入口處，該應用程式負責建構想要繪製在螢幕上的幾何圖形。幾何圖形可以由許多頂點、線、三角形、四邊形等組成，這些就是圖形中常見的幾何像素。這些幾何像素歸根結底也是由若干頂點組成的，每個頂點的屬性資訊不僅包括頂點在空間中的三維座標，還包括顏色 (RGB 等)、紋理等特性。這些頂點及圖詮譯資訊將首先駐留在 CPU 的主記憶體中，由應用程式使用 3D API 將這些資訊從主記憶體傳輸到 GPU 裝置端記憶體中。

(2) 頂點處理。接收到 CPU 發來的頂點資訊後，頂點著色器 (vertex shader) 對每個頂點資料進行一系列的變換，包括幾何變換、視圖變換、投影變換等，實作頂點的三維座標向螢幕二維座標的轉化。接收到的 CPU 模型往往是在區域空間中建構的，幾何變換透過一系列平移、旋轉、縮放等幾何操作，將模型從區域空間轉換到世界空間中。由於顯示輸出的需要，使用者會定義一個視窗，類比於相機，視窗變換會定義一個觀察模型的位置和角度。然後投影變換將模型投影到與視窗觀察方向垂直的平面上。除此之外，頂點著色器還會決定每個頂點的亮度。頂點著色器對每個頂點的處理是相互獨立的，無法得到頂點間的關係，也不可以建立或銷毀任何頂點。

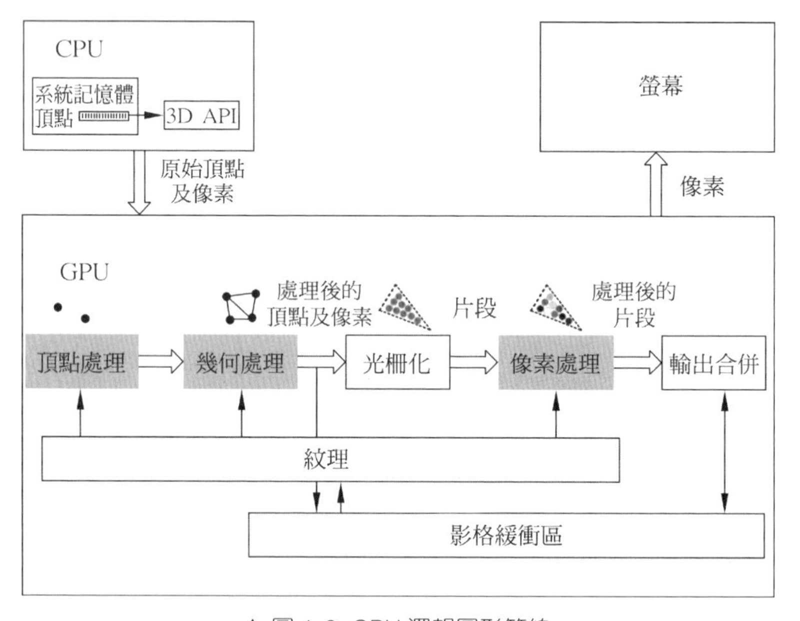

▲ 圖 1-3 GPU 邏輯圖形管線

(3) 幾何處理。幾何著色器 (geometry shader) 對由多個頂點組成的幾何像素操作，實作逐像素著色或產生額外的像素。各個像素的處理也是相互獨立的。

(4) 光柵化階段。將上一階段得到的幾何像素轉換成一系列部分的集合，每個部分由像素點組成。轉換後所得到的模型投影平面是一個影格緩衝區，它是一個由像素定義的光柵化平面。光柵化 (rasterization) 的過程，實際上就是透過採樣和插值確定影格緩衝區上的像素該取什麼樣的值，最終建立由幾何像素覆蓋的部分。

(5) 像素處理。這些像素或由像素連成的部分還要透過像素著色器 (pixel shader) 或片段著色器增加紋理、顏色和參數等資訊。該過程使用插值座標在 1D、2D 或 3D 的紋理陣列中進行大量的採樣和過濾操作。

(6) 輸出合併。最後階段執行 Z-buffer 深度測試和範本測試，捨棄隱藏部分或用段深度取代像素深度，並將段顏色和像素顏色進行合成，將合成後的顏色寫入像素點。

經過上述操作，影格緩衝區裡的結果在顯示器上輸出顯示。以繪製一棵樹木為例來説明圖形管線的工作流程。首先，GPU 從顯示記憶體讀取描述樹木 3D 外觀的頂點資料，生成一批反映三角形場景位置與方向的頂點。其次，由頂點著色器計算每個頂點的 2D 座標和亮度值，在螢幕空間繪出組成樹木的頂點。頂點被分組成三角形像素，幾何著色器進一步細化，生成更多幾何像素。GPU 中的固定功能單元對這些幾何像素進行光柵化，生成對應的部分集合，由像素著色器從顯示記憶體中讀取紋理資料對每個片段著色和繪製。最後，根據部分資訊更新樹木影像。由光柵操作處理器 (Raster Operations Processor，ROP) 完成像素到影格緩衝區的輸出，影格緩衝區中的資料輸出到顯示器上以後，就可以看到繪製完成的樹木影像了。

該過程以較高的影格頻率重複，從而讓使用者可以看到一系列連續的影像變化。隨著圖形處理需求的日益複雜和硬體加速性能的不斷完善，有越來越多的功能被增加到圖形管線中，形成了更為豐富的圖形管線操作步驟和流程。可以注意到，圖 1-3 中灰色部分標示出的是當前圖形管線中可程式化的部分，而這正是 GPU 演化成 GPGPU 的基礎。

1.2.2 從 GPU 到 GPGPU

從 20 世紀 90 年代開始，GPU 與 CPU 在數餘年的時間裡一直各司其職。但 CPU 單核心性能的提高受到功耗、存取記憶體速度、設計複雜度等多重瓶頸的限制，而 GPU 僅被侷限於處理圖形繪製的計算任務。這對擁有強大平行計算能力的 GPU 來說，無疑是對運算資源的極大浪費。隨著 GPU 可程式化性的不斷提升，GPU 可以接管一部分適合自己進行運算的應用，利用 GPU 完成通用計算的研究也漸漸活躍起來，GPU 開始應用於圖形繪製以外更多的通用領域，逐漸演化成為 GPGPU。

GPGPU 這一計算形態的演化不是一蹴而就的，與 GPU 架構本身的發展變革也密切相關。GPU 的發展歷史大致可以分為三個時代，即固定功能的圖形管線時代、可程式化圖形管線時代及 GPGPU 通用計算時代。

第一個時代是從 20 世紀 80 年代初到 90 年代末，這期間圖形硬體中性能最好的是固定功能管線，但不可程式化，因而不夠靈活。ATI 公司於 1985 年開發出第一款圖形晶片和圖形卡，於 1992 年發佈整合了圖形加速功能的 Mach32 圖形卡，但那時候這種晶片還沒有 GPU 的稱號，很長的一段時間 ATI 都是把圖形處理器稱為 VPU，直到 ATI 被 AMD 收購之後其圖形晶片才正式採用 GPU 的名字。早期的 GPU 只能進行二維的點陣圖操作，20 世紀 90 年代末出現了硬體加速的三維座標轉換和光源計算技術。

第二個時代是 2001—2006 年，可程式化即時圖形管線的出現將頂點處理和部分處理移到了可程式化處理器上。舉例來說，以前的固定圖形管線中需要 CPU 計算出每一影格的頂點變化然後傳遞給管線執行。但頂點著色器出現後，CPU 只需要把頂點資料準備好，然後在頂點著色器中程式設計控制頂點的各種屬性。這樣一來，CPU 只需要開始時傳遞一次資料給 GPU 就可以了，這大大節省了資料傳輸銷耗的時間。而且 GPU 強大的平行計算能力，使得在 GPU 中進行計算比在 CPU 中快得多。由於可程式化性的引入，GPU 不再是一個功能單一的裝置，擁有了更好的可擴充性和適應性，GPGPU 也正是在可程式化圖形管線階段開始發展起來的。在將 GPU 運用到科學計算上時，這些可程式化的著色器和著色語言 (為著色器程式設計的語言) 就成了技術的核心。把演算法用著色語言實作，再載入到著色器裡，同時把原本的圖形物件替換為科學計算的資料，這就實作了 GPU 對通用資料的處理。但著色器程式語言是為複雜的圖形處理任務設計的，而非通用科學計算，所以在使用時需要透過一系列非常規的方法來達到目的。這種方式要求程式設計人員不僅要熟悉自己需要實作的計算和平行算法，還要對圖形學硬體和程式設計介面有深入的了解，開發難度很高。

2006 年，NVIDIA 公佈了統一著色器架構 (unified shader architecture) 和其 GeForce8 系列 GPU。從此，GPU 進入了通用計算時代。傳統的 GPU 廠商通常採用固定比例的頂點著色器和像素著色器單元 (比如經典的 1：3 黃金繪製架構)，但這種做法常常會導致單元使用率低下的問題。比如，一段著色程式中包含 10% 的頂點著色器指令，剩下 90% 都是像素著色器指令，那麼頂點著色器一段時間內將處於空閒狀態，反之同理。為解決這一問題，統一著色器架構整合了頂點著色器和像素著色器，這種無差別的著色器設計，使得 GPU 成了一個多核心的通用處理器。

圖 1-4 展示了這種統一的 GPU 結構，它以多個可程式化串流處理器 (Streaming Processor，SP) 組成的平行陣列為基礎，統一了頂點、幾何、像素處理和平行計算，而不像早期的 GPU 那樣對每種類型都有專用的分立處理器。這個架構基於 NVIDIA GeForce 8800 GPU 建構。它將 112 個 SP 陣列組織成了 14 個串流多處理器 (Streaming Multiprocessor，

SM)，14 個 SM 又組成了 7 個紋理處理叢集 (Texture Processing Cluster，TPC)、共享紋理單元和紋理 L1 快取。紋理單元會將過濾後的結果傳給 SM，因為對連續的紋理請求來說，支援的過濾區域通常是重疊的，因此一個小的 L1 紋理快取可以有效地減少記憶體系統請求。在統一的 SM 及其 SP 核心上，既可以執行包括頂點、幾何及部分處理的圖形應用，也可以執行普通的計算程式。處理器陣列透過一個內部互連網路與光柵操作處理器、L2 紋理快取、動態隨機記憶體 (DRAM) 和系統記憶體相連。

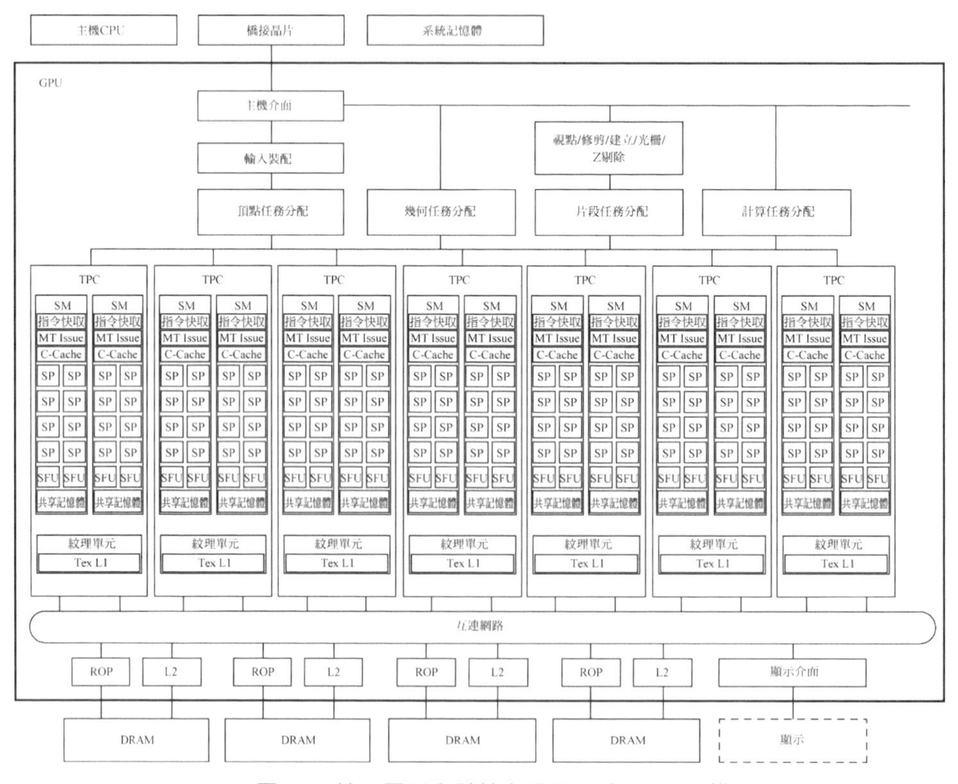

▲ 圖 1-4 統一圖形和計算處理單元的 GPU 架構

圖 1-5 進一步展示了圖 1-3 所示的邏輯圖形管線中各個階段是如何映射到圖 1-4 的統一架構上的。從圖 1-5 中可以看出，專用的圖形處理單元

與統一的計算處理單元有機地結合在一起，頂點處理、幾何處理和像素處理等可程式化著色器的處理過程都是在統一的 SM 陣列和 SP 單元上完成的。圖形資料在圖形和計算處理單元之間不斷循環，完成原有的邏輯圖形管線的處理。

第三個時代可以認為從 2007 年 6 月開始，NVIDIA 推出了 CUDA (Compute Unified Device Architecture，計算統一裝置系統結構)。CUDA 是一種將 GPU 作為資料平行計算裝置的軟硬體系統，不需要借助圖形學 API，而是採用了比較容易掌握的類 C 語言進行開發。開發人員能夠利用熟悉的 C 語言比較平穩地從 CPU 過渡到 GPU 程式設計。與以往的 GPU 相比，支援 CUDA 的 GPU 在架構上有了顯著的改進。一是採用了統一處理架構，可以更加有效地利用過去分佈在頂點著色器和像素著色器的運算資源；二是引入了晶片內共享記憶體，支援隨機寫入 (scatter) 和執行緒間通訊。這兩項改進使得 CUDA 架構更加適用於通用計算，NVIDIA 從 G80 系列開始加入了對 CUDA 的支援。

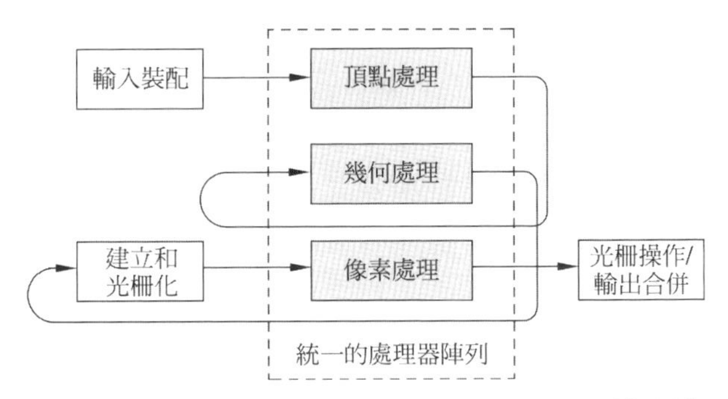

▲ 圖 1-5　邏輯圖形管線向統一的處理器陣列結構映射

隨後在 2008 年，蘋果、AMD 和 IBM 等公司也推出了 OpenCL(Open Computing Language，開放運算語言) 開放原始碼標準，定義了適用於多核心 CPU、GPGPU 等多種異質平行計算系統的架構框架和程式設計原則。從此，GPGPU 時代真正開始。

1.3 現代 GPGPU 產品

作為目前世界上最大的兩家圖形晶片提供商，美國的 NVIDIA 和 AMD 公司在桌面及工作站 GPU 和 GPGPU 領域遙遙領先。除此之外，Intel 公司一直以來主要發展其內建顯示卡業務，而 ARM、高通等知名企業都在嵌入式 GPU 領域迅速發展。

1.3.1 NVIDIA GPGPU

NVIDIA 的 GPU 產品主要有 GeForce、Tesla 和 Quadro 三大系列。三者採用同樣的架構設計，也支援用作通用計算，但面向的目標市場及產品定位不同。其中，Quadro 的定位是專業用途顯示卡，GeForce 的定位是家庭娛樂，而 Tesla 的定位是專業的 GPGPU，因此沒有顯示輸出介面，專注資料計算而非圖形顯示。

NVIDIA Tesla 系列經歷了 Tesla(2008)、Fermi(2010)、Kepler(2012)、Maxwell(2014)、Pascal(2016)、Volta(2017)、Turing(2018) 和 Ampere (2020) 這幾代架構。表 1-1 列出了 NIVIDIA GPGPU 系列產品的關鍵指標。可以看到，每代架構更新都帶來了產品製程、運算能力、儲存頻寬等方面的巨大提升。

表 1-1 NVIDIA GPGPU 系列產品的關鍵指標

產品型號	Tesla M2090	Tesla K40	Tesla M40	Tesla P100	Tesla V100	Tesla T4	Tesla A100
GPU	GF110	GK100	GM200	GP100	GV100	TU104	GA100
架構	Fermi	Kepler	Maxwell	Pascal	Volta	Turing	Ampere
SM	16	15	24	56	80	40	108
CUDA 核心單元	512	2880	3072	3584	5120	2560	6912

產品型號	Tesla M2090	Tesla K40	Tesla M40	Tesla P100	Tesla V100	Tesla T4	Tesla A100
張量核心單元	NA	NA	NA	NA	640	320	432
GPU 超頻頻率 / MHz	NA	810/875	1114	1480	1530	1590	1410
FP32 單元峰值 (GFLOPS)	1332	5046	6844	10609	15670	8141	19490
FP64 單元峰值 (GFLOPS)	666.1	1682	213.9	5304	7834	254.4	9746
張量單元峰值 (TFLOPS, FP16)	NA	NA	NA	NA	125	65	312
記憶體介面	384-bit GDDR5	384-bit GDDR5	384-bit GDDR5	4096-bit HBM2	4096-bit HBM2	256-bit GDDR6	5120-bit HBM2e
記憶體大小	6GB	Up to 12GB	Up to 24GB	16GB	16GB	16GB	40GB
TDP/ 瓦	250	235	250	300	300	70	250
電晶體數量 /10 億	3.0	7.1	8.0	15.3	21.1	13.6	54.2
晶片大小 /mm^2	520	551	601	610	815	545	826
製程 /nm	40	28	28	16 FinFET+	12 FFN	12	7

Fermi 架構是第一個為高性能計算 (High Performance Computing，HPC) 應用提供所需功能的架構，支援符合 IEEE 754—2008 標準的雙精度浮點，融合乘加運算 (Fused Multiply-Add,FMA)，提供從暫存器到 DRAM 的 ECC(Error Correcting Code) 保護，具有多級別的快取，並支援包括 C、C++、FORTRAN、Java、MATLAB 和 Python 等程式語言。一般來說 Fermi 架構被認為是第一個完整的 GPGPU 計算架構，它實作了圖形性能和通用計算並重，為通用計算市場帶來前所未有的變革。

Kepler 架構是為了高性能科學計算而設計的，相比 Fermi 架構效率更高，性能更好，其突出優點是雙精度浮點運算能力高並且更加強調功耗比。但是雙精度能力在深度學習訓練上作用不大，所以 NVIDIA 又推出了 Maxwell 架構來專門支援神經網路的訓練。Maxwell 架構支援統一虛擬記憶體技術，允許 CPU 直接存取顯示記憶體和 GPU 存取主記憶體。隨後，NVIDIA 又推出了 Pascal 架構，進一步增強了 GPGPU 在神經網路方面的適用性。

Volta 架構對 GPU 的核心，即串流多處理器 (SM) 的架構進行了重新設計。Volta 架構比前代 Pascal 設計能效高 50%。在同樣的功率範圍下，單精度浮點 (FP32) 和雙精度浮點 (FP64) 性能有大幅提升。Volta 架構還新增了專門為深度學習而設計的張量核心 (tensor core) 單元。Volta 架構的另一個重要改動是獨立的執行緒排程。之前 NVIDIA 一直使用 SIMT 架構，即一個執行緒束 (warp) 中的 32 個執行緒共享一個程式計數器 (Program Counter，PC) 和堆疊 (stack)。Volta 架構中每個執行緒都有自己的程式計數器和堆疊，使得執行緒之間的細微性控制成為可能。

Turing 架構最重要的新特性是加入了專門用於加速光線追蹤的 RT(Ray-Tracing) 核心，實作了電腦圖形學的一大突破，使得即時光線追蹤成為可能。另外，深度學習超採樣 (Deep Learning Super Sampling，DLSS) 使用專為遊戲而設的深度神經網路，使用超高品質的 64 倍超級採樣影像或真實畫面進行訓練，進而透過張量核心來推斷高品質的反鋸齒結果。在 Turing 架構上，張量核心不僅可以加速 DLSS 等特性，也可以加速某些基於 AI 的降噪器，以清理和校正即時光線追蹤繪製的畫面。

Ampere 架構是 NVIDIA 在 2020 年新推出的 GPGPU 架構，其旗艦產品 Ampere A100 中張量核心單元的性能比 Volta 架構中張量核心單元的性能提高了 2.5 倍，比傳統的 CUDA 核心單元執行單精度浮點乘加的性能提高了 20 倍。

1.3.2 AMD GPGPU

在很長一段時間內，AMD 的 GPGPU 一直沿用超長指令字 (Very Long Instruction Word，VLIW) 架構。但由於超長指令字在通用計算領域發揮受限，AMD 於 2011 年推出了採用 GCN(Graphics Core Next) 架構的 GPGPU 產品。表 1-2 列出了 AMD GPGPU 系列產品的關鍵指標。

表 1-2 AMD GPGPU 系列產品的關鍵指標

產品型號	Radeon R9270	Radeon R9390x	Radeon R9Fury	Radeon RX580	Radeon RXVega64	Radeon ProW5700X	Radeon RX6900XT
架構	GCN1.0	GCN2.0	GCN3.0	GCN4.0	GCN5.0	RDNA1.0	RDNA2.0
GPU 超頻頻率 /MHz	925	1050	1000	1340	1546	2040	1735
FP32 單元峰值 (GFLOPS)	2368	5914	7168	6175	12660	10440	17770
FP64 單元峰值 (GFLOPS)	148	739.2	448	385.9	791.6	652.8	1110
記憶體介面	256-bit GDDR5	512-bit GDDR5	4096-bit HBM2	56-bit GDDR5	2048-bit HBM2	256-bit GDDR6	384-bit GDDR6
記憶體大小	2GB	8GB	4GB	8GB	8GB	16GB	12GB
TDP/ 瓦	150	275	275	185	295	205	300
電晶體數量 /10 億	2.8	6.2	8.9	5.7	12.5	10.3	21
晶片大小 /mm^2	212	438	596	232	495	251	505
製程 /nm	28	28	28	14	14	7	7

GCN 架構採用 GCN 單元，也稱 CU(Compute Unit)。每個 CU 內部擁有 4 組 SIMD 陣列。雖然還是基於 SIMD 系統，但是 4 組 SIMD 陣列的同步執行使得每個 CU 單元每週期可以執行 4 執行緒，具備了 MIMD 系統的特點。每個 SIMD 陣列擁有 16 個 ALU，因此 GCN1.0 架構的顯示卡

HD7970 便是 32 個 CU，或 128 組 SIMD 陣列，或 2048 個串流處理器。GCN 架構是 AMD 第一次針對 3D 繪製 /GPU 計算雙重使命而設計的。

2016 年，AMD 推出第四代 GCN 架構，即 Polaris 架構。Polaris 架構最佳化了 FinFET 製程，性能有了新的突破。在 Polaris 架構的關鍵功能中，第四代 GCN 核心進一步改進，涉及基本操作捨棄加速器、硬體排程、指令預先讀取、繪製效率及記憶體壓縮等單元。

之後的 Vega 架構作為第五代 GCN 架構引入四大新特性：高頻寬快取控制器、下一代計算單元 (Next-Generation Compute Unit，NCU)、高級像素引擎和新一代幾何繪製引擎。其中在深度學習方面，Vega GPU 中首度引入了緊縮 (packed) 的半精度計算支援。Vega 的微架構被稱為 NCU，每個 NCU 中擁有 64 個 ALU，它可以靈活地執行緊縮數學操作指令，如每個週期可以進行 512 個 8 位元計算，或 256 個 16 位元計算，或 128 個 32 位元計算。這充分利用了硬體資源，大幅提升了 Vega 在深度學習計算領域的性能。

2019 年，AMD 發佈了新一代 Navi 架構。它採用來自 GCN 但做出大幅改進和增強的 RDNA 架構。Navi 架構採用 7nm 生產製程，擁有更快的 GDDR6 顯示記憶體，相對 GDDR5 顯示記憶體頻寬提升 2 倍。在計算單元組成上，RDNA 架構將 GCN 架構每個 CU 裡的 64 個串流處理器分為兩組，每組 32 個，並配備 2 倍數量的純量單元、排程器與向量單元。在快取方面，RDNA 架構加入 128KB 的 16 路 L1 快取，將 L0 快取與串流處理器之間的載入頻寬提升了 2 倍。此外，RDNA 架構還提升了圖形管線的效率。

1.3.3 Intel GPGPU

相比於 NVIDIA 和 AMD 獨立顯示卡產品的不斷迭代，Intel 的 GPU 更多情況下作為整合在北橋或 CPU 內部的一片圖形輔助處理器而存在。

相比於獨立顯示卡，內建顯示卡或核心顯示卡的形式會受限於面積、功耗和散熱等問題，影響到圖形處理和通用計算的性能。舉例來説，Intel 在推出 HD Graphics 以前的顯示核心包括 Intel Extreme Graphics 和 Intel GMA(Graphics Media Accelerator)，都整合於北橋晶片中。隨著 2010 年推出的 Nehalem 微架構逐步推行單晶片組設計，原來整合於北橋的顯示核心移至 CPU 處理器上，稱為 Intel HD Graphics 或「核心顯示卡」。

在獨立 GPU 方面，遭遇了 Larrabie 的挫折後，2020 年 Intel 以 10nm 製程重新設計了新一代 Xe 架構的 GPU，試圖推動 GPU 算力從兆次 (TFLOPS) 向 GB 次 (PFLOPS) 邁進。Intel 也將 Xe GPU 從 CPU 中分離成為 Iris Xe Graphics 獨立顯示卡。它擁有 96 個串流處理器，配備 4GB 的 LPDDR4X 顯示記憶體，擁有 128 位元寬。除傳統的圖形處理能力外，Iris Xe 透過 OpenCL 提供了通用運算能力。Xe GPU 家族由一系列顯示卡晶片組成，透過一個架構統一所有應用場景，如 Xe LP 低功耗、Xe HP 高性能、Xe HPC 資料中心。

同時，面對巨量智慧裝置和資料指數增長，Intel 將重點轉移到跨 CPU、GPU、FPGA 和其他加速器的混合架構，將其稱之為 XPU 願景，並在 2019 國際超算大會上第一次提出。Intel 希望能夠建立一個類似於 CUDA 的全面軟體堆疊和工具套件，名為 oneAPI 統一計算和簡化跨系統結構程式設計模型，開放成為業界標準，為各種不同硬體，尤其是 HPC 和 AI 提供更高的處理性能。

1.3.4 其他 GPU

在 PC、遊戲主機及伺服器市場，主要是 NVIDIA 和 AMD 兩家公司在競爭，而在嵌入式裝置市場則有多樣的 GPU 產品，如 Imagination 的 PowerVR(曾被蘋果採用)、高通的 Adreno 系列 (曾被小米、三星採用) 及 ARM 的 Mali 系列。雖然這些 GPU 一定程度上基於 OpenCL 標準啟用了通用運算能力，但在智慧裝置導向的嵌入式行動終端上，通用運算能力並非這些 GPU 的重點和強項。

參考文獻

[1] Almasi G S,Gottlieb A.Highly parallel computing[M].2nd ed.Benjamin-Cummings Publishing Co.,Inc.1994.

[2] de Macedo Fernandes R D G.IBM POWER4: A 64-bit Architecture and a new technology to form systems[Z].(2003-01-31)[2021-08-12].http://gec.di.uminho.pt/discip/minf/ac0203/ICCA03/11020_Power4.pdf.

[3] Michael J.Flynn. Some computer organizations and their effectiveness[J]. IEEE Transactions on Computers,1972,100(9): 948-960.

[4] Jouppi N P，Young C，Patil N，et al.In-datacenter performance analysis of a tensor processing unit[C].Proceedings of the 44th annual International Symposium on Computer Architecture(ISCA).IEEE，2017：1-12.

[5] Cook S.CUDA programming：a developer's guide to parallel computing with GPUs[M].Newnes，2012.

[6] Patterson D A，Hennessy J L.Computer organization and design：The hardware/software interface[M].Morgan Kaufmann，2004.

[7] Nvidia.GeForce N. 8800 GPU architecture overview[J].Technical Brief,2006:1-55.

[8] Inetel.Intel Xe graphics: Everything you need to know about Intel's dedicated GPUs[Z].(2021-04-17)[2021-08-12].https://www.digitaltrends.com/computing/intel-xe-graphics-everything-you-need-to-know/.

[9] Intel.Intel oneAPI Base Toolkit[Z].[2018-08-12].https://software.intel.com/content/www/us/en/develop/tools/oneapi/base-toolkit.html#gs.37q0qo.

[10] Nvidia.NVIDIA Tesla V100 GPU architecture[Z].[2021-08-12].https://images.nvidia.com/content/volta-architecture/pdf/volta-architecture-whitepaper.pdf.

[11] Nvidia.NVIDIA Turing GPU architecture[Z].[2021-08-12].https://images.nvidia.com/aem-dam/en-zz/Solutions/design-visualization/technologies/turing-architecture/NVIDIA-Turing-Architecture-Whitepaper.pdf.

[12] AMD.RDNA architecture[Z].[2021-08-12].https://www.amd.com/system/files/documents/rdna-whitepaper.pdf.

Chapter

02

GPGPU 程式設計模型

早期的 GPU 以擁有大量的浮點計算單元為特徵，這種設計主要是為大規模圖形計算服務的。後來隨著人們對 GPU 進行通用程式設計需求的日益增加，NVIDIA 公司於 2007 年發佈了 CUDA(Compute Unified Device Architecture，計算統一裝置系統結構)，支援程式設計人員利用更為通用的方式對 GPU 進行程式設計，更進一步地發揮底層硬體強大的運算能力，從而高效率地解決各領域中的計算問題和任務。尤其在大規模資料平行處理問題上，GPGPU 可以提供 CPU 無可比擬的處理速度。可以說，CUDA 的推出為 GPGPU 帶來了前所未有的推動力。隨後在 2008 年，蘋果、AMD 和 IBM 等公司也推出了 OpenCL(Open Computing Language，開放運算語言) 標準。該標準成為第一個異質系統通用平行程式設計導向的免費標準，適用於多核心 CPU、GPGPU 等多種異質平行系統。

本章將以 CUDA 和 OpenCL 平行程式設計中的一些核心架構概念來展示 GPGPU 的計算、程式設計和儲存模型。為了與後續硬體架構原理相銜接，本章還將以 CUDA 為例，介紹其虛擬指令集和機器指令集，逐步揭開 GPGPU 系統結構的面紗。

2.1 計算模型

作為程式設計框架的核心，計算模型需要根據計算核心的硬體架構提取計算的共通性工作方式。作為首個 GPGPU 程式設計模型，CUDA 定義了以主從方式結合 SIMT 硬體多執行緒的計算方式。本節將以典型的矩陣乘法為例介紹 GPGPU 所採用的計算模型。

2.1.1 資料平行和執行緒

在圖形和很多其他應用中，大量資料具有良好的平行特性。這種資料的平行特性使得處理器在計算過程中可以安全地對資料以一定的結構化方式同時操作。典型的例子就是矩陣乘法運算：由於其良好的資料平行特性，結果矩陣中每個元素的計算可以平行地進行。如圖 2-1 所示，矩陣乘法的結果矩陣 C 中每個元素都可以由一個輸入矩陣 A 的行向量和另一個輸入矩陣 B 的列向量進行點積運算得到。C 中每個元素的計算過程都可以獨立進行，不存在依賴關係，因此具有良好的資料平行性。同時，C 中每個元素的計算具有規則性，即其所需的輸入向量通常可以預先確定，而且每個元素的最終輸出都需要經歷相同的點積運算次數，這為平行程式設計帶來很好的實作可能性。

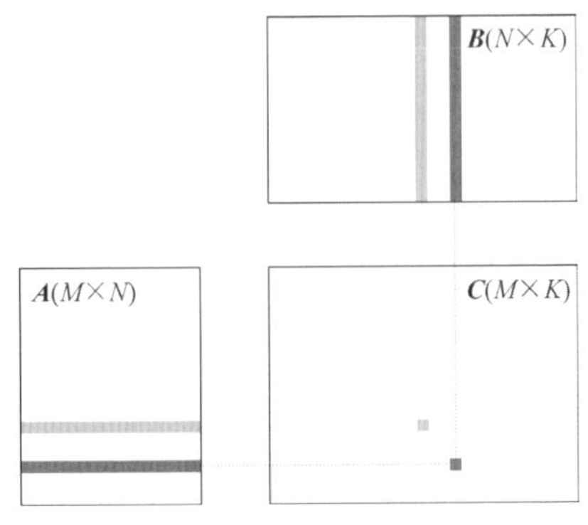

▲ 圖 2-1 矩陣乘法的資料平行性和單一執行緒的計算內容

基於矩陣乘法這一資料平行性，可以設計多個計算單元同時執行矩陣 C 中多個元素的點積運算。在 GPGPU 中，承擔平行計算中每個計算任務的計算單元稱為執行緒[1]。每個執行緒在一次計算任務過程中會執行相同的指令。程式 2-1 是矩陣乘法中單一執行緒計算內容的虛擬程式碼。每個執行緒從矩陣 A 和 B 讀取對應的行或列組成向量 a 和 b，然後執行向量點積運算，最後由該執行緒將最終的元素輸出結果 c 存到結果矩陣 C 的對應位置。雖然每個執行緒輸入資料不同，輸出的結果也不同，但是每個執行緒需要執行的指令完全相同。也就是說，一行指令被多個執行緒同時執行，這種計算模式與 1.1.1 節介紹的 SIMD 平行非常相似，在 GPGPU 中被稱為單指令多執行緒 (Single Instruction Multiple Threads，SIMT) 計算模型。

⬇ 程式 2-1 單一執行緒計算內容的虛擬程式碼

```
1  從輸入矩陣 A 和 B 中讀取一部分向量 a,b
2  for (i=0;i < N;i++)
3    c += a[i] + b[i];
4  將 c 寫回結果矩陣 C 的對應位置中
```

CUDA 和 OpenCL 的程式設計模型基於 GPGPU 架構特點，對 SIMT 計算模型進行了合理的封裝。CUDA 引入了執行緒網格 (thread grid)、執行緒區塊 (thread block)、執行緒 (thread)；對等地，OpenCL 引入了 N 維網路 (NDRange)、工作群組 (work-group) 和工作項 (work-item) 等概念，可以將計算任務靈活地映射到 GPGPU 層次化的硬體執行單元實作高效的平行，提高了處理器的執行效率。

1 CUDA 中稱為執行緒 (thread)，OpenCL 中稱為工作項 (work-item)。本書將採用「執行緒」這一術語，因為它更容易理解且使用更為廣泛。

2.1.2 主機 - 裝置端和核心函數

在 CUDA 和 OpenCL 程式設計模型中，通常將程式劃分為主機端 (host) 程式和裝置端 (device) 程式，分別執行在 CPU 和 GPGPU 上。這個劃分是由程式設計人員借助 CUDA 和 OpenCL 提供的關鍵字進行手工標定的，編譯器會分別呼叫 CPU 和 GPGPU 的編譯器完成各自程式的編譯。在執行時，借助執行時期函數庫完成主機端和裝置端程式的分配。CPU 硬體執行主機端程式，GPGPU 硬體將根據程式設計人員給定的執行緒網格組織方式等參數將裝置端程式進一步分發到執行緒中。每個執行緒執行相同的程式，但處理的是不同的資料，透過開啟足夠多的執行緒獲得可觀的吞吐量。這就是 GPGPU 所採用的 SIMT 計算模型的計算過程。

結合前面矩陣乘法的簡單範例，主機端程式通常分為三個步驟：資料複製、GPGPU 啟動及資料寫回。這裡以 CUDA 程式為例，OpenCL 程式的步驟類似。

(1) 資料複製。CPU 將主記憶體中的資料複製到 GPGPU 中。首先主機端程式完成 GPGPU 待處理的資料宣告和前置處理，如程式 2-2 中第 1 行的 A、B、C 三個陣列就是主記憶體中的資料，第 2 行的 d_A、d_B、d_C 就是 GPGPU 裝置端全域記憶體即顯示記憶體中的資料。接著 CPU 呼叫 API 對 GPGPU 進行初始化和控制，如透過第 7 行的 cudaMalloc() API 來分配裝置端空間，第 8 行的 cudaMemcpy() API 控制 CPU 和 GPGPU 之間的通訊，將資料從主機端記憶體複製至 GPGPU 的全域記憶體內。

⬇ 程式 2-2 主機端函數──資料複製

```
1  float A[M * N], B[N * K], C[M * K];
2  float* d_A, * d_B, * d_C;
```

```
3   int size=M * N * sizeof(float);
4   cudaMalloc((void**)&d_A, size);
5   cudaMemcpy(d_A, A, size, cudaMemcpyHostToDevice);
6   size=N * K * sizeof(float);
7   cudaMalloc((void**)&d_B, size);
8   cudaMemcpy(d_B, B, size, cudaMemcpyHostToDevice);
9   size=M * K * sizeof(float);
10  cudaMalloc((void**)& d_C, size);
```

(2) GPGPU 啟動。CPU 喚醒 GPGPU 執行緒進行運算。CPU 執行到 "<<< >>>" 的指令時，喚醒對應的裝置端程式，並且將執行緒的組織方式和參數傳入 GPGPU 中，如程式 2-3 中第 4 行啟動了名為 basic_mul 的裝置端程式函數。值得注意的是，由於 CPU 和 GPGPU 是非同步執行的，所以大部分情況下需要利用第 5 行的 cudaDeviceSynchronize() 進行同步，否則可能出現 GPGPU 還沒有完成計算，CPU 已經完成了主機端程式並且傳回了錯誤結果的情況。

⬇ 程式 2-3 主機端函數──GPGPU 啟動

```
1   unsigned T_size=16；
2   dim3 gridDim(M/T_size, K/T_size, 1);
3   dim3 blockDim(T_size, T_size, 1);
4   basic_mul <<< gridDim, blockDim >>> (d_A, d_B, d_C);
5   cudaDeviceSynchronize();
```

(3) 資料寫回。GPGPU 運算完畢將計算結果寫回主機端記憶體中。程式 2-4 中第 2 行的 cudaMemcpy() 將儲存於裝置端記憶體的計算結果 d_C 傳輸回主機端記憶體並儲存在變數 C 中。執行完畢，利用第 3 行的 cudaFree() 完成 GPGPU 裝置端儲存空間的釋放。

⬇ 程式 2-4 主機端函數——資料寫回主機端

```
1  size=M * K * sizeof(float);
2  cudaMemcpy(C, d_C, size, cudaMemcpyDeviceToHost);
3  cudaFree(d_A); cudaFree(d_B); cudaFree(d_C);
4  return 0;
```

裝置端程式常常由多個函數組成，這些函數被稱為核心函數(kernel)。核心函數會被分配到每個 GPGPU 的執行緒中執行，而執行緒的數量由程式設計人員根據演算法和資料的維度顯性指定。舉例來說，在一個維度為 16×16 的矩陣乘法計算中，一種自然的方式就是 1 個執行緒計算 1 個結果矩陣的元素，那麼需要開啟 256 個執行緒進行平行運算。程式 2-5 就是裝置端基於上述構造實作矩陣乘法的典型核心函數，__global__ 關鍵字定義了這個函數會作為核心函數在 GPGPU 上執行。blockIdx 與 threadIdx 是 CUDA 的內建變數，分別表示每個執行緒所在的執行緒區塊編號和位於執行緒區塊內部的位置，為不同執行緒索引不同資料。詳細的執行緒組織和資料索引關係將在 2.2.1 節中介紹。

⬇ 程式 2-5 裝置端實作矩陣乘法的典型核心函數

```
1  __global__ void basic_mul(float* d_A, float* d_B, float* d_C)
2  {
3    int row=threadIdx.x + blockIdx.x * blockDim.x;
4    int col=threadIdx.y + blockIdx.y * blockDim.y;
5    for (int i=0; i < N; i++)
6    {
7      d_C[row * K + col] += d_A[row * N + i] * d_B[col + i * K];
8    }
9  }
```

在理想情況下，CPU 啟動一次核心函數完成運算。但面對複雜問題時，CPU 可能無法將全部資料一次性搬運到 GPGPU 裝置端記憶體中。

這時主機端和裝置端之間就需要透過多次互動及多次核心函數呼叫來完成更大規模的計算，如圖 2-2 所示。

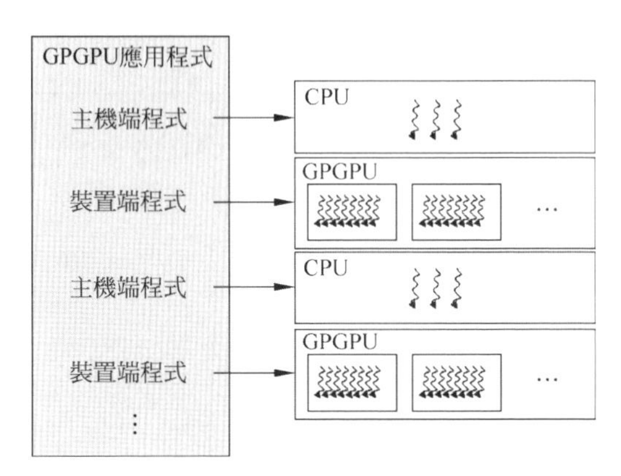

▲ 圖 2-2 主機 - 裝置端透過多個核心函數呼叫完成計算

2.2 執行緒模型

大規模的硬體多執行緒是 GPGPU 平行計算的基礎。整個 GPGPU 裝置端的計算都是按照執行緒為基礎組織的，所有的執行緒執行同一個核心函數。一方面，GPGPU 的執行緒模型定義了如何利用大規模多執行緒索引到計算任務中的不同資料；另一方面，執行緒組織與 GPGPU 層次化的硬體結構相對應。因此，GPGPU 所定義的執行緒模型成為計算任務和硬體結構之間的橋樑，使得 GPGPU 的程式設計模型在保持較高抽象層次的同時，也能夠完成計算任務向硬體結構的高效映射。

2.2.1 執行緒組織與資料索引

本節將從 GPGPU 廣泛採用的層次化執行緒組織結構入手，接著介紹如何利用執行緒的內建變數索引到計算任務中的資料，最後對 GPGPU 的執行緒模型進行對比和小結。

1. 執行緒組織結構

在上述矩陣乘法的例子中，主機端在啟動核心函數時利用了 <<< >>> 向 GPGPU 傳輸了兩個參數 gridDim 和 blockDim。事實上，這兩個參數構造了本次 GPGPU 計算所採用的執行緒結構。CUDA 和 OpenCL 都採用了層次化的執行緒結構。舉例來說，CUDA 定義的執行緒結構分為三級：執行緒網格、執行緒區塊和執行緒，它們的關係如圖 2-3 所示。OpenCL 則定義了 NDRange、work-group 和 work-item 與之一一對應。

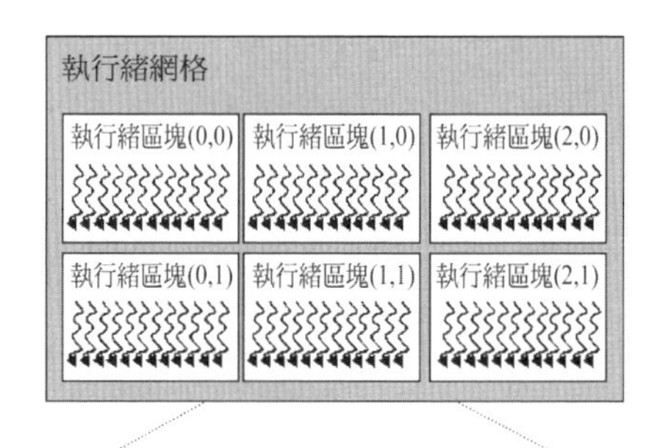

▲ 圖 2-3 CUDA 所採用的層次化執行緒結構

如圖 2-3 所示，執行緒網格是最大的執行緒範圍，包含了主機端程式啟動核心函數時喚醒的所有執行緒。執行緒網格由多個執行緒區塊組成，其數量由 gridDim 參數指定。gridDim 是一種 dim3 類型的資料，而 dim3 資料型態是由 CUDA 定義的關鍵字。它本質上是一個陣列，擁有 3

個無號整數的欄位代表區塊的維度為三維，其組織結構為 x 表示行，y 表示列，z 表示高。在圖 2-3 中，上半部分的執行緒網格由二維的執行緒區塊組成，則將 gridDim 的 z 設定為 1。如果只需要一維的執行緒區塊，只需要將 gridDim 設定為純量值即可。

執行緒區塊是執行緒的集合。為了按照合適的細微性將執行緒劃分到硬體單元，GPGPU 程式設計模型將執行緒組合為執行緒區塊，同一執行緒區塊內的執行緒可以相互通訊。與執行緒網格的組織方式類似，執行緒區塊的設定參數 blockDim 也是一個 dim3 類型的資料，代表了執行緒區塊的形狀。在圖 2-3 中，下半部分是執行緒區塊的一種二維組織方式，並且每個執行緒區塊的組織方式統一。

前面介紹過，執行緒是最基本的執行單元，每個執行緒平行地執行相同的程式完成計算。

2. 應用資料的索引

基於上面的執行緒層次，程式設計人員需要知道執行緒在網格中的具體位置，才能讀取合適的資料執行對應的計算，因此需要指明每個執行緒在執行緒網格中的位置。舉例來說，CUDA 引入了為每個執行緒指明其在執行緒網格中哪個執行緒區塊的 blockIdx(執行緒區塊索引號) 和執行緒區塊中哪個位置的 threadIdx(執行緒索引號)。blockIdx 有三個屬性，x、y、z 描述了該執行緒區塊所處執行緒網格結構中的位置。threadIdx 也有三個屬性，x、y、z 描述了每個執行緒所處執行緒區塊中的位置。

圖 2-4 及程式 2-6 中的幾個簡單範例展示了應用資料是如何基於執行緒結構來索引的。假設有一個包含 12 個元素的一維陣列 A，建立 3 個一維執行緒區塊，每個執行緒區塊中包含 4 個一維排列的執行緒，12 個執行緒對應 A 中對應的元素，其對應索引關係如圖 2-4 所示。程式根據執

行緒區塊索引 blockIdx.x 昇冪及執行緒索引 threadIdx.x 昇冪的方式與 A 中的元素進行對應。舉例來說，第二個執行緒區塊中第二個執行緒，即 blockIdx.x=1、threadIdx.x=1 對應的是 A 中第 6 個元素，即 A[5]。

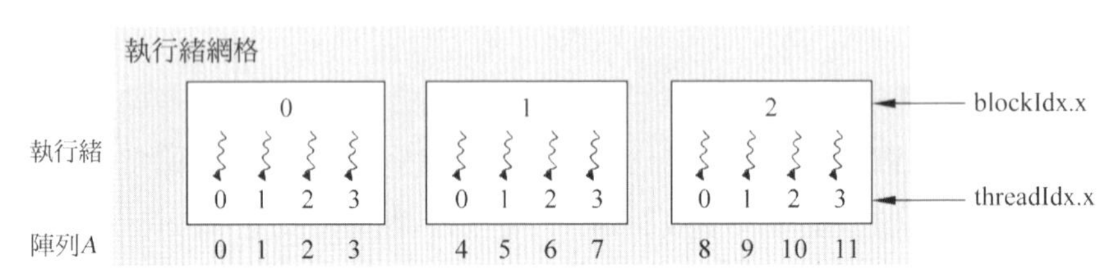

▲ 圖 2-4 陣列 A 中的元素與執行緒的對應索引關係

透過程式 2-6 的第 2、6、10 行可以得到 blockIdx.x、threadIdx.x 與 A 的索引 index 之間對應關係為 index=threadIdx.x+blockIdx.x×blockDim.x。程式 2-6 第 1~4 行中所示的核心程式和執行結果驗證了這個關係。同理，在第 5~8 行的程式中，將寫入 A 的資料設定為執行緒區塊索引 blockIdx.x，可以驗證每個執行緒區塊中的索引其實是相同的。在第 9~12 行的程式中，將寫入 A 的資料設定為執行緒索引 threadIdx.x，可以驗證不同執行緒區塊對應位置的執行緒索引相同。因此，如果要確定一個執行緒位於執行緒網格中的位置，需要由執行緒區塊索引 blockIdx.x 和執行緒索引 threadIdx.x 共同確定。

⬇ 程式 2-6 threadIdx.x 和 blockIdx.x 索引向量的三種方式及結果

```
1  __global__ void kernel1(int* A){
2    int index = threadIdx.x + blockIdx.x * blockDim.x;
3    A[index] = index
4    }
5  kernel1 結果：0 1 2 3 4 5 6 7 8 9 10 11
6    __global__ void kernel2(int* A){
7      int index = threadIdx.x + blockIdx.x * blockDim.x;
8      A[index] = blockIdx.x
9    }
```

```
10 kernel2 結果：0 0 0 0 1 1 1 1 2 2 2 2
11    __global__ void kernel3(int* A){
12      int index = threadIdx.x + blockIdx.x * blockDim.x;
13      A[index] = threadIdx.x
14    }
15 kernel3 結果：0 1 2 3 0 1 2 3 0 1 2 3
```

接下來借助程式 2-5 中矩陣乘法的例子來分析執行緒對矩陣元素的索引關係。在二維的執行緒區塊和執行緒結構中，二維的執行緒與二維結果矩陣元素一一對應。假設矩陣按照行優先儲存順序，程式 2-5 中第 3 行和第 4 行透過 threadIdx+blockIdx×blockDim 計算行方向的索引 row 和列方向的索引 col，可以讓不同執行緒索引到結果矩陣所對應行和列的下標。由於結果矩陣共有 K 列，透過 row×K+col 計算得出結果矩陣元素的具體位置。之後提取輸入矩陣中對應行和列向量的計算結果。輸入矩陣同樣以行優先方式儲存在 d_A 和 d_B 中，row 和 col 確定了行號和列號，透過 row×N+i 可以索引 d_A 中對應二維矩陣的一行，透過 col+i×K 索引 d_B 中對應二維矩陣的一列。

為了能更深入理解執行緒層次結構對資料的索引方法，這裡以分塊矩陣乘法的例子進一步說明。分塊矩陣乘法透過合理劃分塊的大小，可以充分利用資料的區域性原理減少對裝置端全域記憶體的存取，從而提高運算性能。一般來說，矩陣分塊的方式可以如圖 2-5 所示，每個矩陣按照 BLOCK_SIZE 大小的方陣分割。為了計算結果矩陣 C 的灰色矩陣區塊的值，需要輸入矩陣 A 中一行的矩陣區塊及 B 中一列的矩陣區塊。

參照未分塊矩陣乘法的例子，依然喚醒與結果矩陣維數相等的二維執行緒，每個執行緒對應求解矩陣 C 中的元素的結果，每個執行緒區塊對應求解矩陣 C 中一個分塊。分塊矩陣乘法的核心函數如程式 2-7 所示。這裡還引入了共享記憶體的概念，即以 __shared__ 作為前置修飾詞的變數 Mds 和 Nds。它們作用於一個執行緒區塊內部，可以為同一個執行緒區塊內部的執行緒提供更快的資料存取。這個核心函數的核心思想是：首先，執行緒區塊中每個執行緒都將輸入矩陣對應位置的資料寫入 Mds 和 Nds 中，即根據圖 2-5 所示矩陣 C 中黑色元素的位置，將矩陣 A 和 B 中對應位置的元素分別讀取 Mds 和 Nds 中；其次，計算 Mds 和 Nds 的矩陣乘法結果，就能得到部分和；最後，將一行和一列的矩陣分塊計算結果進行精簡累加，得到最終結果。

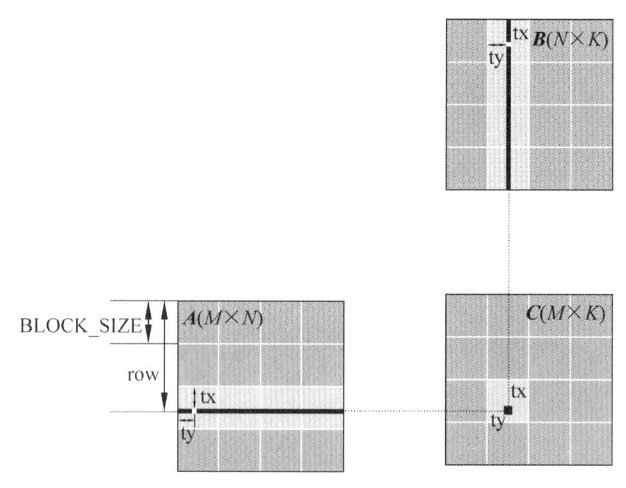

▲ 圖 2-5 採用分塊的矩陣乘法

程式 2-7 分塊矩陣程式中 Mds 和 Nds 寫入位置與 d_A 和 d_B 的索引關係極佳地展示了執行緒與應用資料之間的索引關係。根據圖 2-5 所示的分塊方式，確定執行緒對應 d_C 中元素所在執行緒的二維編號 tx 和 ty 及行列位置 row 和 col。根據行優先儲存規則，確定執行緒對應 d_A 的位置為 row×N+ty，d_B 的位置為 col+tx×K。根據分塊矩陣乘法的計算規則，需要讀取 d_A 和 d_B 矩陣載入 Mds 和 Nds 矩陣。舉例來說，第 i 次讀取 A 中灰色矩陣區塊行中第 i 個區塊及 B 中灰色矩陣區塊列中第 i 個區塊。這裡需要加上分塊的偏移量，在 d_A 中為 i×BLOCK_SIZE，d_B

中為 i×BLOCK_SIZE×K，即程式 2-7 第 11 行和第 12 行。得到 Mds 和 Nds 矩陣後，就可以進行基本的矩陣運算求取部分和，如程式 2-7 第 14 行～第 18 行所示。當 A 中一行的矩陣區塊和 B 中一列的矩陣區塊都被計算完畢，將結果寫回矩陣 C 對應位置。另外，由於每個執行緒都是平行獨立地操作資料，一個執行緒的後續計算需要用到其他執行緒中計算的結果，因此需要在程式 2-7 第 13 行增加 __syncthreads() 函數，保障執行緒區塊內執行緒同步，即保證 Mds 和 Nds 矩陣都被更新完畢後再進行矩陣乘法運算。程式 2-7 第 17 行也需要執行緒同步，原因是其他執行緒修改 Mds 和 Nds 矩陣會影響本執行緒計算的正確性，必須等待乘法運算完畢才能更新 Mds 和 Nds 矩陣。

正如前面提到的，共享記憶體的存取比全域記憶體更快，因此應當充分利用共享記憶體來取代對全域記憶體資料的存取。在這個分塊矩陣乘法的例子中，每個執行緒區塊負責計算一個尺寸為 BLOCK_SIZE×BLOCK_SIZE 的小方陣，而每個執行緒負責計算小方陣中的元素。根據共享記憶體的資源容量，將兩個輸入矩陣分割為尺寸為 BLOCK_SIZE 的子矩陣。從全域記憶體中將兩個對應的子矩陣載入共享記憶體中，然後一個執行緒計算小方陣的元素，每個執行緒累積每次乘法的結果並寫入暫存器中，結束後再寫回全域記憶體。這種將計算分塊的方式，利用了快速的共享記憶體存取，並節約了許多全域記憶體的存取。舉例來說，在全域記憶體中 A 被讀取了 K/BLOCK_SIZE 次而 B 被讀取了 M/BLOCK_SIZE 次，遠遠低於未分塊情況下 A 和 B 各自讀取的次數。

⬇ 程式 2-7 分塊矩陣乘法的核心函數

```
1  __global__ void  block_mul(float* d_A, float* d_B, float* d_C)
2  {
3     __shared__ float Mds[BLOCK_SIZE][BLOCK_SIZE];
4     __shared__ float Nds[BLOCK_SIZE][BLOCK_SIZE];
```

```
5     int row = threadIdx.x + blockIdx.x * blockDim.x;
6     int col = threadIdx.y + blockIdx.y * blockDim.y;
7     int tx = threadIdx.x; int ty = threadIdx.y;
8     float P = 0;
9     for(int i = 0; i < N/BLOCK_SIZE; i++)
10      {
11        Mds[tx][ty] = d_A[row * N + ty + i * BLOCK_SIZE];
12        Nds[tx][ty] = d_B[col + (tx + i * BLOCK_SIZE) * K];
13        __syncthreads();
14        for(int j = 0; j < BLOCK_SIZE; j++)
15        {
16          P += Mds[tx][j] * Nds[j][ty];
17          __syncthreads();
18        }
19      }
20    d_C[row * K + col] = P;
21  }
```

2.2.2 執行緒分配與執行

在 GPGPU 程式設計模型中，一方面，應用程式的大規模資料根據程式設計人員所描述的執行緒和資料的索引關係被分配到了每個執行緒；另一方面，GPGPU 硬體提供了大量的硬體功能單元和高度平行的執行能力，因此可以容易地調配平行線程的執行。

為了實作對大量執行緒的分配，GPGPU 對硬體功能單元進行了層次化的組織。圖 2-6 顯示了典型 GPGPU 硬體層次化結構的抽象，它主要由串流多處理器 (SM) 陣列和儲存系統組成，兩者由單晶片網路連接到 L2 快取記憶體和裝置端記憶體上。每個串流多處理器內部有多個串流處理器 (SP) 單元，組成一套完整的指令管線，包含取指、解碼、暫存器檔案及資料載入 / 儲存 (load/store) 單元等，並以 SIMT 架構的方式進行組織。

GPGPU 的整體結構、SM 硬體和 SP 硬體對應了執行緒網格、執行緒區塊和執行緒的概念，實作了執行緒到硬體的對應分配規則。

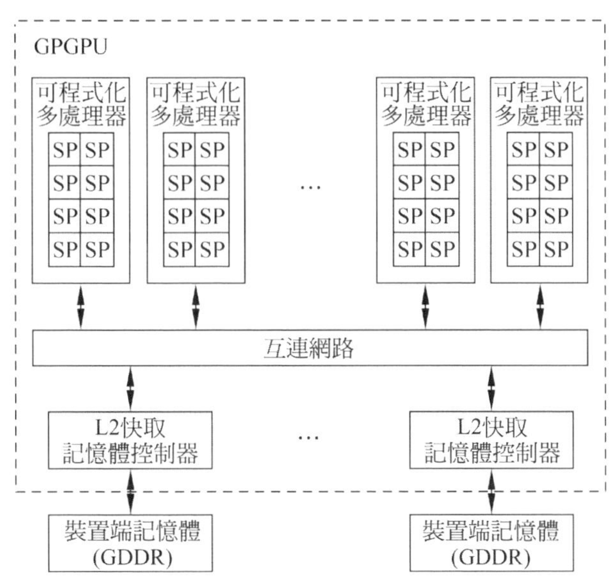

▲ 圖 2-6 典型 GPGPU 硬體層次化結構的抽象

當核心函數被喚醒時，GPGPU 接受對應的執行緒網格，並以執行緒區塊為單位將不同的執行緒區塊分配給多個 SM。GPGPU 架構不同，每個 SM 能夠接受的執行緒區塊數量也不同。比如，在 NVIDIA 的 Volta 架構中，每個 SM 最多支援 32 個執行緒區塊。當執行緒區塊被分配到特定的 SM 後，同一個執行緒區塊中的執行緒會被拆分成以 32 個執行緒為單位的執行緒束[2]。再分配給不同的 SP 單元執行。不同 GPGPU 架構下 SM 中 SP 的數量也不同。假設 SP 的數量是 16，那麼一個執行緒束中的執行緒需要分兩次才能執行完成。同一個執行緒束中，32 個執行緒執行相同的指令，但每個執行緒根據各自的 threadIdx 和 blockIdx 索引到各自的資

2 NVIDIA 稱之為 warp，OpenCL 中稱為 wavefront，本書統一稱之為執行緒束。

料進行處理，從而實作 SIMT 計算模型。值得注意的是，雖然 GPGPU 架構的不同導致各個架構參數都有所差異，但執行緒到硬體的分配過程對程式設計人員是完全透明的。這種方式使得 CUDA 和 OpenCL 程式可以在不同架構的 GPGPU 上具有良好的遷移能力。

2.2.3 執行緒模型小結

1. SIMT 和 SIMD 模型對比

GPGPU 所採用的 SIMT 模式與弗林分類法中的 SIMD 模式具有一定的相似性，但兩者並不相同。從本質上講，SIMD 是單一執行緒控制多個資料的執行，而 SIMT 本質上是多個執行緒，每個執行緒採用純量執行。程式 2-8 以一個相同的向量乘法操作為例，對比了分別採用串列 C 語言程式、ARM 的 SIMD 指令擴充 (NEON) 和 CUDA 程式在實作上的不同。可以看到，SIMD 指令每次操作 4 個元素，因此程式設計人員需要顯性地令迴圈變數 i 以步進值為 4 的步幅進行迭代才能覆蓋整個輸入資料。在 CUDA 程式中並沒有迴圈，而是隱式地利用硬體開闢的多執行緒，結合資料的索引關係覆蓋整個輸入資料。

⬇ 程式 2-8 SIMD 和 SIMT 執行模式的對比

```
1  // 串列C語言程式
2  void vect_mult(int n, double* a, double* b, double* c){
3    for(int i = 0;i < n;i++)
4      a[i] = b[i] + c[i];
5  }
```

```
1  // ARM的SIMD指令擴充(NEON)
2  void vect_mult(int n, uint32_t* a, uint32_t* b, uint32_t* c){
3    for(int i = 0; i < n; i += 4){
4      uint32x4_t a4 = vld1q_u32(a+i);
```

```
5       uint32x4_t b4 = vld1q_u32(b+i);
6       uint32x4_t c4 = vmulq_u32(a4, b4);
7       vst1q_u32(c+i, c4);
8     }
9   }
```

```
1   // CUDA 主機端程式
2     int nblocks = (n+511) / 512; // 每個執行緒區塊有 512 個執行緒
3     vect_mul<<<nblocks, 512>>>(n, a, b, c);
4   // CUDA 裝置端程式
5     void vect_mult(int n, uint32_t* a, uint32_t* b, uint32_t* c){
6       int i = blockIdx.x * blockDim.x + threadIdx.x;
7       if(i < n) a[i] = b[i] * c[i];
8     }
```

正是這種理念上的不同，SIMT 模型與 SIMD 相比顯得更加靈活。

首先，由於 SIMD 利用同一行指令在不同的資料上執行相同的操作，往往要求待操作的資料在空間上是連續的，這還需要借助其他的指令 (如 gather 和 scatter 指令) 實作資料的重組和拆分；而 SIMT 利用不同執行緒執行同一行指令 (大部分時間) 來處理不同的資料，透過各個執行緒獨立的 threadIdx 和 blockIdx 內建變數形成對資料靈活的索引，從而降低空間連續性的需求。因此，一個 SIMD 程式可以很容易地轉為 SIMT 執行，相反則不然。

其次，在發生分支時，SIMD 模型往往需要指令顯性地對活躍遮罩暫存器 (active mask register) 進行設定，控制對應的資料是否參與計算；而 SIMT 往往是透過硬體自動地對述詞 (predicate) 暫存器進行管理。同時 SIMT 允許執行緒進行分支，實作多種執行路徑，從而在一定程度上間接地支援了 MIMD 的執行模式。

最後，SIMD 執行方式需要由程式設計人員或編譯器產生 SIMD 指令。SIMD 往往採用指令集擴充的方式，在指令中對平行度有明確的限制。不同的平行元素個數往往需要設計不同格式的 SIMD 指令，造成指令規模的膨脹；而 SIMT 對執行緒數原則上沒有限制，硬體管理的方式也使得 SIMT 不需要設計新的指令，因為每個執行緒的純量指令都根據執行緒區塊的大小自動形成了給定的平行模式。

2. 層次化執行緒模型的優點

執行緒作為 GPGPU 最基本的執行單位，它根據程式設計人員指定的關係索引特定的資料進行處理，執行緒的集合形成了對輸入資料的全覆蓋。同時，硬體的平行結構允許執行緒平行性地處理資料，而執行緒如何映射到 GPGPU 硬體上，或說執行期間哪個執行單元執行了哪一執行緒，對程式設計人員來說則是透明的。執行緒的抽象充分挖掘了硬體的潛力，同時遮罩了硬體實作的細節。

無論是 CUDA 還是 OpenCL，在執行緒的抽象基礎上都引入了執行緒區塊的概念，建立了執行緒 - 執行緒區塊 - 執行緒網格的層次化執行緒模型。執行緒區塊這一概念的引入可以帶來哪些好處呢？

首先，執行緒區塊提高了執行緒之間的協作能力。雖然不同的執行緒可以平行地處理應用中不同的資料，但執行緒之間由於應用的特點可能不能完全獨立，比如精簡 (reduction) 操作需要鄰近的執行緒之間頻繁地互動資料，以協作的方式產生最終的結果。多個執行緒之間還可能需要相互同步。如果只設計執行緒 - 執行緒網格的層次，那麼資料的交換和同步都需要在整個網格的範圍內進行，這個代價在硬體規模增大時往往是很高的。執行緒區塊這一概念的引入提供了一個中間層次，能夠減少硬體通訊和同步的銷耗。同時，適度地合併執行緒還可以利用資料的區域性原理，合併不同執行緒的資料存取，提高對裝置端記憶體的存取效率。

其次，執行緒區塊使得 GPGPU 的執行更具有靈活性。執行緒區塊中的執行緒數量和網格中的執行緒區塊數量都可以由程式設計人員來指定。舉例來說，在 NVIDIA 的 Volta 架構中，每個執行緒區塊的執行緒數可以從 1~1024 中選擇。一般來講，透過調節網格中的執行緒區塊數量適度大於可程式化多處理器的數量，可以使得每個可程式化多處理器至少獲得一個執行緒區塊，並利用更多的執行緒區塊來掩藏存取記憶體等長延遲時間操作。同時，執行緒數目還可以調節暫存器檔案和共享記憶體資源的平衡。如果只設計執行緒 - 執行緒網格的層次則很難達到這種靈活性，引入執行緒區塊這一中間層次則方便地提供了調節能力。

最後，執行緒區塊也使得 GPGPU 的架構設計更具有靈活性。CUDA 和 OpenCL 程式設計模型要求執行緒區塊是相互獨立的，因此它們可以在 GPGPU 中任何一個可程式化多處理器上按照任意的順序來執行。這種獨立性使得含有多個執行緒區塊的核心函數可以在具有任意數量可程式化多處理器的 GPGPU 上執行，同時也表示不同架構、不同版本的 GPGPU 可以自由增減可程式化多處理器的數量，而不需要對程式進行改變就可以適應這種調整。

GPGPU 執行緒的層次化結構提供了一種良好的程式設計模型，能夠在軟體的可程式化性、硬體的複雜度和可擴充性上取得良好的平衡。

2.3 儲存模型

GPGPU 利用大量的執行緒來提高運算的平行度，這些執行緒需要到全域記憶體中索引對應的資料。由於全域記憶體頻寬有限，無法同時滿足這麼多存取請求，因此這個過程往往會導致較長延遲時間的操作，使得指令管線停頓等候。為了減少對全域記憶體的存取，GPGPU 架構提供了多種記憶體類型和多樣的儲存層次關係，提高核心函數的執行效率。

由於 GPGPU 不同產品的架構之間往往存在較大差異，為了支援程式的可攜性，GPGPU 架構只定義了一個抽象的儲存模型。根據該模型，程式設計人員和編譯器可以進行儲存空間的分配和管理，而硬體廠商決定如何在實際的硬體中實作不同的儲存空間，這可能導致抽象的儲存空間和物理的記憶體實作並不完全是一一對應的。舉例來說，GPGPU 程式設計模型往往都定義了執行緒私有儲存空間和常數儲存空間，但在實作上通常會把它們映射到全域記憶體中。不同類型的記憶體會帶來存取方式及延遲時間、功耗的差別，了解這些差別對撰寫良好的 GPGPU 程式和提升執行性能來說是非常重要的。

不同的程式設計框架也會對功能類似的記憶體冠以不同的名稱。舉例來說，為了幫助執行緒區塊中的執行緒之間相互通訊，GPGPU 都會為執行緒區塊配備一區塊記憶體。CUDA 稱之為共享記憶體 (shared memory)，OpenCL 稱之為區域記憶體 (local memory)，而 local memory 在 CUDA 中另有所指，是指執行緒私有的區域記憶體。為了避免混淆，表 2-1 簡要複習了 CUDA 和 OpenCL 中不同儲存空間的術語及它們的對應關係。

表 2-1 CUDA 和 OpenCL 中不同儲存空間的術語及其對應關係

描述	CUDA 名稱	OpenCL 名稱
所有的執行緒 (或所有 work-items) 均可存取	global memory	global memory
唯讀記憶體	constant memory	constant memory
執行緒區塊 (或 work-group) 內部執行緒存取	shared memory	local memory
單一執行緒 (或 work-item) 可以存取	local memory	private memory

2.3.1 多樣的記憶體類型

本節將以 CUDA 定義的儲存模型為例，介紹 GPGPU 架構中通常所包含的記憶體類型。如圖 2-7 所示，CUDA 支援多種記憶體類型，執行緒程式可以從不同的儲存空間存取資料，提高核心函數的執行性能。每個執行緒都擁有自己獨立的儲存空間，包括暫存器檔案和區域記憶體，這些儲存空間只有本執行緒才能存取。每個執行緒區塊允許內部執行緒存取共享記憶體，在區塊內進行執行緒間通訊。執行緒網格內部的所有執行緒都能存取全域記憶體，也可以存取紋理記憶體和常數記憶體中的資料。不同記憶體層次的存取頻寬差別顯著。

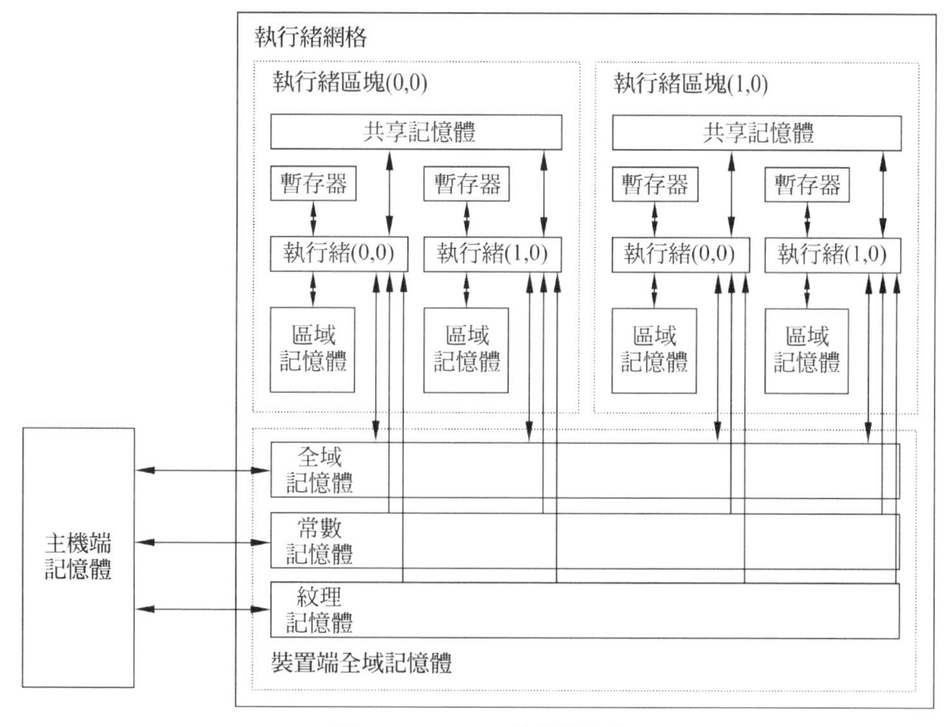

▲ 圖 2-7 CUDA 記憶體層次模型

1) 暫存器檔案

暫存器檔案 (register file) 是 SM 單晶片記憶體中最為重要的部分，它提供了與計算核心相匹配的資料存取速度。與傳統 CPU 核心一般只有少量通用暫存器不同，GPGPU 中每個 SM 擁有大量的暫存器資源。舉例來說，NVIDIA V100 中一個 SM 中擁有 256KB 的暫存器檔案，相當於 65536 個 32 位元的暫存器。GPGPU 會將這些暫存器靜態地分配給每個執行緒，使得每個執行緒都可以配備一定數量的暫存器，防止暫存器溢位所導致的性能下降。大容量的暫存器檔案能夠讓更多的執行緒同時保持在活躍狀態。這樣當管線遇到一些長延遲時間的操作時，GPGPU 可以在多個執行緒束之間快速地切換來保持管線始終處於工作狀態，而不需要像 CPU 那樣進行耗時的上下文切換。這種特性在 GPGPU 中被稱為零銷耗執行緒束切換 (zero-cost warp switching)，可以有效地掩藏長延遲時間操作，避免管線的停頓。

暫存器檔案是 GPGPU 設計的關鍵因素。如此大容量的暫存器檔案往往只能採用高密度的靜態記憶體陣列進行架設，以減小面積和功耗。第 4 章將詳細介紹暫存器檔案的組織結構和設計問題，以理解其對性能的關鍵影響。

2) 區域記憶體

每個執行緒除存取分配的暫存器外，還擁有自己獨立的儲存空間，即區域記憶體 (local memory)。區域記憶體是私有的，只有本執行緒才能進行讀寫。一般情況下，如果執行緒使用的暫存器過多而沒有足夠的暫存器來儲存變數，或使用了大型的區域資料結構，或編譯器無法靜態地確定資料的大小時，這些變數就會被分配到區域記憶體中。由於不能確定其容量，區域記憶體中的資料實際上會被儲存到全域記憶體中，而不像暫存器那樣是晶片內獨立的儲存資源，因此其讀寫代價十分高昂。一般會採用 L1 和 L2 快取記憶體對區域記憶體的存取進行最佳化。

為了使 GPGPU 程式具有較高的執行效率，應儘量減少對區域記憶體的使用。舉例來說，在 CUDA 編譯時可以透過輸出組合語言程式碼及增加 -ptxas-options=-v 選項來觀察區域記憶體的使用情況。

3) 共享記憶體

共享記憶體 (shared memory) 也是 SM 晶片內的高速儲存資源，它由一個執行緒區塊內部的所有執行緒共享。相比於全域記憶體，共享記憶體能夠以類似於暫存器的存取速度讀寫其中的內容，而且可以根據程式設計人員的需要顯性地進行記憶體管理，因此它是實作執行緒間通訊銷耗最低的方法。

在核心函數中，變數前加上修飾詞 __shared__，宣告的變數會被儲存在共享記憶體中。程式設計人員往往會將需要反覆用到的一部分全域記憶體的資料提前載入到共享記憶體中，減少對全域記憶體的存取次數。舉例來說，程式 2-7 中矩陣分塊乘法的例子就將矩陣分塊的資料或執行緒間精簡運算的結果保留在共享記憶體中，實作多執行緒之間快速共享資料，提高核心函數的性能。

在 NVIDIA V100 架構的 SM 中，共享記憶體和 L1 高速資料快取可以共享一塊 128KB 的單晶片儲存空間。如果共享記憶體設定了 64KB 大小的空間，那麼 L1 快取記憶體可以用剩餘的 64KB 空間來快取其他資料。兩者之間的大小分配可以進行切換。關於共享記憶體的架構細節可參見第 4 章。

4) L1 高速資料快取

L1 高速資料快取 (L1 data cache) 也是位於 SM 晶片內的快取記憶體資源，用於將全域記憶體或區域記憶體中的資料快取，減少執行緒對全域記憶體的存取，降低資料的存取記憶體銷耗。雖然在 V100 架構的 GPGPU 中，L1 資料快取和共享記憶體共享 128KB 的儲存資源，但是不同於共享記憶體由程式設計人員控制和管理，L1 資料快取是由硬體控制的，程式設計人員一般不需要控制對 L1 快取記憶體的讀寫操作。

L1 高速資料快取主要是為了支援通用計算而引入的，因此與 CPU 的快取記憶體有很多類似之處。舉例來說，它也會以「區塊」(cache block/cache line) 為單位從全域記憶體中讀取資料。如果一個執行緒束內的執行緒需要存取的資料具有連續性並且這個區塊沒有保留在 L1 快取記憶體中，即發生快取缺失，那麼 L1 資料快取會盡可能合併所有執行緒的存取請求，只進行一次全域記憶體存取。這種方式稱為「合併存取記憶體」(coalesced access)。合併存取記憶體對於像 GPGPU 這種硬體多執行緒結構可以大幅減少對於全域記憶體的存取。關於 L1 高速資料快取的架構細節可參見第 4 章。

5) 全域記憶體

全域記憶體 (global memory) 位於裝置端。GPGPU 核心函數的所有執行緒都可對其進行存取，但其存取記憶體時間銷耗較大。全域記憶體往往由 CPU 控制分配，程式設計人員可以透過 cudaMalloc() 函數進行全域記憶體的空間分配，透過 cudaFree() 函數來釋放空間，透過 cudaMemcpy() 函數控制 CPU 主記憶體和 GPU 全域記憶體之間的資料交換。同時，函數外定義的變數前加上修飾詞 __device__，這個變數儲存的值將被儲存在全域記憶體中。

由於 NVIDIA GPGPU 會採用獨立的 GDDR，其結構特點使得全域記憶體較主機端記憶體具有更高的存取頻寬。舉例來說，在 V100 架構的 GPGPU 中，全域記憶體可以提供 900 GB/s 的讀寫頻寬，遠高於 CPU 中 DDR4 所能提供的 25.6GB/s 的讀寫頻寬。但 GPGPU 全域記憶體的存取記憶體延遲時間依然很高，這也是 GPGPU 架構設計了多層次儲存空間的目的，希望能夠合理地利用各種記憶體和多種儲存存取最佳化技術來減少對全域記憶體的存取，或提高全域記憶體的存取效率，減小對指令管線的影響。

6) 常數記憶體

常數記憶體 (constant memory) 位於裝置端記憶體中，其中的資料還可以快取在 SM 內部的常數快取 (constant cache) 中，所以從常數記憶體讀取相同的資料可以節約頻寬，對相同位址的連續讀取操作將不會產生額外的記憶體通訊銷耗。但常數記憶體的容量較小，在 NVIDIA V100 中最多允許申請 64KB 的大小，每個 SM 也只有 8KB 的常數記憶體快取。由於常數記憶體屬於唯讀記憶體，因此不存在快取一致性的問題。

在 CUDA 中，常數在所有函數外定義，其變數名稱前需要加修飾詞 __constant__。常數記憶體只能在 CPU 上由 cudaMemcpyToSymbol() 函數進行初始化，並且不需要進行空間釋放。

7) 紋理記憶體

紋理記憶體 (texture memory) 位於裝置端記憶體上，其讀出的資料可以由紋理快取 (texture cache) 進行快取，也屬於唯讀記憶體。紋理記憶體原本專門用於 OpenGL 和 DirectX 繪製管線及圖片的儲存和存取。在通用計算中，紋理暫存器針對 2D 空間區域性進行了最佳化，同一個執行緒束內的執行緒存取紋理記憶體的位址具有空間區域性，會使得裝置端記憶體達到更高的頻寬，因此將提升存取性能。紋理記憶體具有 1D、2D 與 3D 的類型，其中的資料可以透過 tex1DLod()、tex2DLod() 和 tex3DLod() 函數利用不同維度的座標進行讀取。紋理記憶體通常比常數記憶體要大，因此適合實作影像處理和查閱資料表等操作。

8) 主機端記憶體

在 CUDA 中，主機端記憶體 (host memory) 可分為可分頁記憶體 (pageable memory) 和鎖分頁記憶體 (page-locked 或 pinned memory)。可分頁記憶體由 malloc() 或 new() 在主機上分配。與一般的主機端記憶體操作類似，可分頁記憶體可能會被分配到虛擬記憶體中。與之相對，鎖分頁記憶體則會駐留在實體記憶體中。它有兩種分配方式：一種方式是 CUDA 提供 cudaHostAlloc() API 對鎖分頁記憶體進行分配，另一種是由 malloc() API 分配非鎖分頁記憶體，然後透過 cudaHostRegister() 函數註冊為鎖分頁記憶體。鎖分頁記憶體的釋放由 cudaFreeHost() 完成。

使用鎖分頁記憶體的好處主要有：①鎖分頁記憶體可以透過零銷耗複製映射到裝置端記憶體的位址空間，從而在 GPGPU 上直接存取，減少裝置與主機之間的資料傳輸；②鎖分頁記憶體與裝置端記憶體之間的資料傳輸和核心執行可以採用平行的方式進行；③鎖分頁記憶體與裝置端記憶體之間的資料交換會比較快。雖然鎖分頁記憶體有很多好處，但它是系統中的缺乏資源，分配過多會導致用於分頁的物理記憶體變少，導致系統整體性能下降。

2.3.2 儲存資源與執行緒平行度

儘管層次化的儲存模型可以有效地減少對全域記憶體的存取，但畢竟儲存資源是有限的。如果每個執行緒需要的儲存資源過多，則會限制活躍執行緒和執行緒區塊的數量，降低執行緒平行度，削弱利用多執行緒掩藏長延遲時間操作的能力；反過來，如果執行緒平行度過高，則會導致單晶片儲存資源更加短缺，增加對全域記憶體和區域記憶體的存取。無論哪種情況，最終都會影響到核心函數的性能。

在 CUDA 中，實際情況下執行緒的平行度往往受到每個 SM 中允許的執行緒數量、執行緒區塊數量、暫存器數量及共享記憶體容量的共同限制。舉例來説，在 NVIDIA V100 中，每個 SM 最多可以啟動 2048 個執行緒和 32 個執行緒區塊。如果每個執行緒區塊分配的執行緒數目低於 2048/32=64，那麼即使一個 SM 中達到了執行緒區塊允許數量的最大值，執行緒依然沒有得到滿載。執行緒的平行度還受到以下條件限制。

(1) 暫存器資源的限制。舉例來説，V100 中每個 SM 可以支配 256KB 大小的暫存器。考慮到最多允許 2048 個執行緒，相當於每個執行緒最多可以佔用 32 個 32 位元的暫存器。如果需要更多的暫存器，那麼只能減少執行緒的數量。如果一個執行緒區塊最少含有 64 個執行緒，那麼執行緒數量一次性就要減少 64，這可能會導致同時可排程的執行緒束數量減少，使得長延遲時間操作無法被完全掩藏。

(2) 共享記憶體資源的限制。舉例來説，V100 中每個 SM 最大可設定 96KB 大小的共享記憶體空間，這些空間會被 SM 內的執行緒區塊共享。如果喚醒 32 個執行緒區塊且每個執行緒區塊需要的共享記憶體超過 96KB/32=3KB，那麼將出現共享記憶體資源匱乏而需要減少執行緒區塊的數量。如果每個區塊的共享記憶體增加到 10KB，那麼每個 SM 最多可以同時執行 9 個區塊，大幅降低了執行緒平行度。

總之，各種類型的記憶體容量是有限的，並且在執行時期相互依賴，影響到執行緒可能達到的平行度。程式設計人員應根據應用程式的特點，合理設定執行緒、執行緒區塊和共享記憶體的大小，這也是 GPGPU 程式設計的關鍵因素之一。

2.4 執行緒同步與通訊模型

在 SIMT 計算模型中，每個執行緒的執行都是相互獨立的。這種獨立性配合大規模的硬體多執行緒極佳地實作了應用的平行化處理。簡單高效的 SIMT 模型有利於 GPGPU 硬體的簡化。然而在實際的應用和演算法中，除向量加這種可完全平行的計算之外，平行的執行緒之間或多或少都需要某種方式進行協作和通訊，這主要表現在兩方面。

(1) 某個任務依賴於另一個任務產生的結果，例如生產者 - 消費者關係。

(2) 若干任務的中間結果需要匯集後再進行處理，例如精簡操作。

這就需要引入某種形式的同步操作。這種同步操作需要滿足 SIMT 計算模型，同時在不大幅增加程式設計難度和複雜度的情況下提供執行緒執行順序的控制或通訊支援。針對這一問題，GPGPU 架構的解決方法是在程式設計人員需要確切知道程式執行狀態的地方提供同步控制和通訊機制，讓程式設計人員獲取硬體的行為，保證硬體可以按照預期的行為工作，從而滿足更多應用和演算法的要求。

2.4.1 同步機制

由於 GPGPU 中執行緒具有層次化的結構，因此存在多種層次的同步可能性。舉例來說，執行緒區塊內執行緒同步、記憶體同步、GPGPU 與 CPU 間的同步等。本節以 CUDA 為例，介紹 GPGPU 通常採用的同步機制。

1. 執行緒區塊內執行緒同步

在 CUDA 程式設計模型中，__syncthreads() 可用於同一執行緒區塊內執行緒的同步操作，它對應的 PTX 指令為 bar 指令。該指令會在其所在程式計數器 (Program Counter，PC) 位置產生一個同步柵欄 (barrier)，並要求執行緒區塊內所有的執行緒都到達這一柵欄位置才能繼續執行，這可以透過監控執行緒的 PC 來實作。如圖 2-8 所示，在執行緒同步的要求下，即使有些執行緒執行比較快而先到達 bar 指令處也要暫停，直到整個執行緒區塊的所有執行緒都達到 bar 指令才能整體繼續執行。

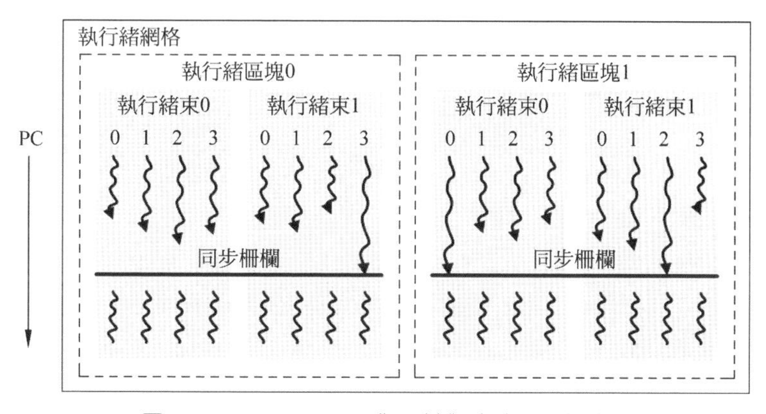

▲ 圖 2-8 __syncthreads() 及其對應的 bar 指令原理

__syncthreads() 函數保證了先於該敘述的執行結果對執行緒區塊內所有執行緒可見。由於執行緒區塊內部按照執行緒束組織，而且同一個執行緒束內的執行緒是自然同步的，所以 __syncthreads() 函數實際上保證了執行緒區塊內所有執行緒束都執行到同一位置再繼續。如果沒有 __syncthreads() 函數，在存取全域或共享記憶體的同一個位址時，由於不同執行緒束的執行進度很可能不同步，執行緒可能會讀取不到最近更新的資料造成錯誤。舉例來說，在程式 2-7 分塊矩陣乘法的程式中，第 13 行的 __syncthreads() 函數保證了執行緒區塊中所有執行緒在 Mds 和 Nds 資料從全域記憶體搬運完成後再繼續下面的指令。如果沒有它，C 中計算的部分和可能是未讀取完畢的矩陣區塊計算結果，導致計算錯誤。同樣程式 2-7 第 17 行的 __syncthreads() 函數如果缺失，那麼執行緒區塊內的其他執行緒可能修改了 Mds 和 Nds 後，本執行緒才進行 C 的運算，也會出現錯誤。

為了保證架構的可擴充性，GPGPU 硬體並不支援執行緒區塊之間的同步。值得注意的是，雖然 CUDA 9.0 中引入了協作組 (見 2.4.2 節) 的概念，允許程式設計人員重新定義執行緒之間的協作關係，但主要透過軟體和執行時期函數庫進行管理。這樣可以合理地控制架構設計的複雜度和硬體銷耗，是程式設計靈活性與硬體複雜度之間一種合理的折衷考慮。

2. 記憶體同步

同步機制不僅可以用於控制執行緒計算的順序，還可以用來保證記憶體資料的一致性。GPGPU 往往採用寬鬆的儲存一致性模型，儲存柵欄 (memory fence) 操作會在同步點處保持一致性，透過下面的函數保持在記憶體操作上的維序關係。

(1) __threadfence()。一個執行緒呼叫 __threadfence() 函數後，該執行緒在該敘述前對全域記憶體或共享記憶體的存取已經全部完成，執行結果對執行緒網格中的所有執行緒可見。換句話說，當一個執行緒執行到 __threadfence() 指令時，執行緒在該指令之前所有對於記憶體的讀取或寫入對於網格的所有執行緒都是可見的。

(2) __threadfence()_block()。與 __threadfence() 函數作用效果相似，作用範圍是同執行緒區塊內的執行緒。

(3) __threadfence()_system()。與 __threadfence() 函數作用效果相似，作用範圍是系統內部的所有執行緒，包括主機端的執行緒和其他裝置端的執行緒。

3. GPGPU 與 CPU 間的同步

在 CUDA 主機端程式中，透過使用 cudaDeviceSynchronize()、cudaThreadSynchronize() 及 cudaStreamSynchronize()，可以實作 GPGPU 和 CPU 之間的同步。因為 __global__ 定義的核心函數往往是非同步呼叫的，這表示核心函數啟動後，主機端不會等待核心函數執行完成就會繼續執行，因此利用該組同步函數可以實作不同目的的同步。

(1) cudaDeviceSynchronize()。該方法將停止 CPU 端執行緒的執行，直到 GPGPU 端完成之前 CUDA 的任務，包括核心函數、資料複製等。

(2) cudaThreadSynchronize()。該方法的作用和 cudaDeviceSynchronize() 完全相同，在 CUDA 10.0 後被棄用。

(3) cudaStreamSynchronize()。這個方法接受一個串流 (stream)，它將阻止 CPU 執行直到 GPGPU 端完成對應串流的所有任務，但其他串流中的任務不受影響。

2.4.2 協作組

為了提高 GPGPU 程式設計中通訊和同步操作的靈活性，NVIDIA 在 CUDA 9.0 之後引入了一個新的概念，稱為協作組 (cooperative groups)。它支援將不同細微性和範圍內的執行緒重新建構為一個組，並在這個新的協作組基礎上支援同步和通訊操作。因此，協作組除可以提供與執行緒區塊內部已有的 __syncthreads() 類似的同步操作之外，還可以提供更為豐富多樣的執行緒組合及其內部的通訊和同步操作。舉例來說，程式設計人員對執行緒區塊進行重新分塊建構新的協作組，就可以提供比執行緒區塊細微性更為精細的同步。協作組還支援更大細微性範圍內執行緒的組合，比如單一 GPGPU 上的執行緒網格或多個 GPGPU 之間的執行緒網格。

1. 利用協作組實作矩陣乘法

協作組需要透過相關的 API 在裝置端程式中實作。參照前面程式 2-7 中分塊矩陣乘法的例子，程式 2-9 舉出了基於協作組的分塊矩陣乘法的核心函數程式，展示了如何在執行緒區塊細微性上定義協作組，並使用它的索引和同步 API 完成類似功能。一般情況下，使用協作組需要以下步驟。

⬇ 程式 2-9 基於協作組的分塊矩陣乘法的核心函數

```
1  __global__ void  block_mul(float* d_A, float* d_B, float* d_C)
2  {
3    __shared__ float Mds[BLOCK_SIZE][BLOCK_SIZE];
4    __shared__ float Nds[BLOCK_SIZE][BLOCK_SIZE];
5    float P = 0;
6    thread_block g = this_thread_block();
7    int row = g.thread_index().x + g.group_index().x * BLOCK_SIZE;
8    int col = g.thread_index().y + g.group_index().y * BLOCK_SIZE;
9    int tx = g.thread_index().x; int ty = g.thread_index().y;
10     for (int i = 0; i < N / BLOCK_SIZE; i++)
11     {
12       Mds[tx][ty] = d_A[row * N + ty + i * BLOCK_SIZE];
13       Nds[tx][ty] = d_B[col + (tx + i * BLOCK_SIZE) * K];
14       g.sync();
15       for (int j = 0; j < BLOCK_SIZE; j++)
16       {
17         P += Mds[tx][j] * Nds[j][ty];
18         g.sync();
19       }
20   }
21   d_C[row * K + col] = P;
22 }
```

(1) 將執行緒重新分組建構協作組。例如第 6 行的 this_thread_block() 表明分組方式為每個執行緒區塊為一個協作組，本質上就是原來的執行緒區塊。當然為了實作不同細微性的同步，還可以有其他方法建構協作組。後面將對此介紹。

(2) 對協作組的資料操作。當建構新的協作組完成後，需要獲取執行緒在協作組中的索引編號。如果以執行緒區塊的方式建構，可以呼叫 thread_index() 方法，獲取的結果與 threadIdx 相同。還可以使用 group_index() 方法，獲取的結果與 blockIdx 相同。如第 7 行～第 9 行就利用了協作組的索引 API 獲得了原先的 threadIdx 和 blockIdx。除了傳回三維資料的方法，協作組還提供了 thread_rank() 方法，可以傳回執行緒在執行緒組中的一維索引號。

(3) 對協作組進行同步或通訊操作。對新的執行緒組合進行同步是協作組的核心所在，可以透過 g.sync() 方法，對整個協作組進行同步。在第 14 行和第 18 行中，由於協作組代表了原有的執行緒區塊，所以利用 g.sync() 就實作了與 __syncthreads() 相同的效果。透過建構不同細微性的協作組，g.sync() 可以實作不同細微性的同步，給予程式設計人員充分的程式設計靈活性。

2. 協作組細微性和執行緒索引

除了執行緒區塊細微性，CUDA 還支援以多種不同的細微性來動態建構協作組。如圖 2-9 所示，建構協作組的細微性範圍從小到大包括以下幾種。

(1) 執行緒束內部執行緒合併分組。透過呼叫 coalesced_threads() 方法，可以將執行緒束內活躍的執行緒重新建構一個協作組。

(2) 執行緒區塊分塊。可以在執行緒區塊或已有協作組的基礎上，繼續劃分協作組。透過呼叫 tiled_partition<num>(thread_group) 方法，允許從特定的協作組中以 num 數量的執行緒為一組，繼續進行細分分組。

(3) 執行緒區塊。透過呼叫 this_thread_block() 方法，以執行緒區塊為基本單位進行分組。

(4) 執行緒網格分組。透過呼叫 this_grid() 方法，將單一執行緒網格中所有執行緒分為一組。

(5) 多 GPGPU 執行緒網格分組。透過呼叫 this_multi_grid() 方法，將執行在多個 GPGPU 上的所有執行緒網格內的執行緒分為一組。

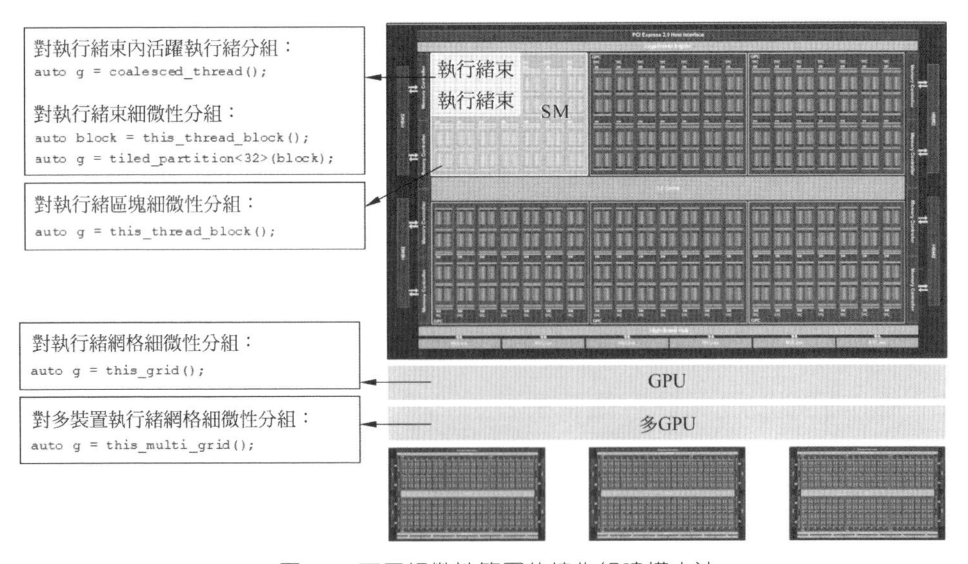

▲ 圖 2-9 不同細微性範圍的協作組建構方法

協作組為這些不同細微性的執行緒重新組合提供了與以往類似的通訊和同步機制，這表示通訊和同步操作可以在更加靈活範圍的執行緒組合中完成，提高了程式設計的自由度和靈活性。

為了能夠利用新建構的協作組進行執行緒操作，還需要獲取執行緒索引編號。在程式 2-9 中，thread_index() 和 group_index() 方法為執行緒區塊細微性的協作組提供了一種二維的執行緒索引，類似於原有的 threadIdx 和 blockIdx。除此之外，協作組還可以使用一維索引方法 thread_rank() 為每個執行緒提供索引。值得注意的是，協作組的執行緒索引與執行緒原有範圍的內部索引有所不同。如圖 2-10 所示，假設一個執行緒束內 8 個執行緒中通道 1、3、7 對應的執行緒透過 coalesced_threads() 方法建構了協作組 g，協作組會為這三個執行緒重新排序，透過呼叫 thread_rank() 方法得到的執行緒索引為 0、1、2。

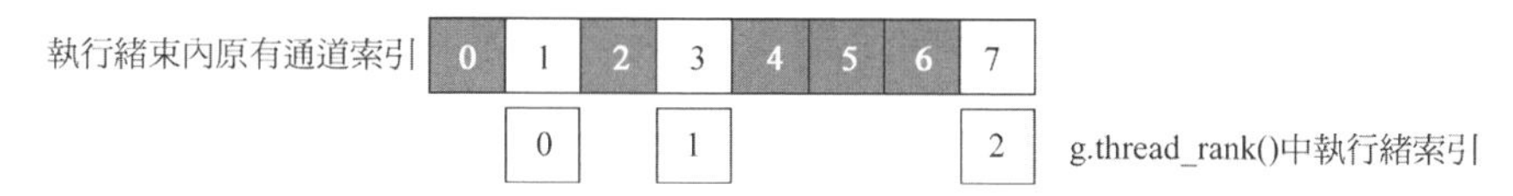

▲ 圖 2-10 協作組內執行緒索引與原執行緒束內通道索引的不同

3. 協作組的其他操作

協作組提供了同步操作，還提供了組內執行緒之間的洗牌 (shuffle，也稱為置換 permutation)、表決 (vote)、匹配 (match) 等執行緒間的通訊操作。

(1) 執行緒洗牌操作，允許某個執行緒以特定的方式讀取組內其他執行緒的暫存器，可以以更低的延遲進行組內執行緒間暫存器資料通信。洗牌操作包括：g.shfl(v, i) 操作傳回組內執行緒 *i* 的暫存器 *v* 中的資料；g.shfl_up(v, i) 操作先計算本執行緒索引減去 *i*，並傳回該索引中暫存器 *v* 的資料；g.shfl_down(v, i) 操作先計算本執行緒索引加上 *i*，並傳回該索引中暫存器 *v* 的資料；g.shfl_xor(v, i) 操作將交換本執行緒和以本執行緒索引加 *i* 為索引執行緒的暫存器 *v* 中的資料。

(2) 表決操作，對協作組合中每個執行緒的述詞暫存器進行檢查，並將結果傳回給所有的執行緒。表決操作包括：g.all(p1) 將對組內所有執行緒的述詞暫存器 p1 進行檢查，如果所有執行緒的述詞暫存器 p1 均為 1，則所有執行緒傳回結果 1，否則傳回 0; g.any(p1) 將對組內所有執行緒的述詞暫存器 p1 進行檢查，如果存在執行緒的述詞暫存器 p1 為 1，則所有執行緒傳回結果 1，否則傳回 0。

(3) 匹配操作，這個操作出現於 Volta 架構中。匹配操作將查詢組內每個執行緒是否存在特定的值，並且傳回遮罩。匹配操作包括：g.match_any(value) 操作將查詢組內所有執行緒是否含有 value 值，傳回擁有 value 值的執行緒遮罩；g.match_all(value，pred) 操作將查詢組內所有執行緒是否含有 value 值，如果都包含 value 值則傳回全 1 的遮罩，並且將 pred 置為 1，否則傳回全 0 的遮罩，並且將 pred 置為 0。

注意這裡的執行緒範圍是按照協作組的一維索引 thread_rank() 方法來計算的。

透過重新定義這些操作所作用的執行緒範圍，協作組中的執行緒就可以更加靈活地通訊和同步，提升特定應用的性能。舉例來說，資料精簡和廣播演算法可以利用協作組進行性能最佳化。

4. 協作組的軟體堆疊支援

根據 NVIDIA 的介紹，協作組主要是由軟體 API 結合執行時期函數庫和驅動來實作的，並沒有增加新的硬體支援。如圖 2-11 所示的協作組實作方式，它支援 5 個細微性範圍的執行緒組合，透過統一的 API 封裝為 CUDA C++ 函數庫提供給程式設計人員，針對不同細微性的協作組，採用不同的編譯基本操作予以支援。舉例來說，執行緒網格等級的協作組主要借助新增的內容進行支援。對於執行緒區塊細微性的協作組實作，使用原有的操作 API 就可以實作該細微性下協作組所需要的所有操作。對於執行緒區塊細微性以下更為細微性的協作組，涉及執行緒束或內部執行緒的同步，這些需要設計新的執行緒束同步基本操作進行實作。

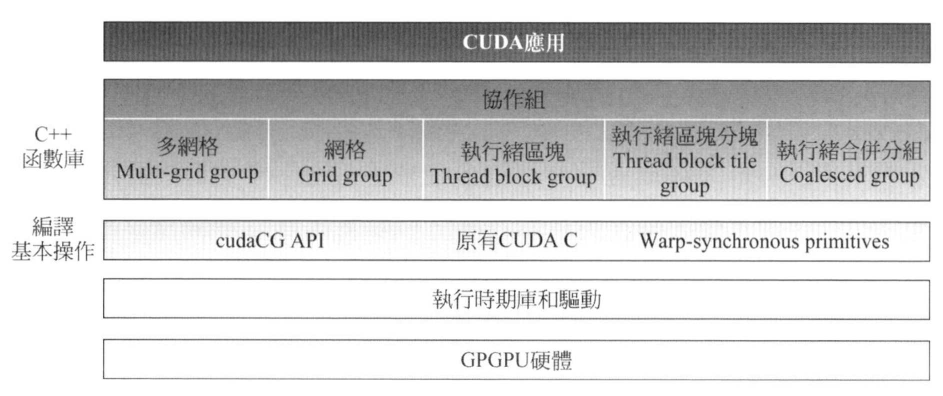

▲ 圖 2-11 協作組的實作方式

2.4.3 串流與事件

為了讓主機端和裝置端多個核心函數平行起來，GPGPU 中很多操作都是非同步的。舉例來說，主機端傳輸資料到裝置端 (Host-to-Device，H2D)、啟動核心函數計算 (K)、裝置端運算完成的結果傳回至主機端 (Device-to-Host，D2H)。如圖 2-12 所示，如果這些操作是同步的，即只有將主機端記憶體的資料全部發送到裝置端記憶體後，才會進行下面的核心函數計算，那麼等到所有計算全部完畢後，才能將結果發回主機端記憶體，這樣會導致資料傳輸和核心函數計算只能串列執行，很難高效利用硬體資源。

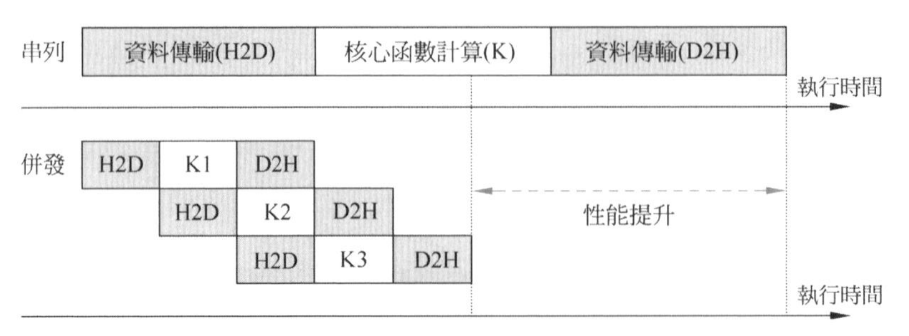

▲ 圖 2-12 主機端和裝置端的串列操作與平行操作

為了提升資源使用率，可以借助串流 (stream) 將資料傳輸和裝置端計算進行非同步化。串流可以實作在一個裝置上執行多個核心函數，實作任務等級的平行。針對上面的例子，可以將 H2D、K 和 D2H 這三個非同步的操作封裝在串流中。同一流內部的操作需要嚴格遵守順序，但是串流之間無順序限制。如圖 2-12 所示，三個串流平行執行，資料分成三份放在三個串流中進行計算。不同串流之間可以在不同的時間佔用傳輸匯流排和 GPGPU，完成 H2D、D2H 和核心函數計算這三個操作，這樣極大提高了資源使用率並節省了執行時間。

下面透過一個簡單的程式來介紹串流如何封裝這一過程。這個例子將包含 30 個元素的 float 陣列每個元素自加 1。由於核心函數並不重要，其主機端程式如程式 2-10 所示。

第 3 行，宣告了 3 個串流，分別儲存在 stream 陣列中。

第 6 行至第 8 行，用迴圈及 cudaStreamCreate() 函數對流進行初始化。透過 cudaHostAlloc() 函數將 float 類型的陣列 A 分配到主機端記憶體中。

第 10 行 ~ 第 15 行，用迴圈實作圖 2-12 中串流平行的主體，這 3 個迴圈代表了 3 個串流的運作。cudaMemcpyAsync() 函數作為非同步記憶體搬運函數，用於以非同步方式實作主機端記憶體和裝置端記憶體之間的通訊。

第 12 行，將陣列以 10 個為一組傳輸進裝置端記憶體中。這個函數的參數為傳輸目的位址、需要被傳輸資料的位址、傳輸的資料大小、傳輸方向及在哪條串流中被執行。

第 13 行，呼叫核心函數。與之前沒有串流的核心函數呼叫相比，這裡多了兩個參數，分別是每個區塊動態分配的共享記憶體大小 (這裡 0 指無須動態分配) 及呼叫該核心函數的串流。

第 14 行，表示資料以非同步的方式從裝置端記憶體寫回主機端記憶體。

第 16 行和第 17 行，使用 **cudaStreamDestroy()** 函數對流進行銷毀。

第 18 行，使用 **cudaFreeHost()** 函數對記憶體進行釋放。

⬇ 程式 2-10 CUDA 中利用串流來實作主機端和裝置端的平行操作

```
1   int main()
2   {
3     cudaStream_t stream[3];
4     float* A;
5     float* d_A;
6     for(int i = 0; i < 3;i++)
7       cudaStreamCreate(&stream[i]);
8     cudaHostAlloc(&A, 30 * sizeof(float), cudaHostAllocDefault);
9     cudaMalloc((void**)& d_A, 30 * sizeof(float));
10      for(int i = 0; i < 3;i++)
11      {
12        cudaMemcpyAsync(d_A+i*10*sizeof(float), A+i*10*sizeof(float),
          10*sizeof(float), cudaMemcpyHostToDevice, stream[i]);
13        float_add << <10, 1, 0, stream[i]> >>(d_A+i*10*sizeof(float));
14        cudaMemcpyAsync(d_A+i*10*sizeof(float), A+i*10*sizeof(float),
          10*sizeof(float), cudaMemcpyDeviceToHost, stream[i]);
```

```
15      }
16      for(int i = 0; i < 3;i++)
17        cudaStreamDestroy(stream[i]);
18      cudaFreeHost(A);
19      cudaFree(A);
20  }
```

在 GPGPU 程式設計模型中，還可以透過宣告事件 (event)，在串流的執行中增加標記點，以更加細緻的細微性來檢測正在執行的串流是否執行到了指定的位置。透過事件和串流，可以建構複雜的任務圖，實作控制。一般來説，事件的用途主要有兩點。

(1) 事件可插入不同的串流中，用於串流之間的操作。由於不同串流的執行是平行的，特殊情況下需要同步操作。在串流需要同步的地方插入事件，例如在 CUDA 中可以使用 cudaEventRecord() 來記錄一個事件，之後使用 cudaStreamWaitEvent() 指定某個串流必須等到事件結束後才能進入 GPGPU 執行，這樣就可以完成串流的同步。

(2) 可以用於統計時間，在需要測量的函數前後插入 cudaEvent Record (event) 來記錄事件。呼叫 cudaEventElapseTime() 查看兩個事件之間的時間間隔，從而得到 GPGPU 執行核心函數的時間。

2.4.4 不可部分執行操作

GPGPU 架構還提供了若干不可部分執行的儲存操作。透過這些函數可以對位於全域記憶體和共享記憶體中的資料進行不可部分執行操作。在不可部分執行操作中，每個執行緒獨自從全域記憶體和共享記憶體中讀取資料，然後進行某些運算後再寫回原位址中。在隨機分散計算模式，如長條圖統計、首碼掃描中，會頻繁地使用到不可部分執行操作。

在 CUDA 10.0 中提供了如表 2-2 所示的不可部分執行操作函數。

表 2-2 CUDA 10.0 中提供的不可部分執行操作函數

函數	函數作用
atomicAdd(*a, val)	獲取位址 a 中的資料 old，傳回 old+val
atomicSub(*a, val)	獲取位址 a 中的資料 old，傳回 old-val
atomicExch(*a, val)	獲取位址 a 中的資料 old，將 val 的值寫入位址 a 中，傳回 old
atomicMin(*a, val)	獲取位址 a 中的資料 old，將 old 和 val 中較小值寫入位址 a 中，傳回 old
atomicMax(*a, val)	獲取位址 a 中的資料 old，將 old 和 val 中較大值寫入位址 a 中，傳回 old
atomicInc(*a, val)	獲取位址 a 中的資料 old，計算 ((old >= val) ? 0 : (old+1)) 並寫入位址 a 中，傳回 old
atomicDec(*a, val)	獲取位址 a 中的資料 old，計算 ((old == 0) | (old > val)) ? val : (old-1)) 並寫入位址中 a，傳回 old
atomicCAS(*a, compare, val)	獲取位址 a 中的資料 old，計算 (old == compare ? val : old) 並寫入位址 a 中，傳回 old
atomicAnd(*a, val)	獲取位址 a 中的資料 old，計算 (old & val) 並寫入位址 a 中，傳回 old
atomicOr(*a, val)	獲取位址 a 中的資料 old，計算 (old | val) 並寫入位址 a 中，傳回 old
atomicXor(*a, val)	獲取位址 a 中的資料 old，計算 (old ^ val) 並寫入位址 a 中，傳回 old

這些不可部分執行儲存操作的實作往往需要借助硬體支援來實作，有興趣的讀者可以參見文獻 [6] 中的介紹。簡單來講，雖然硬體支援的方式不同，但不可部分執行操作基本原理就是序列化執行緒的記憶體存取，所以不可部分執行操作不可避免地將減慢整體的計算速度。快速的

不可部分執行操作減少了複雜演算法轉換的需求，也可能會減少核心函數被呼叫的次數。值得注意的是，CUDA 不同運算能力的硬體對不可部分執行指令的支援也不盡相同。舉例來說，運算能力 1.0 之前不支援任何不可部分執行函數；1.1 支援全域記憶體上的不可部分執行函數；1.2 增加了共享記憶體的不可部分執行函數。當架構低於 6.x 時，不可部分執行操作只對當前的 GPGPU 有效；高於 6.x 的 GPGPU 架構允許不同範圍內的不可部分執行操作，例如 atomicAdd_system() 允許所有的主機端和裝置端記憶體進行不可部分執行加法操作，而 atomicAdd_block() 只允許同執行緒區塊內的執行緒進行不可部分執行加法操作。從中可以看出，不可部分執行操作函數也是隨著 GPGPU 而不斷發展的。

因為 GPGPU 程式一般會要求執行緒區塊之間不能有依賴，執行時期硬體也無法保證先後順序，因此執行緒區塊之間一般只在核心函數結束時是同步的。由於不可部分執行操作可以保證每次只能有一個執行緒對變數進行讀寫，其他執行緒必須等待，因此某一時刻記憶體中的特定位址只能被單一執行緒所讀寫，這建構了基本的「鎖」操作。因此，有時也可以借助不可部分執行操作實作執行緒間或執行緒區塊間的同步。

2.5 CUDA 指令集概述

本節以 NVIDIA 的 GPGPU 為例，介紹 CUDA 指令集的一些特點，有助讀者對後續 GPGPU 系統結構內容的理解。

指令集是處理器軟硬體互動的介面。一般情況下，程式設計人員撰寫的高階語言編譯成功器直接轉換成機器指令在硬體上執行。NVIDIA 歷代 GPGPU 產品的底層架構不盡相同，執行的機器指令也存在一定的差異。因此，CUDA 定義了一套穩定的指令集及其程式設計模型，稱為

PTX(Parallel Thread Execution)。PTX 與底層 GPGPU 硬體架構基本無關，能夠跨越多種硬體，在執行時期再轉化為更底層的機器指令集 SASS 執行，從而更具有通用性。

PTX 由高階語言 CUDA C/C++ 或其他基於 CUDA 的程式語言透過 NVIDIA 提供的 nvcc(NVIDIA's CUDA Compiler) 編譯得到。PTX 指令集展示了 GPGPU 支援的功能，但是不同 GPGPU 對這些功能的實作方式存在差異。機器指令 SASS 相比於 PTX 指令更接近 GPGPU 底層架構。SASS 指令集可以透過 PTX 指令集進行即時編譯 (Just-In-Time，JIT) 得到，根據實際硬體的運算能力 (compute capability) 生成對應的二進位碼。SASS 指令集可以表現出特定型號的 GPGPU 對於 PTX 功能的實作方式。

2.5.1 中間指令 PTX

本節將介紹 PTX 指令的一些主要定義和特點。

1. PTX 程式格式

PTX 程式格式與 C/C++ 有很多相似的地方，比如分行符號為 "\n"，對空白字元不進行編譯，註釋格式相同等。PTX 程式區分大小寫，所有的 PTX 程式都以 ".version" 開始，標明整個 PTX 程式的版本。本節的 PTX 程式範例都基於 PTX 6.4，在所有的 PTX 檔案中第一行均為 ".version 6.4"。

2. PTX 指令格式

PTX 的指令從一個可選的標記開始，以分號結束，如程式 2-11 所示。一行 PTX 範例指令包含兩部分：指示和指令的集合，指明本筆 PTX 指令進行的操作和需要的運算元。

⬇ 程式 2-11 PTX 指令範例

```
1   tmp0:
2         mov.u32        %r11, %ctaid.x
```

3. PTX 指示

PTX 定義了許多編譯指示 (directive)，它們不會編譯生成在實體 GPGPU 上執行的機器程式。這些指示包含了 PTX 檔案的編譯資訊。PTX 採用的指示標記如表 2-3 所示。

表 2-3 PTX 採用的指示標記

.address_size	.entry	.local	.pragma	.target
.align	.extern	.maxnctapersm	.reg	.tex
.branchtargets	.file	.maxnreg	.reqntid	.version
.callprototype	.func	.maxntid	.section	.visible
.calltargets	.global	.minnctapersm	.shared	.weak
.const	.loc	.param	.sreg	

其中一些指示標記舉出了 PTX 程式的主要資訊，比如：

(1) ".version" 用於標明整個 PTX 程式的版本；

(2) ".target" 用於指定當前 PTX 程式目標結構和編譯特徵等；

(3) ".address_size" 位於 ".target" 之後，用於宣告指令和資料的位址位元寬，".address_size" 並不是必需的，若不適用該指示，則預設位址的位元寬為 32；

(4) ".entry" 指示了 PTX 程式中核心函數的入口，GPGPU 會從 ".entry" 指示的核心函數處開始執行指令；

(5) ".func" 指示用於定義一個函數，類似於高階語言中的函數定義。

PTX 也為性能最佳化提供了指示標記，實作對 GPGPU 性能一定程度的最佳化，比如：

(1) ".maxnreg" 指令規定每個執行緒使用暫存器的最大數量；
(2) ".maxntid" 指示在一個執行緒區塊中執行緒的最大數量；
(3) ".reqntid" 指示在一個執行緒區塊中使用的執行緒形狀；
(4) ".minnctapersm" 指示每個 SM 最少執行執行緒區塊的數量。

指示中還包含了 PTX 中變數所在儲存層次的資訊。這些指示經常被應用在變數宣告中，說明被宣告的變數儲存在哪個儲存層次。PTX 採用的儲存指示和說明如表 2-4 所示。

表 2-4 PTX 採用的儲存指示和說明

名稱	說明
.reg	暫存器，存取快速
.sreg	特殊暫存器，唯讀，需要提前定義，不同平台存在差異
.const	常數記憶體
.global	全域記憶體
.local	區域記憶體
.param	用於儲存核心函數的參數，需要提前定義
.shared	共享記憶體
.tex	紋理記憶體

許多指令還需要配合基礎類型修飾詞來指明具體的操作。這些基礎類型修飾詞表現了 GPGPU 能夠處理的資料型態和位元寬，包括有號定點數、無號定點數、浮點數及暫時無法確定的位元流。其中浮點數的 ".f16x2" 代表了 GPGPU 允許從相鄰的儲存空間中讀取兩個 16 位元浮點

數。".pred" 類似於 C/C++ 中的 bool 類型。表 2-5 列舉了 PTX 採用的基礎資料型態和說明。

表 2-5 PTX 採用的基礎資料型態和說明

基礎資料型態	說明
有號整數	.s8，.s16，.s32，.s64
無號整數	.u8，.u16，.u32，.u64
浮點數	.f16，.f16x2，.f32，.f64
未定型類型	.b8，.b16，.b32，.b64
遮罩	.pred

4. 常用 PTX 指令及類型

PTX 包含很多類型的指令，表 2-6 列舉了 PTX 6.4 所提供的部分指令，如運算指令 add.f32 用於進行 32 位元浮點數計算。除此之外，還有資料轉移指令，如 mov、ld、st 等；邏輯指令，如 and、or 等；移位指令，如 shf、shfl、shl、shr 等；跳躍指令 bra；資料格式轉換指令 cvt；位址空間轉換指令 cvta；同步指令 bar 等。詳細指令功能可以參考 CUDA 文件。

表 2-6 PTX 6.4 所提供的部分指令

abs	cvta	neg	shfl	vabsdiff
add	div	not	shl	vabsdiff2, vabsdiff4
addc	ex2	or	shr	vadd
and	exit	pmevent	sin	vadd2,add4
atom	fma	popc	slct	vavrg2,vavrg4
bar	isspacep	prefetch	sqrt	vmad

bfe	ld	prefetchu	st	vmax
bfi	ldu	prmt	sub	vmax2,vmax4
bfind	lg2	rcp	subc	vmin
bra	mad	red	suld	vmin2,vmin4
brev	mad24	rem	suq	vote
brkpt	madc	ret	sured	vset
call	max	rsqrt	sust	vset2,vset4
clz	membar	sad	testp	vshl
cnot	min	selp	tex	vshr
copysign	mov	set	tld4	vsub
cos	mul	setp	trap	vsub2,vsub4
cvt	mul 24	shf	txq	xor

在 PTX 基本指令及特徵的基礎上，接下來仍以程式 2-5 中矩陣乘法的核心函數為例，採用 nvcc 編譯器在 -arch=sm_30 條件下生成的 PTX 程式如程式 2-12 所示。

⬇ 程式 2-12 矩陣乘法核心函數的 PTX 程式

```
1   .version 6.4
2   .target sm_30, debug
3   .address_size 64
4   .visible .entry _Z9basic_mulPfS_S_(
5     .param .u64 _Z9basic_mulPfS_S__param_0,
6     .param .u64 _Z9basic_mulPfS_S__param_1,
7     .param .u64 _Z9basic_mulPfS_S__param_2
8   )
9   {
10    .reg .pred    %p<3>;
```

```
11    .reg .f32         %f<6>;
12    .reg .b32         %r<22>;
13    .reg .b64         %rd<13>;
14  func_begin0:
15    ld.param.u64      %rd1, [_Z9basic_mulPfS_S__param_0];
16    ld.param.u64      %rd2, [_Z9basic_mulPfS_S__param_1];
17    ld.param.u64      %rd3, [_Z9basic_mulPfS_S__param_2];
18  func_exec_begin0:
19  tmp0:
20    mov.u32           %r6, %tid.x;
21    mov.u32           %r7, %ctaid.x;
22    mov.u32           %r8, %ntid.x;
23    mul.lo.s32        %r9, %r7, %r8;
24    add.s32           %r1, %r6, %r9;
25  tmp1:
26    mov.u32           %r10, %tid.y;
27    mov.u32           %r11, %ctaid.y;
28    mov.u32           %r12, %ntid.y;
29    mul.lo.s32        %r13, %r11, %r12;
30    add.s32           %r2, %r10, %r13;
31  tmp2:
32    mov.u32           %r14, 0;
33    mov.b32           %r3, %r14;
34  tmp3:
35    mov.u32           %r21, %r3;
36  tmp4:
37
38  BB0_1:
39    mov.u32           %r4, %r21;
40  tmp5:
41    setp.lt.s32       %p1, %r4, 64;
42    not.pred          %p2, %p1;
43    @%p2 bra          BB0_4;
```

```
44    bra.uni          BB0_2;
45
46  BB0_2:
47  tmp6:
48    mul.lo.s32       %r15, %r1, 64;
49    add.s32          %r16, %r15, %r4;
50    cvt.s64.s32      %rd4, %r16;
51    shl.b64          %rd5, %rd4, 2;
52    add.s64          %rd6, %rd1, %rd5;
53    ld.f32           %f1, [%rd6];
54    mul.lo.s32       %r17, %r4, 128;
55    add.s32          %r18, %r2, %r17;
56    cvt.s64.s32      %rd7, %r18;
57    shl.b64          %rd8, %rd7, 2;
58    add.s64          %rd9, %rd2, %rd8;
59    ld.f32           %f2, [%rd9];
60    mul.f32          %f3, %f1, %f2;
61    mul.lo.s32       %r19, %r1, 128;
62    add.s32          %r20, %r19, %r2;
63    cvt.s64.s32      %rd10, %r20;
64    shl.b64          %rd11, %rd10, 2;
65    add.s64          %rd12, %rd3, %rd11;
66    ld.f32           %f4, [%rd12];
67    add.f32          %f5, %f4, %f3;
68    st.f32           [%rd12],  %f5;
69  tmp7:
70    add.s32          %r5, %r4, 1;
71  tmp8:
72    mov.u32          %r21, %r5;
73  tmp9:
74    bra.uni          BB0_1;
75  tmp10:
76
```

```
77  BB0_4:
78     ret;
```

上述 PTX 程式中，第 1 行 ~ 第 3 行顯示本次 PTX 指令版本是 6.4，並且目標虛擬架構為 sm_30，每行指令的指令位址大小為 64 位元。

第 4 行透過 ".entry" 指示核心函數的入口，".visible" 表示這個核心函數對於其他函數是可見的。這個核心函數有三個 unsigned 的參數，與 CUDA 程式相符。

第 10 行 ~ 第 13 行宣告了四種類型的暫存器用於暫存資料，包括 3 個 ".pred" 類型的暫存器，6 個 ".f32" 類型的暫存器，22 個 ".b32" 的暫存器和 13 個 ".b64" 類型的暫存器。

第 15 行 ~ 第 17 行根據參數名稱 (參數空間中的位址)，將 3 個參數載入到對應的暫存器中。

第 20 行 ~ 第 24 行對應 CUDA 程式中計算 row 的過程，%tid.x 對應 threadIdx.x，%ctaid.x 對應 blockIdx.x，而 %ntid.x 對應 blockDim.x。其中 mul 指令的結果取低 32 位元。

第 26 行 ~ 第 30 行對應 col 變數的計算。最終 row 變數的結果被儲存在暫存器 %r1 中，col 變數的結果被儲存在暫存器 %r2 中。

第 39 行 ~ 第 44 行進入 CUDA 中的 for 迴圈。其中第 41 行的 setp 指令表示如果暫存器 %r4 中的值小於 64(預設巨集 N 中的值)，那麼設定 bool 型暫存器 %p1 的值為 1。%r4 暫存器中儲存著變數 i，在第 70、72 行中加 1 給予值給 %r21，再經由第 74 行的 bra 指令傳回第 38 行的 BB0_1，最後給予值給 %r4，這一套指令完成了 for 迴圈的建構。第 43 行有一個 @%p2，用於判斷 %p2 暫存器中的值是否為 1。若為 1 則說明完成了 for 迴圈並跳出值 BB0_4，否則繼續 for 迴圈進行計算。

第 48 行 ~ 第 68 行完成了 for 迴圈內部的乘加程式。在第 48 行和第 49 行已經完成了這個運算，但是得到的結果是輸入矩陣陣列的下標，也就是偏移位址。為了得到最終位址，需要先進行資料型態轉換，將 ".s32" 轉換到 ".s64"，左移兩位並且加上儲存在 %rd1 中的基底位址。由於位址的大小為 64 位元，所以第 52 行的加法是 64 位元有號整數。再經由第 53 行的 ld 指令，將 d_A 中儲存的浮點數讀取浮點數類型的暫存器 %f1 中。同理，d_B 中的浮點數被讀取到了 %f2 中，如第 59 行程式所示，128 是 K 的值。而第 60 行的 mul.f32 指令和第 67 行的 add.f32 指令完成了 CUDA 的乘加程式，由第 68 行的 st.f32 指令寫入 d_C 中。第 61 行 ~ 第 66 行計算了需要儲存的位址。最終，執行完 for 迴圈後，指令跳躍到第 78 行，以 ret 指令退出核心函數。

為了適應 GPGPU 硬體架構更新所帶來新的操作和功能，PTX 指令集也在不斷地增添新的指令，詳情可參見文獻 [5] 中的介紹。

2.5.2 機器指令 SASS

PTX 指令表現了 GPGPU 硬體的功能，同一種功能對於不同的底層硬體可能會有不同的實作方式。執行時期，PTX 程式會被編譯成 SASS 機器碼，對應不同的 GPGPU 底層架構。

SASS 指令與 GPGPU 的運算能力對應。一般情況下，給定一種計算架構就會有一組對應的 SASS 指令。但不同的架構也可能會共享 SASS 指令集，比如 Maxwell 和 Pascal 架構對應的 SASS 指令集非常相似。一些指令在不同的架構中也會被更新或捨棄，比如 16 位元的乘加運算 XMAD 指令，在 Maxwell 和 Pascal 架構中被啟用，但是在後續的 Volta 架構中被刪除。

仍以程式 2-5 中矩陣乘法的核心函數為例。它採用 nvcc 編譯器生成的 PTX 程式，如程式 2-12 所示，而基於 Volta 架構 (運算能力為 7.0) 的 SASS 程式部分如程式 2-13 所示。這個 SASS 程式是由 NVIDIA 提供的反編譯器 cuobjdump 生成的。SASS 程式的公開資料較少，NVIDIA 的官方文件中僅介紹了每個架構對應的 SASS 指令集中包含的指令及其簡單的功能描述。

⬇ 程式 2-13 矩陣乘法核心函數的 SASS 程式部分 (基於 Volta 架構)

```
1   code for sm_70
2   Function : _Z9basic_mulPfS_S_
3   .headerflags @"EF_CUDA_SM70 EF_CUDA_PTX_SM(EF_CUDA_SM70)"
4
5   /*0000*/ MOV R1, c[0x0][0x28] ;                    /*0x00000a0000017a02*/
6                                                      /*0x000fd00000000f00*/
7   /*0010*/ @!PT SHFL.IDX PT, RZ, RZ, RZ, RZ ;        /*0x000000fffffff389*/
8                                                      /*0x000fe200000e00ff*/
9   /*0020*/ S2R R0, SR_CTAID.X ;                      /*0x0000000000007919*/
10                                                     /*0x000e220000002500*/
11  /*0030*/ MOV R6, 0x4 ;                             /*0x0000000400067802*/
12                                                     /*0x000fc60000000f00*/
13  /*0040*/ S2R R3, SR_TID.X ;                        /*0x0000000000037919*/
14                                                     /*0x000e280000002100*/
15  /*0050*/ S2R R7, SR_CTAID.Y ;                      /*0x0000000000077919*/
16                                                     /*0x000e680000002600*/
17  /*0060*/ S2R R2, SR_TID.Y ;                        /*0x0000000000027919*/
18                                                     /*0x000e620000002200*/
19  /*0070*/ IMAD R0, R0, c[0x0][0x0], R3 ;            /*0x0000000000007a24*/
20                                                     /*0x001fca00078e0203*/
21  /*0080*/ SHF.L.U32 R5, R0, 0x6, RZ ;               /*0x0000000600057819*/
22                                                   /*0x000fe200000006ff*/
23  /*0090*/ IMAD R7, R7, c[0x0][0x4], R2 ;          /*0x0000010007077a24*/
24                                                     /*0x002fc800078e0202*/
```

```
25 /*00a0*/ IMAD.WIDE R10, R5, R6, c[0x0][0x160] ; /*0x00005800050a7625*/
26                                                 /*0x000fe200078e0206*/
27 /*00b0*/ LEA R3, R0, R7, 0x7 ;                  /*0x0000000700037211*/
28                                                 /*0x000fc600078e38ff*/
29 /*00c0*/ IMAD.WIDE R8, R7, R6, c[0x0][0x168] ;  /*0x00005a0007087625*/
30                                                 /*0x000fc800078e0206*/
31 /*00d0*/ IMAD.WIDE R2, R3, R6, c[0x0][0x170] ;  /*0x00005c0003027625*/
32                                                 /*0x000fe400078e0206*/
33 /*00e0*/ LDG.E.SYS R4, [R10] ;                  /*0x000000000a047381*/
34                                                 /*0x000ea800001ee900*/
35 /*00f0*/ LDG.E.SYS R13, [R8] ;                  /*0x00000000080d7381*/
36                                                 /*0x000ea800001ee900*/
37 /*0100*/ LDG.E.SYS R0, [R2] ;                   /*0x0000000002007381*/
38                                                 /*0x000ea400001ee900*/
39 /*0110*/ FFMA R13, R13, R4, R0 ;                /*0x000000040d0d7223*/
40                                                 /*0x004fd00000000000*/
41 /*0120*/ STG.E.SYS [R2], R13 ;                  /*0x0000000d02007386*/
42                                                 /*0x0001e8000010e900*/
43 /*0130*/ LDG.E.SYS R0, [R8+0x200] ;             /*0x0002000008007381*/
44                                                 /*0x000ea800001ee900*/
```

從程式 2-13 可以看到，開始處的 sm_70 代表了 Volta 架構，Function 代表裝置端正在執行哪個核心函數，".headerflags" 代表了一些整體的檔案資訊。SASS 程式區域最左邊是指令的位址，以十六進位表示。在 Volta 架構中，每行指令的大小為 128 位元。中間是指令的組合語言表示，由 cudobjdump 生成。一般情況下，指令的格式如下：

```
(instruction) (destination) (source 1) (source 2) …
```

根據推斷，在 SASS 指令中的 RX 代表通用暫存器，其中 RZ 是一個特殊的暫存器，其值恒為 0。SRX 代表了特殊暫存器，對應了 PTX 中的 ".sreg" 儲存類型。PX 則是儲存 bool 值的暫存器，對應 PTX 中的 ".preg"，用於判斷指令。暫存器的值需要經過 load 和 store 類型的指令，從不同的儲存空間讀取資料進行計算，並且將結果寫回。其中比較特殊的是常數儲存空間，指令可以直接透過 c[X][Y] 從常數暫存空間中讀取資料用於計算。

程式 2-13 右側的十六進位資料代表了指令的機器碼。這個機器碼包括了指令本身的編碼和控制碼 (control code)，後者用於指示執行緒的控制邏輯。控制碼並沒有在 NVIDIA 的公開文件中描述，但一些研究人員對其分析和研究發現，不同架構的控制碼不盡相同。在 Maxwell 架構中，控制碼和指令的機器碼長度相同，均為 64 位元。一般情況下，一行控制碼用於控制下面三行指令的執行。而在 Volta 架構中，每行指令均有控制碼，因此每行指令的大小是 Maxwell 架構中的兩倍，為 128 位元。

根據矩陣乘法的 CUDA 和 PTX 程式可以粗略地對程式 2-13 中的 SASS 指令進行分析。其中，S2R 指令將特殊暫存器的值轉移到通用暫存器中。第 3 行 (第 9 行) 和第 5 行 (第 13 行) 的 S2R 指令就是將執行緒的 blockIdx.x 和 threadIdx.x 寫入通用暫存器，用於第 8 行 (第 19 行) 的 IMAD 指令，對應了 CUDA C/C++ 中計算 row 的程式。IMAD 指令是 32 位元的整數乘加指令，這行指令進行了 R0=R0×c[0x0][0x0]+R3 的計算。c[0x0][0x0] 是從常數記憶體中提取資料，對應的是 blockDim.x。

第 10 行 (第 23 行) 指令對應了計算 col 變數的程式。

第 12 行 (第 25 行)、第 14 行 (第 29 行)、第 15 筆 (第 31 行) 指令分別用於計算位址，對應 CUDA C/C++ 程式中計算陣列索引。

第 16 行 (第 33 行)、第 17 行 (第 35 行)、第 18 筆 (第 37 行) 指令

均為 LDG，即從全域記憶體中讀取資料到通用暫存器中。對於不同的儲存空間，SASS 指令有不同的 load 型指令，比如從共享記憶體中讀取的指令為 LDS。

第 19 行 (第 39 行) 的 FFMA 指令是 32 位元的浮點數乘加指令，這行指令執行 R13=R13×R4+R0 的計算，對應 CUDA C/C++ 程式第 21 行的浮點數乘加程式。

第 20 行 (第 41 行) 的 STG 指令將 R13 的值寫入 R2 暫存器中儲存的位址對應的全域記憶體中。與 LDG 類似，不同的儲存空間也對應不同的 store 型指令。

後續的指令將由編譯器循環展 開，重複 LDG 讀取資料，FFMA 進行乘加運算，最終由 STG 指令寫入相同的位址，執行完畢得到最終的結果。

參考文獻

[1] Nvidia.Guide D.Cuda c programming guide[Z].(2017-06-01)[2021-08-12].https://eva.fing.edu.uy/pluginfile.php/174141/mod_resource/content/1/CUDA_C_Programming_Guide.pdf.

[2] ARM.Series Programmer's Guide[Z].(2012-06-25)[2021-08-12].https://developer.arm.com/documentation/den0013/latest.

[3] Nvidia.Cooperative Groups: Flexible CUDA Thread Programming[Z].[2021-08-12].https://developer.nvidia.com/blog/cooperative-groups/.

[4] Steve Rennich.CUDA C/C++ Stream and Concurrency[Z].[2021-08-12].https://developer.download.nvidia.com/CUDA/training/StreamsAndConcurrencyWebinar.pdf.

[5] Nvidia.PTX: Parallel thread execution ISA version 6.4[M].(2017-06-01)

[2021-08-12].https://docs.nvidia.com/pdf/ptx_isa_5.0.pdf.

[6] Hennessy J L, Patterson D A.Computer architecture: a quantitative approach[M].6th ed.Elsevier, 2011.

[7] Intel.Control Code[Z].(2016-01-11)[2021-08-12].https://github.com/NervanaSystems/maxas/wiki/Control-Codes.

Chapter

03

GPGPU 控制核心架構

抽象為本，GPGPU 程式設計模型從較高的層次抽象了 GPGPU 的計算模型、執行緒模型和儲存模型，這有利於程式設計人員採用傳統串列思想進行平行程式的設計；架構為魂，GPGPU 架構和微系統結構的設計是抽象的根本，與程式設計模型息息相關。

本章將在 SIMT 計算模型基礎上，介紹 GPGPU 控制核心架構和微系統結構的設計。本章的介紹以桌面 GPGPU 為實例，但不拘泥於特定工業產品的設計，試圖以更廣泛和深入的角度探索在 SIMT 架構下如何進行高效的 GPGPU 控制核心架構設計，有序地組織起大規模執行緒的並存執行，以揭示 GPGPU 架構進行高性能通用計算的機制。

3.1 GPGPU 架構概述

3.1.1 CPU-GPGPU 異質計算系統

遵循經典的馮．紐曼架構，GPGPU 大規模執行緒平行的方式，與傳統的 CPU 一起組成了當前普遍存在於桌上型電腦和工作站的異質計算平台。雖然兩者的平行度都在增加，但 GPGPU 大規模平行計算的方式是串列 CPU 的重要補充。兩者採用分工合作的模式，為當前許多應用程式提供了卓越的處理性能。

一個由 CPU 和 GPGPU 組成的異質計算平台，可以在較為宏觀的層面上對其計算、儲存和互連等主要特徵加以描述。典型的 CPU-GPGPU 異質計算平台如圖 3-1 所示，GPGPU 透過 PCI-E[1] 介面連接到 CPU 上。CPU 作為控制主體統籌整個系統的執行。PCI-E 充當 CPU 和 GPGPU 的交流通道，CPU 透過 PCI-E 與 GPGPU 進行通訊，將程式中的核心函數載入到 GPGPU 中的計算單元陣列和內部的計算單元上執行。為了驅動核心函數的計算，所有需要的程式、設定和執行資料都需要從硬碟載入到主機端記憶體中，然後由一系列執行和驅動 API 將資料傳送到 GPGPU 的裝置端記憶體中。一旦所有的設定、程式及資料都準備完善之後，GPGPU 則啟動核心函數的運算，透過大算力完成計算。在計算結果輸出之後，CPU 再將結果由裝置端記憶體傳送回主機端記憶體，等待下一次呼叫。

與圖形影像處理中利用 OpenGL 和 Direct3D 提供的 API 操作將 GPU 作為圖形輔助處理器的方式類似，在通用處理中，CUDA 和 OpenCL 也提供了 API 操作向 GPGPU 發送命令、程式和資料，將 GPGPU 視為計算

1 PCI-E(Peripheral Component Interconnect Express) 是一種高速串列電腦擴充匯流排標準。

輔助處理器來使用，實作控管。透過這種方式，CPU 與 GPGPU 串並相協，優勢共補，建構起一個強大的異質計算平台。

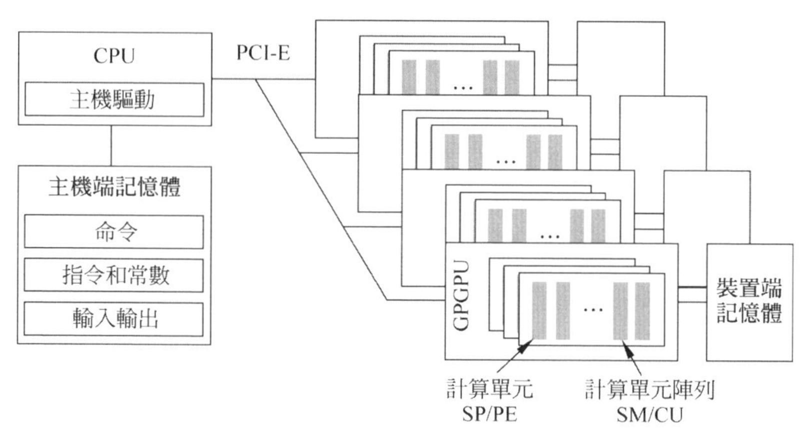

▲ 圖 3-1 典型的 CPU-GPGPU 異質計算平台

當然，CPU+GPGPU 的異質計算架構也不僅拘泥於上述形式。一種變種的異質計算平台架構就是統一儲存結構系統。這種系統往往僅配備主機端記憶體而省去裝置端記憶體，而 CPU 和 GPGPU 兩者共享主機端記憶體。這種系統的實例是 AMD 的異質系統架構 (Heterogeneous System Architecture，HSA)。它採用硬體支援的統一定址，使得 CPU 和 GPGPU 能夠直接存取主機端記憶體，無須在主機端記憶體和裝置端記憶體之間進行顯性的資料複製。借助 CPU 與 GPGPU 之間的內部匯流排作為傳輸通道，透過動態分配系統的物理記憶體資源保證了兩者的一致性，提高了兩者之間資料通信的效率。但由於 GPGPU 專用的裝置端記憶體 (如 GDDR) 往往具有更高的頻寬，共享主機端記憶體 (如 DDR) 建構的這種系統容易受到儲存頻寬的限制，也可能由於記憶體的爭用導致存取延遲時間的增加。

另外一種高性能變種是使用多個 GPGPU 平行工作。這種形式需要借助特定的互連結構和協定，將多個 GPGPU 有效地組織起來。這種系統的典型實例是 NVIDIA 的 DGX 系統。它透過 NVIDIA 開發的一種匯流排及通訊協定 NVLink，採用點對點結構、串列傳輸等技術，實作多 GPGPU 之間的高速互連。為了解決 GPGPU 通訊程式設計的問題，NVIDIA 還提供了 NCCL(NVIDIA Collective Communications Library) 等支援，採用多種通訊基本操作在 PCI-E、NVLink 及 InfiniBand 等多種互連上實作多 GPGPU 和 CPU 之間的高速通訊。

3.1.2 GPGPU 架構

雖然不同廠商、不同架構、不同型號的 GPGPU 產品有所差異，但 GPGPU 核心的整體架構存在一定的共通性特徵。圖 3-2 顯示了典型的 GPGPU 架構及可程式化多處理器的組成，其核心部分包含了許多可程式化多處理器，NVIDIA 稱之為串流多處理器 (Streaming Multiprocessor，SM)，AMD 稱之為計算單元 (Compute Unit，CU)。每個可程式化多處理器又包含了多個串流處理器 (Streaming Processor，SP)，NVIDIA 稱之為 CUDA 核心，AMD 稱之為 PE(Processing Element)，支援整數、浮點、特殊函數、矩陣運算等多種不同類型的計算。

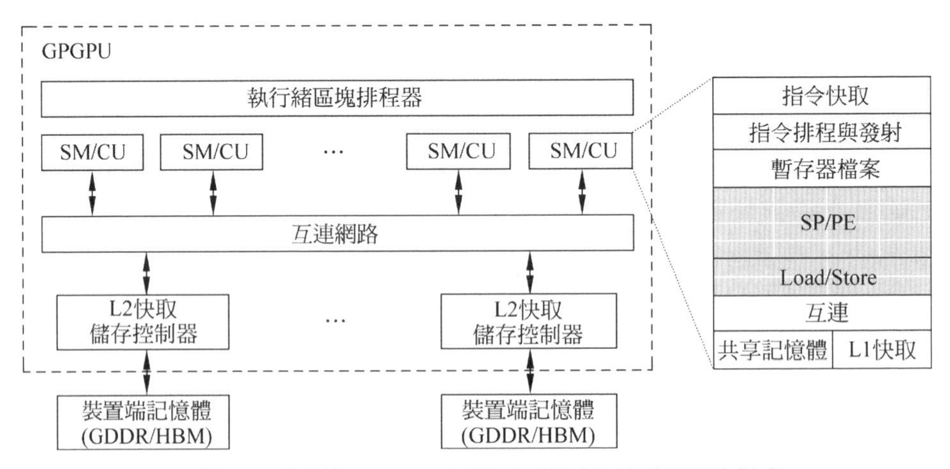

▲ 圖 3-2 典型的 GPGPU 架構及可程式化多處理器的組成

可程式化多處理器組成了 GPGPU 核心架構的主體。它們從主機介面的命令佇列接收 CPU 發送來的任務，並透過一個全域排程器排程到各個可程式化多處理器上執行。可程式化多處理器透過單晶片的互連結構與多個記憶體分區相連實作更高平行度的高頻寬存取記憶體操作。每個記憶體分區包含了第二級快取 (L2 cache) 和對應的 DRAM 分區。透過調整可程式化多處理器和記憶體分區的數量，GPGPU 的規模可大可小，並透過程式設計框架實作對這些靈活多變架構的統一程式設計。

在這樣的架構下，用 CUDA 或 OpenCL 撰寫的通用計算程式主要在可程式化多處理器和它內部的串流處理器中完成。由於 GPGPU 的主體結構由數量可擴充的可程式化多處理器組成，每個可程式化多處理器又包含了多個串流處理器，所以可程式化多處理器可以在很大規模上並存執行細微性的執行緒操作。可程式化多處理器的重複性和獨立性也簡化了硬體設計，同時與執行緒區塊的程式設計模型抽象相互對應，使得執行緒區塊可以非常直接地映射到可程式化多處理器上執行。

如圖 3-2 所示，可程式化多處理器的特點就是包含了大量的串流處理器。串流處理器由指令驅動，以管線化的方式執行指令，提高指令級平行度。每個串流處理器都有自己的暫存器，如果單一執行緒使用的暫存器少，則可以執行更多的執行緒，反之則執行較少的執行緒。編譯器會最佳化暫存器分配，以便在執行緒平行度和暫存器溢位之間尋找更高效的平衡。每個串流處理器都配備一定數量的算數邏輯單位，如整數和浮點單元，使得可程式化多處理器形成了更為強大的運算能力。可程式化多處理器中還包含特殊功能單元 (Special Function Unit，SFU)，執行特殊功能函數及超越函數。可程式化多處理器透過存取記憶體介面執行外部記憶體的載入、儲存存取指令。這些指令可以和計算指令同時執行。另外 NVIDIA 從 Volta 架構的 GPGPU 開始，在可程式化多處理器中還增加了專用的功能單元，如張量核心 (Tensor Core) 等，支援靈活多樣的高吞吐量矩陣運算。

可以看到，GPGPU 架構所採用的可程式化多處理器和串流處理器的二級層次化組織結構與 CUDA 和 OpenCL 程式設計模型的二級執行緒結構具有直接的對應關係。GPGPU 所採用的 SIMT 架構表現為硬體多執行緒，每個執行緒執行自己的指令串流。同時，傳統的圖形管線中對頂點、幾何和像素繪製的處理也可以在可程式化多處理器和串流處理器中完成，視為統一的可程式化圖形繪製架構。另外的輸入裝配、建立和光柵化等圖形處理的固定功能模組則被插入 GPGPU 架構當中，成為可程式化圖形繪製結構，與可程式化多處理器一起實作圖形專用功能的處理，達到了架構的統一。

這種統一的 GPGPU 的架構有以下的優點。

(1) 有利於掩蓋記憶體載入和紋理預先存取的延遲時間。硬體多執行緒提供了數以千計的平行獨立執行緒，這些執行緒可以在一個多處理器內部充分利用資料區域性共享資料，同時利用其他執行緒的計算掩蓋儲存存取延遲時間。由於典型的 GPGPU 只有小的串流快取而不像 CPU 那樣具有大的工作集快取，因此一個記憶體和紋理讀取請求通常需要經歷全域記憶體的存取延遲加上互連和緩衝延遲，可能高達數百個時鐘週期。在一個執行緒等待資料和紋理載入時，硬體可以執行其他執行緒。儘管對單一執行緒來説記憶體存取延遲還是很長，但整體存取記憶體延遲時間被掩蓋，計算吞吐量得以提升。

(2) 支援細微性平行圖形繪製程式設計模型和平行計算程式設計模型。一個圖形頂點或像素繪製是一個處理單一頂點或像素的單一執行緒程式。同理，一個 CUDA/OpenCL 程式也是一個單一執行緒計算的類 C/C++ 程式。圖形和計算程式透過呼叫許多的平行線程以繪製複雜圖形或解決複雜計算問題。在圖形繪製程式或通用計算程式中，硬體多執行緒可以動態地輪換各自的執行緒，採用硬體管理成百上千的平行執行緒，簡化了排程銷耗。

(3) 將物理處理器虛擬化成執行緒和執行緒區塊以提供透明的可擴充性，簡化平行程式設計模型。為支援獨立的頂點、像素程式或 CUDA/OpenCL 的類 C/C++ 程式，每個執行緒都有自己的私有暫存器、記憶體、程式計數器和執行緒執行狀態，從而執行獨立的程式路徑。程式設計人員可以假想為一個執行緒撰寫一個串列程式，而必要時在執行緒區塊的平行執行緒之間進行同步柵欄。輕量級的執行緒建立、排程和同步有效地支援了 SIMT 計算模型。

面對數以萬計的執行緒，硬體資源仍然有限，因此硬體仍然會對巨量的執行緒進行分批次的處理。GPGPU 中往往採用執行緒束 (NVIDIA 稱為 warp，AMD 稱為 wavefront) 的方式建立、管理、排程和執行一個批次的多個執行緒。當前，一種典型的設定是一個 warp 包含 32 個執行緒，一個 wavefront 包括 64 個執行緒。當這些執行緒具有相同的指令路徑時，GPGPU 就可以獲得最高的效率和性能。在執行緒束細微性基礎上，SIMT 計算與純量指令的執行方式類似，只不過有多個執行緒束交織在一起，整體上實作了所有執行緒隨時間向前推進的效果。

3.1.3 擴充討論：架構特點和局限性

1. 架構特點

GPGPU 是由 GPU 發展而來的，所以 GPGPU 是在圖形處理硬體的基礎上，以可程式化多處理器陣列為基礎來建構的平行結構，以支援如 CUDA 和 OpenCL 等程式設計模型所需要的大規模平行線程。GPGPU 在可程式化多處理器陣列中統一了圖形處理中頂點、幾何、像素繪製處理和通用平行計算的需求，並在其中緊密整合了原有圖形處理中的固定功能處理單元，如紋理濾波、光柵建立、光柵操作和高畫質視訊處理等。

與多核心 CPU 相比，GPGPU 的架構具有本質的不同。GPGPU 提供的執行緒數量是 CPU 的 2~3 個數量級，例如在 NVIDIA 最新的 Ampere

架構中執行緒數達到 221184。硬體中數量許多的可程式化串流多處理器和串流處理器極佳地適應了這種特點。

基於計算的重複和控制的相對單一性，GPGPU 所採用的 SIMT 計算模型借助資料串流之間的獨立性簡化了執行緒間的資料互動。這種資料平行的程式設計模型不但可以簡化 GPGPU 的架構，有效地提高了用於計算的電晶體比例，還使得 GPGPU 的平行度可以持續提升。

GPGPU 架構有著良好的擴充性和延續性。使用者往往只是期望遊戲、圖形、影像和通用計算功能能夠執行，而且要足夠快，對它到底有多大平行規模並不關心。因此，可以根據不同的性能、市場和價格需求，透過調整可程式化多處理器和記憶體分區的數量、縮放陣列的規模，快速迭代出合適的 GPGPU 設計。GPGPU 的程式設計模型和架構設計可以以透明擴充的方式支援不同規模的產品。

GPGPU 採用了大量計算邏輯元件來實作算力的提升。雖然 GPGPU 還是使用傳統的硬體，但其背後將各種元件重新整合，使其能保證大算力的同時保留了良好的可程式化能力，從而滿足了如圖形繪製、機器學習、巨量資料挖掘和數位貨幣等諸多新興任務的需求，在一定程度上延續了摩爾定律的發展和馮 · 紐曼架構的生命力。這就是架構設計的魅力。

2. 架構局限性

以 CUDA 和 OpenCL 為代表的 GPGPU 程式設計模型提供了高度靈活的可程式化能力。但為了提高 GPGPU 硬體的執行效率並減少設計銷耗，經典的 GPGPU 程式設計模型也做出了一些改變。

(1) 為了能使 GPGPU 程式可以在任意數量的可程式化多處理器上執行，同一個執行緒網格中的執行緒區塊之間不允許存在依賴而能夠獨立執行。由於執行緒區塊獨立且能以任意的循序執行，多個執行緒區塊之間的同步和通訊往往需要更高銷耗的操作才能完成，例如透過全域記憶體通訊，或利用不可部分執行操作進行協作，抑或利用新的執行緒網格來處理。執行緒區塊內的同步則可以利用同步柵欄等在執行緒區塊中的所有執行緒上實行。不過，隨著 GPGPU 程式設計模型的不斷發展和通用性的不斷增強，執行緒區塊的獨立性也出現了一些變化，正如 2.4.2 節所介紹的協作組 (cooperative groups) 就允許重新選擇執行緒組成協作組以實作多種細微性的協作操作。

(2) 遞迴程式早期也並不被允許。在大規模平行的很多情況下，遞迴操作並沒有太大的用處，而且可能會銷耗大量的記憶體空間。通常使用遞迴撰寫的程式，如快速排序，都可以變換成平行結構來實作。不過為了支援更為通用的程式設計，NVIDIA 在運算能力 2.0 的 GPGPU 架構中也開始支援有限制的遞迴程式。

(3) 典型的 CPU-GPGPU 異質計算還是需要各自擁有獨立的儲存空間，因此需要在主機端記憶體和裝置記憶體之間複製資料和結果。這雖然會帶來額外的銷耗，但可以透過執行足夠大的計算密集型問題來分攤。當然，這個問題不僅是程式設計模型和架構設計的問題，也和儲存元件本身的特性密切相關。

(4) 在早期的 GPGPU 中，執行緒區塊和執行緒只能透過 CPU 建立，而不能在核心函數執行過程中建立，這種方式有利於簡化執行時期管理和減小硬體多執行緒的銷耗。不過一些新的 GPGPU 架構也開始支援這一特性。舉例來說，NVIDIA 從運算能力 3.0 的 Kepler 架構及 CUDA 5.0 中引入了對動態核心函數的支援，可以在核心函數中啟動新的核心函數。

3.2 GPGPU 指令管線

管線技術是利用指令級平行，提高處理器 IPC[2] 的重要技術之一。它在純量處理器中已經獲得了廣泛應用。不同功能的電路單元組成一行指令處理管線，利用各個單元同時處理不同指令的不同階段，可使得多行指令同時在處理器核心中執行，從而提高各單元的使用率和指令的平均執行速度。在大多數 GPGPU 架構中，雖然指令的執行細微性變為包含多個執行緒的執行緒束，但為了提高指令級平行，仍然會採用管線的方式提高執行緒束指令的平行度。與單指令管線相比，可以想像成水管變得更粗。當執行緒束中所有的執行緒具有相同的指令路徑時，指令串管線的方式與純量管線類似。但當執行緒束中執行緒發生分支，不同執行緒執行不同的程式路徑時，GPGPU 則採用了專門的技術來解決這一問題，例如 3.3 節中將介紹的 SIMT 堆疊技術。

圖 3-3 顯示了一種典型的 GPGPU 架構管線設計[3]。可以看到，每個執行緒束按照管線方式執行指令的讀取 (fetch)、解碼 (decode)、發射 (issue)、執行 (execute) 及寫回 (writeback) 過程。這一過程與純量管線非常類似，但不同之處在於從取指令開始，GPGPU 的管線以執行緒束為細微性執行，各個執行緒束相互獨立。同時 GPGPU 的指令排程器原則上可以在任何已經就緒的執行緒束中挑選一個並採用鎖步 (lockstep) 的方式執行。鎖步執行使得所有的執行單元都執行同一行指令，從而簡化控制邏輯，把硬體更多地留給執行單元。GPGPU 的管線不必像動態管線那樣利用高複雜度和高銷耗的控制執行邏輯來提高指令平行性。

2 Instruction Per Cycle，每週期指令數。它的值越高，說明指令級平行度越高。

3 該管線結構參考了 GPGPU-Sim 的管線設計。GPGPU-Sim 是加拿大 UBC 大學研究團隊根據 NVIDIA 的 Fermi 架構 GPGPU 設計的一款週期級架構模擬器，廣泛應用於 GPGPU 系統結構設計研究。

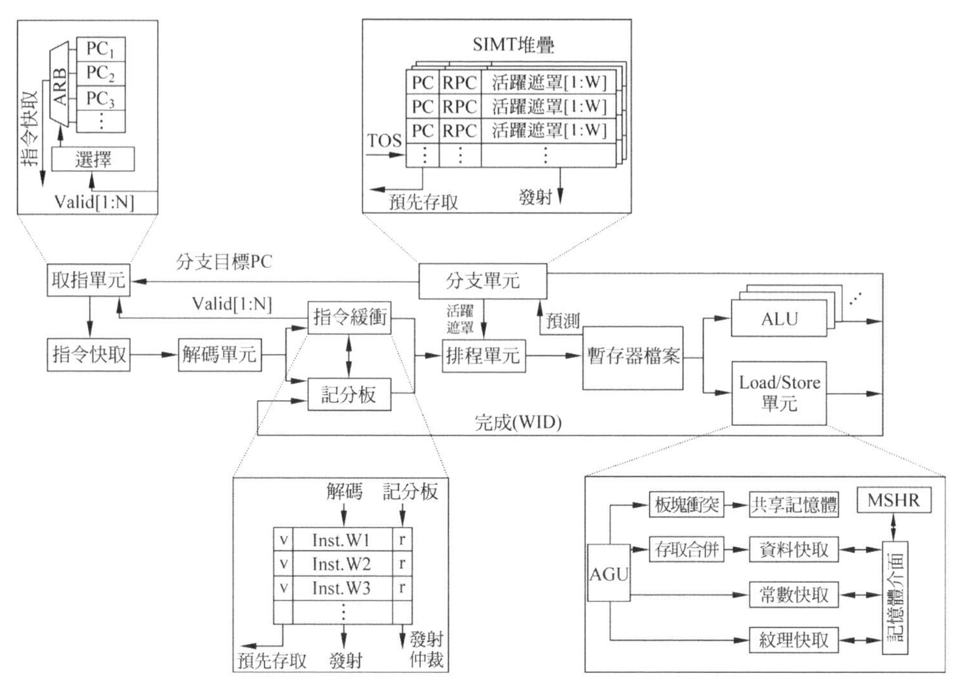

▲ 圖 3-3 一種典型的 GPGPU 架構管線設計

3.2.1 前段：取指與解碼

管線始於取指。GPGPU 的指令管線前段主要涉及取指單元 (fetch)、指令快取 (I-cache)、解碼單元和指令緩衝 (I-buffer) 等元件。

1. 取指單元

取指單元是根據程式計數器 (Program Counter，PC) 的值，從指令快取中取出要執行指令的硬體單元。取出來的指令經過解碼後會儲存在指令緩衝中，等待指令後續的排程、發射和執行。

在純量管線中，一般只需要一個 PC 來記錄下一行指令的位址。但由於 GPGPU 中同時存在多個執行緒束且每個執行緒束執行的進度可能並不一致，取指單元中就需要保留多個 PC 值，用於記錄每個執行緒束各自的執行進度和需要讀取的下一行指令位置。這個數目應該與可程式化多處理器中允許的最大執行緒束數量相同。眾多執行緒束進而透過排程單元選出一個執行緒束來執行。

2. 指令快取

指令快取接收到取指單元的 PC，讀取快取中的指令平行送給解碼單元進行解碼。指令快取記憶體可以減少直接從裝置端記憶體中讀取指令的次數。

本質上，指令快取也是快取，可以採用傳統的組相聯結構及 FIFO 或 LRU 等替換策略來進行設計。取指單元對指令快取的存取也可能會發生不同的情況：如果命中，指令會被傳送至解碼單元；如果缺失，會向下一層儲存請求缺失的區塊，等到缺失區塊回填指令快取後，存取缺失的執行緒束指令會再次存取指令快取。對 GPGPU 來說，不管命中還是缺失，排程器都會處理下一個待排程執行緒束的取指請求。還有一種可能的情況是指令快取的資源不足，此時則無法回應取指單元的請求，只能停頓直到指令快取可以來處理。

3. 解碼單元

解碼單元對指令快取中取出的指令進行解碼，並且將解碼後的指令放入指令緩衝中對應的空餘位置上。

根據 SASS 指令集的定義和二進位編碼規則，解碼單元會判斷指令的功能、指令所需的來源暫存器、目的暫存器和對應類型的執行單元或儲存單元等資訊，進而舉出控制訊號，控制整個執行緒束管線的執行。

4. 指令緩衝

指令緩衝用於暫存解碼後的指令，等待發射。考慮到每個可程式化多處理器中會有許多執行緒束在執行，指令緩衝可以採用靜態劃分的方式來為每個執行緒束提供專門的指令項目，保留已解碼待發射的指令。這樣，每個執行緒束就可以直接索引到對應的位置，避免每次從指令緩衝中查詢指令所帶來較高的延遲時間和功耗銷耗。

每個指令項目一般包含一行解碼後的指令和兩個標記位元，即一個有效位元 (valid) 和一個就緒位元 (ready)。有效位元表示該行指令是有效的已解碼未發射指令，而就緒位元表示該指令已經就緒可以發射。就緒的指令往往需要透過諸如記分板的相關性檢查等一系列條件，並且需要有空閒的硬體資源才能得以發射。一旦某指令發射完成，就會重置對應的標記位元等待進一步填充新指令。在初始時，這些標記位元也會被清除以表明指令緩衝空閒。

指令緩衝中的有效位元還會回饋給取指單元，表明指令緩衝中是否有空餘的指定項目用於取指新的執行緒束指令。如果有空餘項目，應儘快利用取指單元從指令快取中獲得該執行緒束的後續指令；如果沒有空餘項目，則需要等待指令緩衝中該執行緒束的指令被發射出去後，項目被清空才能進行指令讀取。

3.2.2 中段：排程與發射

指令的排程與發射作為指令串管線的中段，連接了前段取指和後段執行部分，對管線的執行效率有著重要的影響。

1. 排程單元

排程單元透過執行緒束排程器 (warp scheduler) 選擇指令緩衝中某個執行緒束的就緒指令發射執行。發射會從暫存器檔案中讀取來源暫存器傳送給執行單元。排程器則很大程度上決定了管線的執行效率。

為了確保指令可以執行，排程單元需要透過各種檢查以確保指令就緒並且有空閒執行單元才能發射。這些檢查包括沒有執行緒在等待同步柵欄及沒有資料相關導致的競爭和冒險等。

不同指令在不同類型的管線上執行。舉例來說，運算類型指令在算術邏輯元件 (Arithmetic Logic Unit，ALU) 中執行；存取記憶體類型指令會在儲存存取單元 (Load/Store 單元) 中執行。當遇到條件分支類指令時，需要合理地處置指令緩衝中的指令。舉例來說，在跳躍發生時清空指令緩衝中該執行緒束的指令項目，同時該執行緒束的 PC 也需要調整，並根據分支單元如 SIMT 堆疊來管理執行緒分支下的管線執行。

2. 記分板

記分板單元 (scoreboard) 主要是檢查指令之間可能存在的相關性依賴，如寫後寫 (Write-After-Write，WAW) 和寫後讀 (Read-After-Write，RAW)，以確保管線化的指令仍然可以正確執行。

經典的記分板演算法會監測每個目標暫存器的寫回狀態確保該暫存器寫回完成前不會被讀取或寫入，避免後續指令的讀取操作或寫入操作引發 RAW 冒險或 WAW 冒險。記分板演算法透過標記目標暫存器的寫回狀態為「未寫回」，確保後續讀取該暫存器的指令或再次寫入該暫存器的指令不會被發射出來。直到前序指令對該目的暫存器的寫回操作完成，該目的暫存器才會被允許讀取或寫入新的資料。

3. 分支單元和 SIMT 堆疊

對於指令中存在條件分支的情況，例如 if…else…敘述，它們會破壞 SIMT 的執行方式。條件分支會根據執行緒束內每個執行緒執行時期得到的判斷結果，對各個執行緒的執行進行單獨控制，這就需要借助分支單元，主要是活躍遮罩 (active mask) 和 SIMT 堆疊進行管理，解決一個執行緒束內執行緒執行不同指令的問題。

GPGPU 架構一般都會採用序列化不同執行緒執行的方式來處理分支的情況。舉例來說，可以先執行 if 分支 (true 路徑) 再執行 else 分支 (false 路徑)。活躍遮罩用來指示哪個執行緒應該執行，哪個執行緒不應該執行，普遍採用 n 位元的獨熱 (one-hot) 編碼形式 (n 值與執行緒束內執行緒的數量一致)，其中每一位元對應了一個執行緒的條件判斷結果。如果該執行緒需要執行該指令，則對應位元為 1，否則為 0。活躍遮罩會傳送給發射單元，用於指示該發射週期的執行緒束中哪些執行緒需要執行，從而實作分支執行緒的獨立控制和不同分支的序列化執行。

執行緒分支會嚴重影響 SIMT 的執行效率，導致大量執行單元沒有被有效利用。研究人員對此提出了不同的技術來減輕這種影響。

4. 暫存器檔案和運算元收集

指令執行之前會存取暫存器檔案 (register file) 獲取來源運算元。指令執行完成後還需要寫回暫存器檔案完成目標暫存器的更新。

暫存器檔案作為每個可程式化多處理器中離執行單元最近的儲存層次，需要為該可程式化多處理器上所有執行緒束的執行緒提供暫存器數值。為了掩蓋如記憶體存取等長延遲時間操作，GPGPU 會在多個執行緒束之間進行排程，這也就要求暫存器檔案需要有足夠大的容量能夠同時為多個執行緒束保留暫存器資料，因此其設計與傳統 CPU 有顯著不同。舉例來說，GPGPU 的暫存器檔案與其他儲存層次會呈現「倒三角」結構。出於電路性能、面積和功耗的考慮，暫存器檔案會分板塊設計，且每個板塊只有少量存取通訊埠 (如單通訊埠) 的設計方式。對不同板塊的資料同時讀取可以在同週期完成，但是不同請求如果在同一板塊，就會出現板塊衝突而影響管線性能。板塊衝突也有不同的處理方式。NVIDIA 的 GPGPU 借助運算元收集器 (operand collector) 結構和暫存器板塊交織映射等方式減輕板塊衝突的可能性。

3.2.3 後段：執行與寫回

作為指令執行的後段，計算單元是對指令執行具體操作的實作，儲存存取單元則完成資料載入及儲存操作。計算單元主要包括整數、浮點和特殊功能單元在內的多種功能單元。NVIDIA 的 GPGPU 從 Volta 架構起還引入了張量核心單元 (tensor core) 來支援大規模矩陣計算。

1. 計算單元

GPGPU 需要為每個可程式化多處理器配備許多相同的串流處理器單元來完成一個執行緒束中多個執行緒的計算需求，同時還配備了多種不同類型的計算單元，用來支援不同的指令類型，如整數、浮點、特殊函數、矩陣運算等。不同類型的指令從暫存器檔案中獲得來源運算元，並將各自的結果寫回到暫存器檔案中。

作為基本的算術需求，GPGPU 中提供了較為完整的算術邏輯類指令，支援通用處理常式的執行。在 NVIDIA 的 GPGPU 架構中，串流處理器單元表現為 CUDA 核心，它提供了整數運算能力和單精度浮點運算能力。不同的架構會配備不同數量的雙精度浮點硬體單元，以不同的方式對雙精度浮點操作進行支援，以滿足高性能科學計算的需求。

某些指令需要在特殊功能單元 (Special Function Unit，SFU) 上執行，這些指令包括倒數、倒數平方根和一些超越函數。這些單元也以 SIMT 方式執行。但由於這些特殊功能單元往往對硬體的銷耗很高，所以一般數量不會很多，而是採用分時重複使用的方式。舉例來說，在 NVIDIA 的 GPGPU 架構中，一個 SFU 可能會被 4 個 SP 共享，吞吐量就降為原來的 1/4。另外，這些單元的另一個特點是它們並不一定嚴格遵循 IEEE 754 標準中對單精度浮點的精確性要求，這是因為對許多 GPGPU 應用來說，更高的計算吞吐量往往是更重要的。如果應用對精確性有更高的要求，可以利用 CUDA 數學函數庫中精確的函數來實作，這往往需要軟體的介入。

近年來，為了支援深度神經網路的計算加速，NVIDIA 的 Volta、Turing 和 Ampere 架構開始增加了張量核心單元，主要為低精度的矩陣乘法提供更高的算力支援。關於張量計算單元的詳細介紹，詳見第 5 章的內容。

2. 儲存存取單元

儲存存取單元負責通用處理常式中 load 和 store 等指令的處理。由於配備了具有位元組定址能力的 load 和 store 等指令，GPGPU 可以執行通用處理常式。

如 2.3.1 節所介紹的，GPGPU 一般會包含多種類型的單晶片儲存空間，如共享記憶體、L1 資料快取、常數快取和紋理快取等。儲存存取單元實作了對這些儲存空間的統一管理，進而實作對全域記憶體的存取。同時針對 GPGPU 的大規模 SIMT 架構特點，儲存存取單元還配備了位址生成單元 (Address Generation Unit，AGU)、衝突處理 (bank conflict)、位址合併、MSHR(Miss Status Handling Registers) 等單元來提高記憶體存取的頻寬並減小銷耗。當需要存取共享記憶體中的資料時，衝突處理單元會處理可能存在的板塊衝突，並允許在多週期完成資料的讀取。對於全域記憶體和區域記憶體中的資料，load/store 指令會將同一執行緒束中多個執行緒產生的請求合併成一個或多個儲存區塊的請求。面對 GPGPU 巨大的執行緒數量，儲存存取單元透過合併單元將零散的請求合併成大區塊的請求，利用 MSHR 單元支援許多未完成的請求，有效地掩蓋了對外部記憶體的存取延遲時間，提升了存取的效率。紋理記憶體具有特殊的儲存模式，需要經由特定的紋理單元進行存取。

由於不同的儲存空間在 GPGPU 程式中會造成不同的作用，儲存存取單元對各種儲存空間實施差異化的管理。具體請參見第 4 章的內容。

3.2.4 擴充討論：執行緒束指令管線

1. 與其他管線的比較

1) 與純量處理器管線的比較

從 GPGPU 的管線可以看出，它與純量處理器的管線是非常相似的。透過將執行緒束指令劃分為幾個階段，GPGPU 可以實作指令級平行。不同之處在於，從取指令開始，GPGPU 的管線就以執行緒束為細微性，多個執行緒獨立執行。GPGPU 採用了更為簡單的鎖步執行方式，所有執行單元都執行同一個操作，因此能夠從已經就緒的執行緒束中選擇一個進行執行。由於每個可程式化多處理器內部都會有大量的執行緒和執行緒束等待執行，原則上 GPGPU 具有很大的排程空間來掩蓋快取缺失帶來的存取記憶體操作等長延遲時間操作。這使得 GPGPU 可以簡化快取記憶體的設計，不必像動態排程管線一樣利用高複雜度和高硬體銷耗的亂數執行方式尋找可以執行的指令來填充管線，以及掩蓋長延遲時間操作帶來的管線停頓。GPGPU 的這種執行和排程方式在保證了指令平行性的同時，可以簡化控制邏輯，使得 GPGPU 可以將硬體資源更多地留給計算等功能操作單元。

當然，並不是每時每刻執行緒束中的所有執行緒都能夠完美地打包在一起執行，必然會有執行緒執行不同分支路徑的情況，因此條件分支是 GPGPU 性能的重要影響因素之一，可程式化多處理器必須要能夠對這種情況進行有效的管理。同時，如何管理數量許多的執行緒束，並選擇一個合理的執行緒束來執行，也是 GPGPU 排程器要解決的新問題。另外，執行緒產生資料存取請求時也可能會因為龐大的執行緒數量而相對分散，從而對存取記憶體性能來說也是非常不利的影響，GPGPU 需要更高效的存取策略對存取請求進行組織。

2) 與向量處理器管線的比較

向量處理器和以 SIMT 為核心的 GPGPU 處理器起初都是為了支援資料級平行程式而設計的，但它們選取了不和的技術路徑。數量更多的執行單元、靈活性更高的動態分支管理、更為複雜的儲存架構、更強的儲存存取能力及特有的執行緒和執行緒束排程機制是 GPGPU 管線與向量處理器最顯著的區別。

向量處理器採用資料串管線的方式來一次性處理所有的向量元素，所以每次載入和儲存指令都需要進行大區塊的資料傳輸，往往存在較大的一次性啟動延遲時間代價。有的向量處理器配備了集中 / 分散 (gather/scatter) 及位址跳躍 (striding) 等位址存取能力來應對複雜的位址存取模式，但 GPGPU 基於單一執行緒獨立的位址運算能力則更為靈活。同時，GPGPU 利用執行緒的切換來掩藏長延遲時間的存取記憶體，等於在資料平行的維度上增加了延遲時間掩藏的能力。

另外，在條件分支指令的處理上，兩種架構都採用了活躍遮罩的方式。區別在於，向量處理器可能會利用軟體來管理活躍遮罩的儲存、求補和恢復等操作，而 GPGPU 普遍採用硬體的管理方式。這種方式往往更加靈活，也利於取得更好的性能。

這些機制和硬體單元使得 GPGPU 更為靈活，也具有更良好的可程式化性來應對資料級平行 (Data-Level Parallelism，DLP) 之外的可平行任務。當然，並不是說向量處理器不能支援這些機制，新的融合系統結構設計可能會在兩種架構之間找到更好的平衡點。更多關於向量處理器的內容可以參見文獻 [3] 中的介紹。

3) 與 SIMD 管線的比較

2.2.3 節中已經討論了 SIMD 和 SIMT 在程式設計模型上的差異。從硬體層面上，SIMD 管線保持了與純量管線的高度相似性，可以認為僅是增加了 SIMD 擴充指令及在硬體上增加了獨立平行的執行通路。而 GPGPU 管線除了擴充執行單元的數量，還設計了完整的系統結構支援更為靈活的 SIMT 計算模型和不同的儲存存取機制。GPGPU 的 SIMT 程式設計模型還可以透過不同的程式設計手法實作類似 MIMD 的平行計算模型。這種靈活性顯然是 SIMD 管線無法比擬的。

2. 執行緒束的寬度選擇

在 GPGPU 的程式設計模型中，執行緒網格和執行緒區塊的大小都是程式設計人員可以根據應用需求進行調節的，而唯有執行緒束的大小是與硬體綁定且固定的。NVIDIA 的 GPGPU 將執行緒束 (稱為 warp) 的寬度即執行緒 (thread) 的個數設定為 32，而 AMD 的 GPGPU 將執行緒束 (稱為 wavefront) 的寬度即工作項 (work-item) 的個數設定為 64。為什麼兩者會選擇不同的數值，為什麼是這兩個數值，或說執行緒束的寬度究竟設定為多少才合適？人們對這些問題也進行了多種分析和研究。

一方面，對使用相同執行緒數量執行的應用來說，如果執行緒束的寬度增加，那麼執行應用所需的執行緒束數量就會變少，這可能會影響到執行緒束的平行度或 GPGPU 的排程能力，進而影響性能。一旦發生執行緒分支，不同的執行緒會執行不同的程式。越大的執行緒束遭遇分支的可能性會越高，導致性能損失的可能性也會越大。另一方面，由於每個執行緒束都需要獨立地取指、存取 L1 快取記憶體等資源，因此從直觀上來看，越大的執行緒束在前端取指的次數也減少，存取 L1 快取記憶體的次數也會越少。同理，越小的執行緒束在前端取指的次數也越多，存取 L1 快取的次數也會變多，這都可能會帶來性能上的差異。因此，雖然不能確切地推斷為什麼兩種 GPGPU 會選擇不同的數值，但很大可能是架構和應用方面多個因素折衷的結果。

針對這一問題，研究人員在文獻 [4] 中將不同執行緒束寬度對不同類型應用的性能影響進行了量化的研究。該研究針對 165 個真實應用的核心函數，將它們分成了三類：隨著執行緒束寬度下降而性能上升的發散型應用 (divergent applications)、隨著執行緒束寬度下降而性能基本不變的不敏感型應用 (insensitive applications) 及隨著執行緒束寬度下降而性能下降的收斂型應用 (convergent applications)。不同執行緒束寬度對應用的性能呈現差異化的影響結果如圖 3-4 所示。

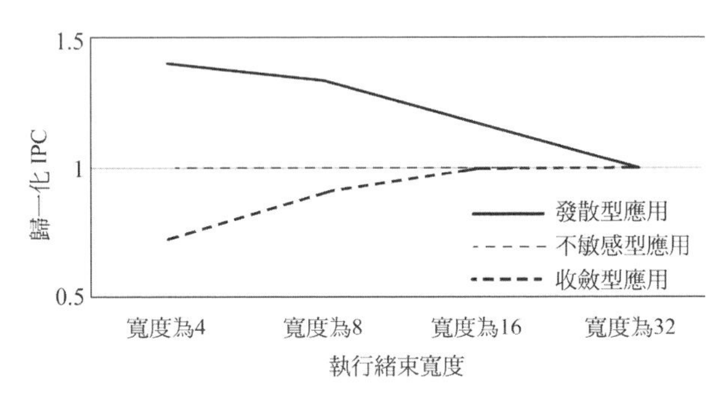

▲ 圖 3-4 不同執行緒束寬度對應用的性能呈現差異化的影響

從圖 3-4 中可以看到，不同應用的性能對執行緒束寬度的變化反應不一，這個結果可以這樣來理解：當執行緒束寬度下降時，L1 快取記憶體的存取次數會增大，這與直覺相符。對於一些應用，當用寬度較小的執行緒束來代替較大的執行緒束時，原本按照較大執行緒束合併的存取會因記憶體等資源的限制被分散到多個週期，呈現儲存合併能力的退化。一般出現這種情況會使得整體性能下降。但對於發散型應用，這種性能的下降又會被下面兩個因素彌補。

(1) 應用的控制流存在分支，且較少的執行緒會參與儲存存取。

(2) 雖然出現了儲存合併退化的現象，但是 L1 快取記憶體的命中次數提升較為明顯，同時較小的執行緒束寬度會提升 SIMT 通道的使用率，從而彌補性能。

在收斂型應用中，這種情況對於性能的影響是負面的，說明上述兩個原因可能不能彌補儲存合併退化帶來的性能損失。根據該文獻的統計，這些應用在執行緒束寬度下降時，儲存存取總數和 L1 快取記憶體未命中數均增加，有些應用還增加了 MSHR 的合併數量，這表示存取 L1 快取記憶體的次數增加了。

執行緒束的寬度除了對於性能存在影響，對於前端的壓力也顯著增大。當執行緒束寬度下降時，由於每個小執行緒束需要讀取指令，從而相比於大執行緒束需要讀取更多的指令。這對於收斂型應用和不敏感型應用的影響比較明顯，因為根據該文獻的統計，取指請求的數量對於執行緒束寬度下降有近乎線性的提升。而對於發散型應用，雖然取指請求也增加了，但增加了更多獨立的控制路徑，也會變得更加複雜多樣。這對於提升發散型應用的性能可能非常重要。

從上面的分析可以看到，不同應用的核心函數對執行緒束寬度的相關性也並不一致，執行緒束的寬度與諸多架構因素也有著複雜的關係，因此執行緒束的寬度很大程度上也是折衷的結果。從另一個角度來看，靜態的執行緒束寬度設定並不能適合所有的核心函數和架構，那麼是否可以動態調整執行緒束的寬度以適應更多的應用和架構，這也是值得進一步研究的問題。

3.3 執行緒分支

從整個管線的角度，GPGPU 遵循了 SIMT 計算模型，按照執行緒束的組織進行指令的取指、解碼和執行。這種方式使得程式設計人員可以按照序列化的思維完成大部分的程式，也允許每個執行緒獨立地執行不同的工作。在執行時，如果遭遇了 if…else…等條件分支敘述，不同執行緒需要執行的程式路徑可能會不一致，就會出現執行緒分支或分叉。

程式 3-1 舉出了一個包含巢狀結構分支的核心函數 CUDA 程式 (左)

和所對應的 PTX 程式 (右)。假設執行緒束中有 4 個執行緒。起初，4 個執行緒執行基本區塊 A 中的程式，這時沒有發生執行緒分支。但是當指令區塊 A 到達執行尾端時需要執行第 6 行的 if…else…敘述，對應 PTX 第 6 行的分支指令 bar。假設有 3 個執行緒在執行時判斷條件成立會去執行區塊 B 中的程式，1 個執行緒不成立而去執行區塊 F 中的程式，此時就發生了執行緒分支。同理，執行完指令區塊 B 程式後也發生了執行緒分支，一部分執行緒會去執行 C，而另一部分執行緒會去執行 D。圖 3-5 展示了這段 CUDA 程式和 PTX 程式所提取出的分支流圖。其中，每個框表示了需要執行的指令區塊及哪個執行緒將執行這個指令區塊，如 A/1111 表示 4 個執行緒都會執行指令區塊 A，C/1000 表示只有第 1 個執行緒會執行指令區塊 C。每個框之間的連線表示相繼執行的指令區塊。

▼ 程式 3-1 包含巢狀結構分支的核心函數範例

```
1   do {
2      t1 = tid*N;          // A
3      t2 = t1 + i;
4      t3 = data1[t2];
5      t4 = 0;
6      if(t3 != t4){
7         t5 = data2[t2];   // B
8         if(t5 != t4) {
9            x += 1;        // C
10        }else{
11           y += 2;        // D
12        }
13     } else {
14        z += 3;           // F
15     }
16     i++;                 // G
17  } while(i < N);
```

```
1   A:  mul.lo.u32      t1, tid, N;
2       add.u32         t2, t1, i;
3       ld.global.u32   t3, [t2];
4       mov.u32         t4, 0;
5       setp.eq.u32     p1, t3, t4;
6       @p1 bra         F;
7   B:  ld.global.u32   t5, [t2];
8       setp.eq.u32     p2, t5, t4;
9       @p2 bra         D;
10  C:  add.u32         x, x, 1;
11      bra             E;
12  D:  add.u32         y, y, 2;
13  E:  bra             G;
14  F:  add.u32         z, z, 3;
15  G:  add.u32         i, i, 1;
16      setp.le.u32     p3, i, N;
17      @p3 bra         A;
```

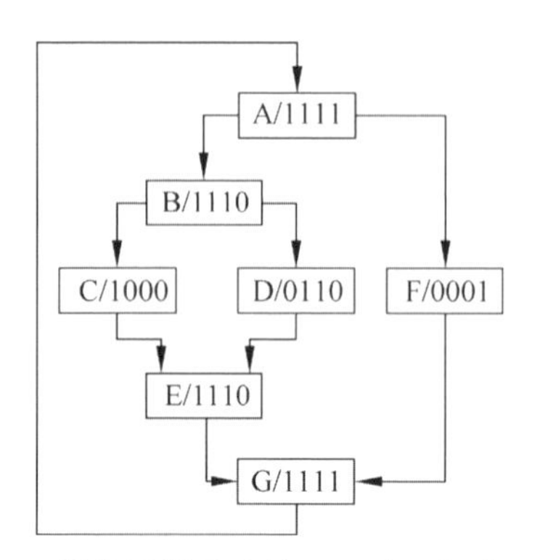

▲ 圖 3-5 巢狀結構分支核心函數示例的分支流圖

為了支援上述條件分支的執行，GPGPU 採取的方法也很直觀，就是分別執行分支的不同路徑，即按照 A/1111→B/1110→C/1000→D/0110→E/1110 → F/0001 → G/1111 的順序分別執行其中給定的或幾個執行緒，最終執行完所有執行緒。為了實作這種執行方式，GPGPU 往往會利用述詞暫存器和硬體 SIMT 堆疊相結合的方式對發生了條件分支的指令串流進行管理。本節將介紹這一原理及它是如何解決分支問題的。為了提高執行的效率，還將針對執行緒分支的效率問題展開深入的討論。

3.3.1 述詞暫存器

在理解 GPGPU 如何處理執行緒條件分支之前，先介紹述詞 (predicate) 暫存器的概念。述詞暫存器是為每個執行通道配備的 1 位元暫存器，用來控制每個通道是否開啟或關閉。一般來說述詞暫存器設定為 1 時，對應的執行通道將被打開，該通道的執行緒將得以執行並儲存結果；述詞暫存器設定為 0 的通道將被關閉，該通道不會執行指令的任何操作。述詞暫存器廣泛應用於向量處理器、SIMD 和 SIMT 等架構中用來處理條件分支。

GPGPU 架構普遍採用顯性的述詞暫存器來支援執行緒分支，每個執行緒都配備有若干述詞暫存器。舉例來說，在程式 3-1 的 PTX 程式中，第 5、8、16 行的 setp 指令就是根據執行時期的實際結果來設定 p1、p2、p3 三個述詞暫存器。而在後續的程式中，如第 6、9、17 行的 bra 指令，可以在 p 或 !p(p 反轉) 的指示下根據各自的述詞暫存器控制每個執行緒是否需要執行。

在這段巢狀結構分支的 PTX 程式中，第 1 行 ~ 第 4 行是指令區塊 A 的計算部分，每個執行緒透過自己的執行緒號 tid 計算出各自的 t3 和 t4，準備比較。

第 5 行是一個比較操作，對應 CUDA 程式中第 6 行的比較。每個執行緒執行 setp 指令，將 t3 和 t4 的值進行比較。如果 t3 和 t4 相等，則該執行緒的述詞暫存器 p1 設為 1。注意這是每個執行緒獨立的操作，所以不同執行緒的 p1 值可能會不同。根據圖 3-5 中的假設，只有第 4 個執行緒的述詞暫存器 p1 被設定為 1。

第 6 行，標記有 @p1 的指令表示每個執行緒在執行該指令前，需要先檢測述詞暫存器 p1 中的值。如果為 1 則執行 bra，跳躍至 F 區塊中，否則不跳躍繼續執行第 7 行 B 區塊的指令。由於只有第 4 個執行緒的述詞暫存器 p1 為 1，所以只有該執行緒將跳躍到 F，發生執行緒分支。

第 8 行，每個執行緒執行 setp 指令，將 t4 和 t5 的值進行對比，對應 CUDA 程式中第 8 行的比較。如果 t4 和 t5 相等，則將該執行緒的述詞暫存器 p2 設為 1。根據圖 3-5 可知，執行緒 2、3 將設定述詞暫存器 p2 為 1。

第 9 行，標記 @p2 的指令執行前會檢查述詞暫存器 p2 的值，並根據檢查結果選擇執行 D 區塊或繼續執行 C 區塊。這裡執行緒 2、3 將執行 D 區塊。

第 11 行，bra 指令使得執行完 C 區塊的執行緒將無條件跳躍至 E 區塊，而之前跳躍至 D 區塊的執行緒也會循序執行到 E 區塊，這樣執行了 C 區塊和 D 區塊的前 3 個執行緒會在執行 E 區塊時發生執行緒重聚 (reconverge)。

第 13 行，bra 指令會使 E 區塊重聚的執行緒無條件跳躍至 G 區塊，與執行 F 區塊的執行緒重聚。

第 16 行，所有的執行緒都需要執行，setp 指令會對比 i 和 N 的值，若 i 小於 N 則設定述詞暫存器 p3 為 1。

第 17 行，標記 @p3 的指令會檢查 p3 的值，判斷所有執行緒是否需要跳躍回 A 區塊，繼續執行迴圈操作。

可以看到，當執行緒束內部的不同執行緒出現分叉時，帶有述詞標記的指令會根據述詞暫存器中的 0 或 1 值產生不同的執行路徑，從而能夠使得不同執行緒獨立地開啟和關閉，此時多個個執行緒的執行也就不再整齊劃一。

另外，對於條件分支的執行效率問題，如果是 if…then…else 這種對稱分支結構且兩個分支路徑的長度相等，那麼 SIMT 的執行效率降低為 50%。同理，對於雙重巢狀結構分支結構，如果路徑長度相等，那麼 SIMT 的執行效率就為 25%。這表示大多數 SIMT 單元在執行巢狀結構分支時是空閒的，執行效率大幅降低。因此，執行緒分支是 GPGPU 性能損失的重要因素。

3.3.2 SIMT 堆疊

當程式發生分支時，述詞暫存器決定了每個執行緒是否應該被獨立地開啟或關閉。從整體來看，GPGPU 的執行緒排程器會對執行緒束的多個執行緒進行管理，保證具有相同路徑的執行緒能夠聚集在一起執行，從而盡可能地維持 SIMT 的執行效率。為此，GPGPU 採用了一種稱為 SIMT 堆疊 (SIMT stack) 的結構。它可以根據每個執行緒的述詞暫存器形成執行緒束的活躍遮罩 (active mask) 資訊，幫助排程器來確定哪些執行緒應該開啟或關閉，從而實作分支執行緒的管理。

正如圖 3-5 中看到的那樣，程式區塊後面的編碼代表了執行緒束的活躍遮罩資訊。起初所有執行緒都會執行 A/1111。當遭遇了第 6 行的 bra 指令會產生分叉，執行緒不再整齊劃一，形成了 B/1110 和 F/0001 兩條互斥的路徑，直到 G/1111 處再恢復到整齊劃一的狀態。這裡的 A 稱為執行緒分叉點 (devergent point)，G 稱為分叉執行緒的重聚點 (reconvergent point)。如果存在巢狀結構分支的程式，會使得已分叉的執行緒進一步分叉，如 B/1110 遭遇了第 9 行的 bra 再次分叉，形成了 C/1000 和 D/0110 的路徑，直到 E/1110 處再重聚恢復 B/1110 的狀態。

隨著週期的推進和不同執行緒束程式的排程和執行，活躍遮罩也需要隨之不斷地更新。從上面的例子可以看到，辨識執行緒的分叉點和重聚點是管理活躍遮罩的關鍵。一種想法是，當執行緒發生分叉時，記錄下重聚點的位置和當前的活躍遮罩，然後進入分叉，根據分支判斷的結果執行其中一些執行緒 (如 true 路徑上的執行緒)，直到一條分支路徑執行完成後切換到剩餘的執行緒 (如 false 路徑上的執行緒) 執行。當所有路徑的執行緒都執行完畢後，分叉的執行緒就可以在重聚點處恢復之前的活躍遮罩，繼續執行下面的指令。

SIMT 堆疊實作了對活躍遮罩的管理。SIMT 堆疊本質上仍是一個堆疊，堆疊內項目的進出以壓堆疊和移出堆疊的方式進行，堆疊頂指標 (top-of-stack，TOS) 始終指向堆疊最頂端的項目。每個項目包含以下三個欄位。

(1) 分支重聚點的 PC(Reconvergence PC，RPC)，PC 值獨一無二的特性剛好可以用來辨識重聚點的位置。RPC 的值由最早的重聚點指令 PC 確定，因此稱為直接後繼重聚點 (Immediate Post-DOMinate reconvergence point，IPDOM)。在圖 3-5 的例子中，程式區塊 B 執行完畢後，三個執行緒經由兩條分支路徑 C 和 D 在 E 處重聚，我們就稱 E(確切來說，是程式區塊 E 的第一行指令) 為一個 IPDOM。同樣，E 和 F 的重聚點為 G 的第一行指令。

(2) 下一行需要被執行指令的 PC(Next PC，NPC)，為該分支內需要執行的指令 PC。

(3) 執行緒活躍遮罩 (Active Mask)，代表了這行指令的活躍遮罩。

這裡借助圖 3-5 的例子來詳細解釋 SIMT 堆疊對活動遮罩的管理方式。隨著時鐘週期的推進，執行緒的執行過程如圖 3-6(a) 所示。實體箭頭代表對應的執行緒被喚醒，空心箭頭代表對應的執行緒未被喚醒，每個程式區塊內執行緒分支情況保持一致。SIMT 堆疊透過選擇不同的分支路徑執行完所有的指令，如圖 3-6(b)~ 圖 3-6(d) 的過程，最終所有執行緒都會恢復到共同執行的狀態。初始時如圖 3-6(b) 所示，所有執行緒 (活躍遮罩為 1111) 執行指令區塊 A 時，NPC 為指令區塊 G 的第一行指令 PC，即後面所有執行緒的重聚點。當到達了 A 的最後一行指令 (PTX 程式第 6 行) 時，由於指令區塊 A 產生了分支，RPC 應更新為當前指令區塊的 NPC，即 G 的第一行指令 PC。此後執行緒分為兩個互補的執行路徑，前三個執行緒將執行指令區塊 B(活躍遮罩為 1110)，而最後一個執行緒將執行指令區塊 F(活躍遮罩為 0001)。SIMT 堆疊會將指令區塊 B 和 F 及它們的活躍遮罩存入堆疊中，並記錄 B 和 F 的 RPC 為 G。

當前執行緒束需要執行的指令將從 TOS 項目的 NPC 獲得。在本例中，會彈出指令區塊 B 的第一行指令 (第 7 行)，其活躍遮罩欄位舉出

1110 來控制內部執行緒的執行，同時 B 的 NPC 為 E 壓堆疊，如圖 3-6(c) 中步驟 (i) 所示。當到達指令區塊 B 的結尾 (第 9 行) 時，這三個執行緒再次遭遇條件分支，硬體會採取類似的操作來更新 SIMT 堆疊：首先將 RPC 更新為當前指令區塊 B 的 NPC，即 E 的第一行指令。然後 B 的兩個分支路徑，即 C 和 D 及它們的活躍遮罩會被存入堆疊中，同時標記其 RPC 為 E 的第一行指令，如圖 3-6(c) 中步驟 (ii) 和 (iii) 所示。

當前執行緒束會從 TOS 項目中選取接下來要執行的指令 (區塊)，本例為指令區塊 C 且活躍遮罩為 1000。當這個唯一的活躍執行緒到達指令區塊 C 的最後一行指令 (第 11 行) 時，其目標跳躍 PC 與 RPC 相同，為指令區塊 E，所以 SIMT 堆疊會將 C 彈堆疊。接下來，當前執行緒束會再次從 TOS 項目選取指令區塊 D 且活躍遮罩為 0110。當 D 執行完成後，其 NPC 與 RPC 相同，為指令區塊 E，所以 SIMT 堆疊會將 D 彈堆疊。此時，SIMT 堆疊更新為圖 3-6(d) 的狀態。上述過程就是 SIMT 堆疊對活躍遮罩的管理過程，保證了分支程式的正確性，還可以極佳地應對巢狀結構分支的情況。

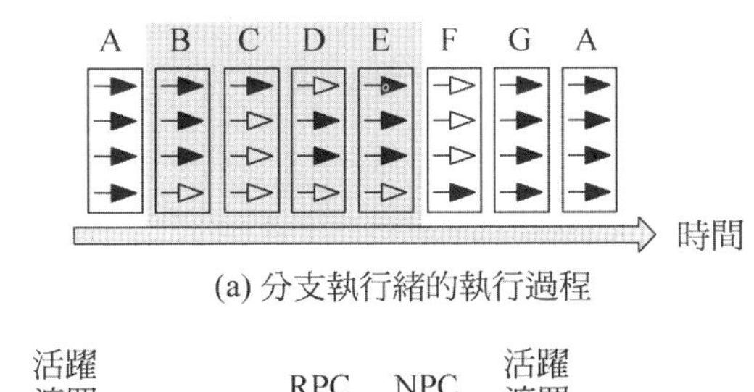

(a) 分支執行緒的執行過程

	RPC	NPC	活躍遮罩
	-	G	1111
	G	F	0001
TOS →	G	B	1110

(b) 初始SIMT堆疊狀態

	RPC	NPC	活躍遮罩	
	—	G	1111	
	G	F	0001	
	G	E	1110	(i)
	E	D	0110	(ii)
TOS →	E	C	1000	(iii)

(c) 第一次分支SIMT堆疊

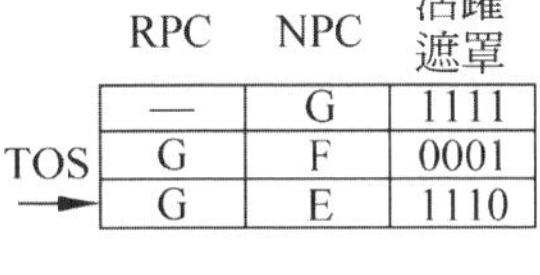

	RPC	NPC	活躍遮罩
	—	G	1111
	G	F	0001
TOS →	G	E	1110

(d) 分支重聚後SIMT堆疊

▲ 圖 3-6 SIMT 堆疊實作對圖 3-5 例子的管理

為了實作 SIMT 堆疊中如壓堆疊、移出堆疊的操作，一種方法是引入壓堆疊、求反和恢復等專門指令針對 SIMT 堆疊操作，並編譯成功器在 PTX 程式合適的位置插入這些指令，實作對活躍遮罩的管理。GPGPU 則普遍採用硬體 SIMT 堆疊的方式提高執行緒分支的執行效率。例如可以根據執行緒束中各個執行緒的執行情況動態地避免無效分支的執行，當所有執行緒都選擇一個分支方向時，另一個方向的活躍遮罩全為 0 便可以省略對應的分支路徑，而不必以管線暫停的方式執行，提高執行效率。

3.3.3 分支屏障

基於 SIMT 堆疊的執行緒分支管理方式簡單高效，但在特殊情況下可能會存在功能和效率上的問題，例如文獻 [5] 就指出在不可部分執行操作下，SIMT 堆疊可能會產生執行緒鎖死的問題。本節將結合文獻 [5-7] 來具體分析這一問題，並討論利用分支屏障和 Yield 指令解決這個問題的方法。

1. SIMT 堆疊可能的鎖死

圖 3-7 展示了一個 SIMT 堆疊可能會產生鎖死的程式範例。

```
A: *mutex = 0
B: while( atomicCAS(mutex, 0, 1));
C: // critical section
   atomicExch(mutex, 0);
```

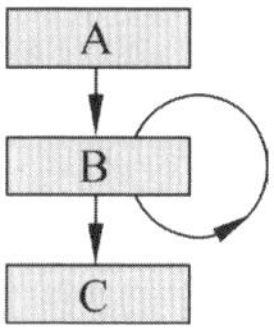

▲ 圖 3-7 一個 SIMT 堆疊可能產生鎖死的例子

這段程式中，程式區塊 A 首先初始化了一個公共鎖變數 mutex，它可以被執行緒束內所有執行緒讀取和修改。在 B 區塊中，每個執行緒試圖對 mutex 執行 atomicCAS 操作，讀取 mutex 的值並和 0 進行比較，如果兩者相等，那麼 mutex 的值將和第三個參數 1 進行交換，設定 mutex

的值為 1。該函數的傳回值是 mutex 未交換之前的值。由於 atomicCAS 是一個不可部分執行操作，同一個執行緒束內多個執行緒需要序列化地存取記憶體中的 mutex 鎖變數，這也就表示只有一個執行緒可以看到 mutex 的 0 值，進而獲得鎖退出迴圈執行 C 操作，而其他執行緒都只能看到 1 值而不斷地循環。 在區塊 C 中，獲得鎖的執行緒執行關鍵區操作，然後再透過 atomicExch 不可部分執行交換將 mutex 給予值為 0，即由獲得 mutex 鎖變數的執行緒來釋放這把鎖。

同時，考慮 B 中 SIMT 堆疊的執行過程。圖 3-8(a) 顯示了該執行緒束執行 A 操作時 SIMT 堆疊的狀態，其活躍遮罩為 1111。當 B 執行完 atomicCAS 操作並傳回後，B 中執行緒發生了分支，其重聚點為 C。由於 B 操作是不可部分執行的，在執行緒束內只有一個執行緒能夠離開迴圈。假設只有第一個執行緒獲得了鎖變數而退出迴圈，那麼 C 的活躍遮罩為 1000，而 B 的活躍遮罩為 0111。根據前文 SIMT 堆疊的描述，需要將 C 和 B 及各自的活躍遮罩存入 SIMT 堆疊，此時 SIMT 堆疊的狀態可能如圖 3-8(b) 所示。那麼只有等待後三個執行緒先完成 B 對應的指令，才能去執行 C。但 B 是一個無窮迴圈，需要等待 C 指令完成後釋放鎖才能脫離迴圈，因此這裡將產生鎖死。

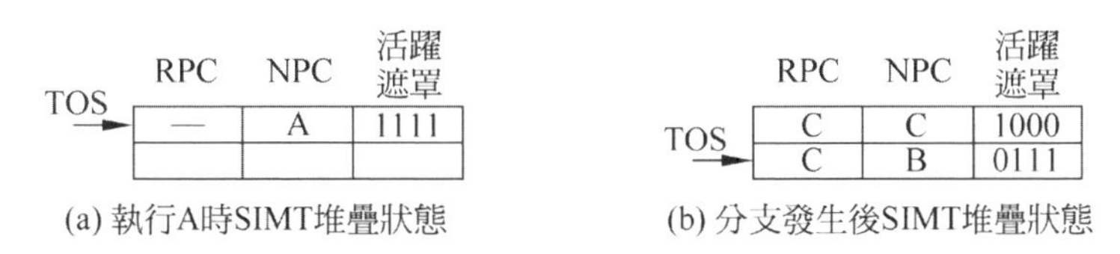

▲ 圖 3-8 SIMT 堆疊發生鎖死的具體過程

2. 分支屏障和 Yield 指令

針對 SIMT 堆疊管理執行緒束分支時存在鎖死的問題，文獻 [7] 提出了一種利用分支屏障和 Yield 指令來解決鎖死的方式。相比於 SIMT 堆疊，這種方式允許屏障中的某些執行緒進入讓步狀態，從而允許其他執行緒先能夠透過屏障執行下面的指令，避免鎖死。

為此，分支屏障專門設計了增加屏障和等待屏障指令，例如 ADD 和 WAIT，並儲存必要的資訊使得分支屏障能夠實作類似於 SIMT 堆疊的功能。當程式開始進入分支的時候，編譯器會插入 ADD 指令來產生一個屏障，執行緒執行 ADD 指令時會與給定編號的屏障綁定而進入屏障。進入屏障的執行緒會沿著一條分支執行程式，直到到達 WAIT 指令時等待，等到所有綁定了這個屏障的執行緒到達這個 WAIT 指令屏障才能解除。執行緒重新進入活躍狀態，以 SIMT 方式執行接下來的指令。值得注意的是，每個執行緒束內可能會有多個分支屏障，參與分支屏障的執行緒執行的分支也不相同。

仍然採用圖 3-5 中的例子，但利用分支屏障實作條件分支的管理。在本例中，在區塊 A 和 B 中增加了專門的 ADD 指令用來初始化分支屏障。此時執行緒束內所有的活躍執行緒，會根據 ADD 指令修改自己對應的屏障參與遮罩，以確定哪些執行緒會進入哪個分支屏障中，如 A 區塊的分支屏障為 B0，B 區塊的分支屏障為 B1。進入分支時，執行緒排程器會選擇一組執行緒執行。對應於 ADD，WAIT 指令用於分支屏障內部的執行緒相互等待，一般存在於分支重聚點處，比如區塊 E 和 G。執行到 WAIT 的執行緒會修改執行緒狀態，表明執行緒已經暫停。一旦屏障參與遮罩中的所有執行緒都執行了對應的 WAIT 指令，執行緒排程器就可以將分支屏障中的執行緒切換到活躍狀態。利用分支屏障管理圖 3-5 中條件分支的例子如圖 3-9 所示。

針對 SIMT 堆疊可能出現的鎖死問題，分支屏障還設計了 Yield 指令，使得某些執行緒可以進入讓步狀態。進入讓步狀態的執行緒會退出佔用的資源暫緩執行，其他分支路徑的執行緒也無須在屏障處等待那些已經進入讓步狀態的執行緒。在具體實作中，可以採用不同的方式來判定分支屏障中的執行緒是否需要進入讓步狀態。

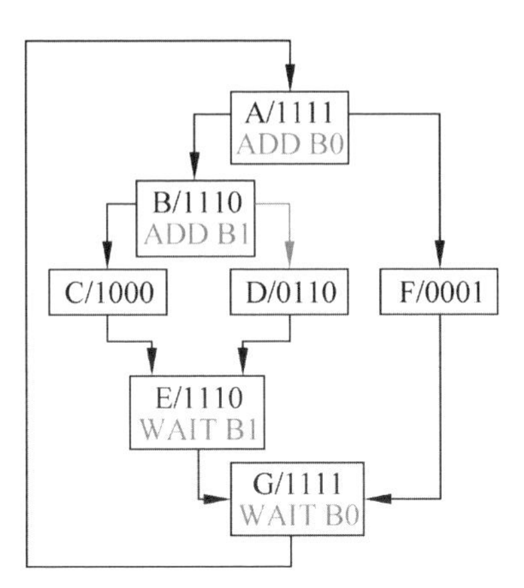

▲ 圖 3-9 利用分支屏障管理圖 3-5 中條件分支的例子

(1) 執行了編譯器在分支路徑中顯性插入的 Yield 指令。

(2) 執行逾時或執行了某一固定次數的跳回操作，即從數值較大的 PC 跳回數值較小的 PC。這相當於硬體會判定跳回操作超過某一數值後，認為執行緒執行出現了無窮迴圈。這正是本節例子中出現的情況。

基於分支屏障實作的執行緒排程器可以自由切換不同的執行緒執行，而無須按照 SIMT 堆疊的方式提取堆疊頂的執行緒束執行。配合 Yield 狀態的執行緒不再執行，這樣可以解鎖其他執行緒，從而避免鎖死。

3. 鎖死問題的解決

下面介紹如何利用新的分支屏障和 Yield 指令來解決圖 3-7 中所示的鎖死問題。如圖 3-10 所示，由於區塊 A 是分支的開始，C 為重聚點，因此增加分支屏障的指令應該在 A 中，而 C 中第一行指令應為對應的 WAIT 指令。圖 3-10(a) 中插入了分支屏障指令實作了與 SIMT 類似的分支管理。由於沒有 Yield 指令，分支屏障依然要求屏障前的所有分叉執行緒都重聚到屏障後才能繼續執行，因此第一個執行緒會一直等待在屏障處，從而無法執行 C 區塊程式，也無法釋放鎖資源。圖 3-10(b) 中區塊 B 插入了 Yield 指令來避免鎖死的發生。Yield 指令會讓 B 中的部分執行緒讓步而放棄執行迴圈，從而使第一個執行緒能夠不等待 B 中的其他執行緒，跨越分支屏障而先執行 C，釋放鎖資源。然後讓步狀態會解除，讓 B/0111 的執行緒再次得到鎖而退出迴圈。最終，B 中所有執行緒都會走出無窮迴圈，不會再發生鎖死，完成程式的既定功能。

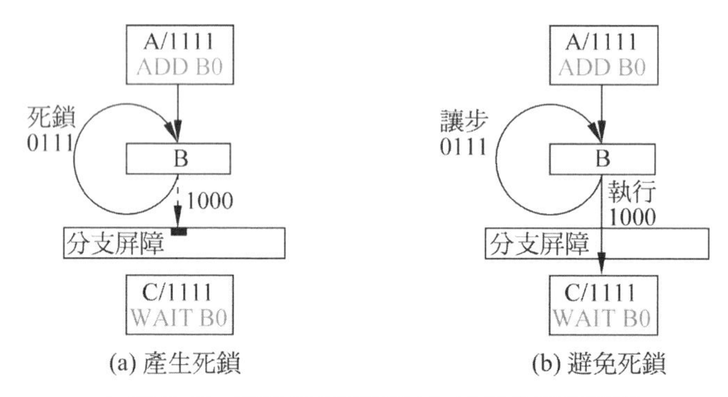

▲ 圖 3-10 採用分支屏障和 Yield 指令避免鎖死

為了便於理解，下面詳細分析執行緒在剛進入迴圈及第一次解除鎖死的過程，如圖 3-11 所示，圖 3-11(a) 為馬上進入迴圈時分支屏障的狀態。由於 4 個執行緒都會參與屏障，因此屏障參與遮罩是不變的。而屏障狀態為 4 位元，每一位元代表一個執行緒，若執行緒已經執行到了屏障，則對應位置標為 1，否則為 0。由於還沒有執行 B 中程式，因此圖 3-11(a) 中屏障狀態為 0000。執行緒狀態有 3 個，其中 00 為就緒狀態，01 為暫停狀態，10 為讓步狀態。執行緒 RPC 為接下來要執行的指令，每個執行緒對應一個 RPC。此時，所有執行緒都是活躍的，準備進入迴圈 B 中。

圖 3-11(b) 為執行緒執行完一次迴圈後的結果。此時，其中一個執行緒可以開始執行 C 中的指令，即到達了屏障，而其他的執行緒必須再次

執行迴圈。假設第一個執行緒到達了屏障，它由於 WAIT 指令被暫停，其他執行緒繼續執行迴圈。因此第一個執行緒的 RPC 被排程器修改為 C，並且狀態轉為非活躍，等待其他執行緒一起執行 C 中指令。而其他執行緒仍然活躍，等待執行 B 中指令。

屏障參與遮罩	屏障狀態	執行緒狀態	執行緒RPC	執行緒活躍
1111	0000	00 00 00 00	BBBB	1111

(a) 馬上進入迴圈

屏障參與遮罩	屏障狀態	執行緒狀態	執行緒RPC	執行緒活躍
1111	1000	01 00 00 00	CBBB	0111

(b) 第一次執行完迴圈

屏障參與遮罩	屏障狀態	執行緒狀態	執行緒RPC	執行緒活躍
1111	1000	00 10 10 10	CBBB	1000

(c) 執行緒進入讓步狀態

屏障參與遮罩	屏障狀態	執行緒狀態	執行緒RPC	執行緒活躍
1111	1100	01 01 00 00	CCBB	0011

(d) 第一次擺脫鎖死

▲ 圖 3-11 採用 Yield 指令避免鎖死的具體過程

圖 3-11(c) 為執行緒進入讓步狀態。根據第二個觸發條件，執行緒執行 Yield 指令。這時，三個執行緒進入讓步狀態 (即 10)，第一個執行緒進入活躍狀態 (即 00)，因此第一個執行緒不需要等待其他三個執行緒就可以穿過屏障執行 C 中的指令。

圖 3-11(d) 為第一次離開鎖死。由於第一個執行緒執行了指令 C，可以釋放 B 迴圈三個執行緒中的進入屏障。假設第二個執行緒被釋放出來，到達了屏障，這樣前兩個執行緒被暫停，而剩下兩個執行緒繼續執行 B 迴圈並適時做出讓步。重複圖 3-11(c) 和圖 3-11(d)，最終所有執行緒都能走出鎖死。

程式 3-2 舉出了圖 3-7 範例在 NVIDIA Volta 架構下所對應的 SASS 程式，其中第 1 行 ~ 第 6 行顯示了區塊 A 的程式，第 7 行 ~ 第 11 行顯示了區塊 B 的程式，第 12 行 ~ 第 14 行顯示了區塊 C 的程式。第 3 行的 BSSY 指令可以認為是增加分支屏障中的 ADD 指令，這行指令增加了一個屏障 B0。第 12 行的 BSYNC 即為分支屏障中的 WAIT 指令，表示執行緒必須在 B0 屏障中等待其他分支的執行緒執行完畢後，才能一起繼續執行。第 8 行 Yield 指令是 Volta 架構新增加的程式，使得執行 B 中的執行緒進入讓步狀態，防止鎖死。

⬇ 程式 3-2 SASS 程式中採用 Yield 指令避免鎖死的範例

```
1     /*0020*/    STS [RZ], RZ;
2     /*0030*/    BMOV.32.CLEAR RZ, B0;
3     /*0040*/    BSSY B0, 0xe0;
4     /*0050*/    MOV R3, 0x1;
5     /*0060*/    NOP;
6     /*0070*/    BAR.sync 0x0;
7     /*0080*/    IMAD.MOV.U32 R2, RZ, RZ, RZ;
8     /*0090*/    YIELD;
9     /*00a0*/    ATOMS.CAS R0, [RZ], R2, R3;
10    /*00b0*/    ISETP.NE.AND P0, PT, R0, RZ, PT;
11    /*00c0*/    @!P0 BAR 0x80;
12    /*00d0*/    BSYNC B0;
13    /*00e0*/    ATOMS.EXCH RZ, [RZ], RZ;
14    /*00f0*/    EXIT;
```

3.3.4 擴充討論：更高效的執行緒分支執行

從前文的介紹可以看到，GPGPU 架構支援條件分支的基本思想就是串列執行發生分叉的執行緒，但這種方式會損失 SIMT 硬體的執行效率，成為影響 GPGPU 性能的重要因素之一。單純的 SIMT 堆疊管理方式雖然基本保證了分支執行的正確性，但在某些情況下的 IPC 並不能達到最佳。

為了提高執行緒分支執行的效率，透過分析執行緒分支的執行過程可以發現，架構設計者可以從以下兩個來角度來進行最佳化。

(1) 尋找更早的分支重聚點，從而儘早讓分叉的執行緒重新回到 SIMT 執行狀態，減少執行緒在分叉狀態下存續的時間。實際上，前面提到的直接後繼重聚點 (IPDOM) 是一種直觀的重聚點位置。它以兩條分支路徑再次合併的位置作為重聚點，符合對稱分支程式的結構，但在多樣的分支程式結構下未必是最佳的重聚點選擇方案。

(2) 積極地實施分支執行緒的動態重組和合併，這樣即使執行緒仍然處在分叉狀態，能夠讓更多分叉的執行緒一起執行來提高 SIMT 硬體的使用率。舉例來說，將不同分支路徑但相同的指令進行重組合並就可以改善分支程式的執行效率。但這往往需要打破原有執行緒束的靜態構造等限制，需要微架構的支援。

為了提高執行緒分支的執行效率，研究人員基於以上兩種思想開展了廣泛的研究。本節將挑選其中具有代表性的技術和方法介紹，深入理解 GPGPU 架構設計的權衡和考量。

1. 分支重聚點的選擇

重聚點的選擇有利於讓執行緒儘早脫離分支狀態，恢復到 SIMT 執行狀態，但重聚點的選擇會根據程式結構的不同而有所不同。本節將介紹一種不同於 IPDOM 的分支重聚點。

程式控制流可分為結構化控制流和非結構化控制流。諸如循序執行的基本區塊、條件分支和迴圈，如 if…then…else、for 迴圈、do…while 迴圈等，被稱為結構化控制流；而 goto、break、短路最佳化、長跳躍和異常檢測等被稱為非結構化控制流。這裡的短路最佳化是指布林運算中只有當第一個參數不能確定運算式的值時，才會執行或評估第二個參數。舉例來說，在與 (AND) 邏輯中，如果第一個參數為 false 則無須判斷後面的參數，運算式結果必然為 false；在或 (OR) 邏輯中，如果第一個參數為 true 則無須判斷後面的參數，運算式結果必然為 true。編譯器在為複合的布林邏輯生成程式時，有時會利用短路最佳化儘快地舉出條件判斷的結果，確定分支路徑。

對於非結構化控制流，常常存在早於 IPDOM 的區域重聚點，可以提前對部分執行緒進行重聚，從而提高 SIMT 硬體的資源使用率，改善程式的執行效率。為便於理解，圖 3-12(a) 舉出了一段由複合布林運算組成的控制流程式及其分支流圖。由於編譯器使用了短路最佳化，處理器無須完全執行 4 個條件判斷，因此至多存在 7 條不同的控制路徑，如圖 3-12(b.1) 所示。考慮一種最糟糕的情況，假設一個執行緒束包含了 7 個執行緒且執行時期分別選擇了 7 種控制路徑。如果使用前面介紹的 SIMT 堆疊方式，可能會出現圖 3-12(b.2) 的情況，其中橫軸表示各個執行緒，縱軸表示時間，灰色方塊表示執行單元處於停頓狀態。從圖 3-12(b.2) 中可以看到，同一個基本區塊的不同執行緒會被安排在不同的週期執行，例如 B3、B4 和 B5 的執行緒在多個執行路徑下被多次拆分執行，使得程式執行效率十分低下。

針對這個問題，如果能讓 T1~T3 執行緒在執行 B3 時儘早地與互補路徑的 T4~T6 執行緒執行 B3 重聚，那麼將有效地提升平行度，如圖 3-12(b.3) 所示。但現有 SIMT 堆疊下無法實作這樣的控制，原因是 B1 區塊的分支路徑會將 B3(T4~T6) 和 B2(T1~T3) 壓堆疊。一旦選擇執行 B2 區塊，就需要將 B2 區塊後面的分支 B3、B4、B5 完全壓堆疊和移出堆疊後，才能將 B2 退堆疊回到 B1 區塊分支的另一個路徑 B3(T4~T6) 來執行。因此，為了能夠這樣執行就需要不同於 SIMT 堆疊的管理方式，利用不同於 IPDOM 的區域重聚點來發現這個可能性。在文獻 [8] 中，將這種新的區域重聚點稱之為 TF(Thread Frontiers)，並且舉出了一種基於編譯器和硬體協作管理 TF 的機制。

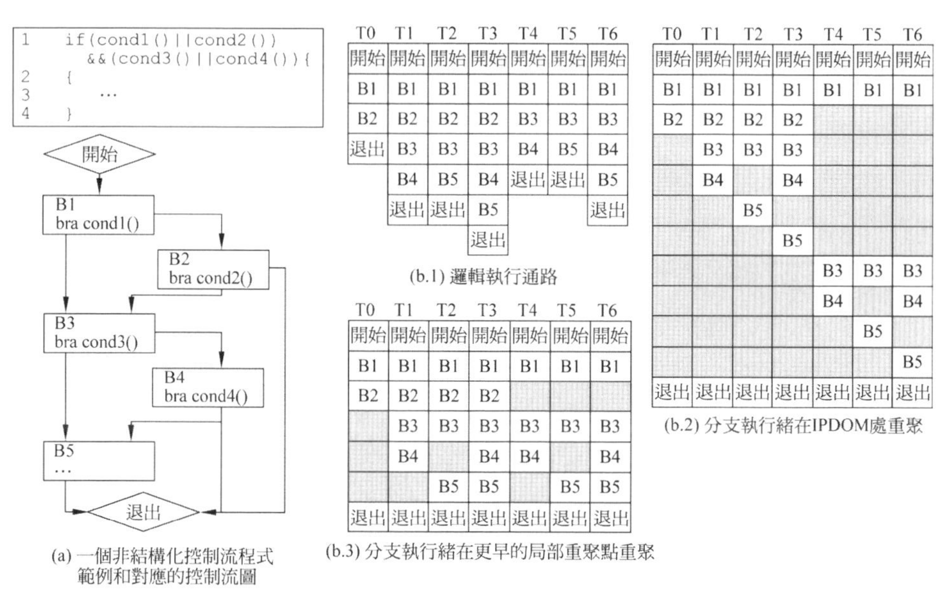

▲ 圖 3-12 利用 TF 重聚點對非結構化分支進行最佳化的範例

TF 可理解為在任一時間點，分叉的執行緒可能執行的所有基本區塊。換句話說，就是當一部分執行緒進入一個分支執行某個基本區塊時，其他執行緒可能等待執行另一個分支的基本區塊即為該基本區塊的 TF。比如，當執行緒 T1~T3 將要執行 B3 時，非活躍的 T4~T6 也可能會執行 B3。由於 T1~T3 和 T4~T6 可以同時執行 B3，因此可以形成一個 TF 重聚點，兩個執行緒分片可以合併執行。為了實作執行緒在 TF 重聚，需要兩種支援。

(1) 當程式出現分支時，非活躍執行緒需要在活躍執行緒的 TF 中等待。比如，在 T1~T3 將要執行 B3 時，非活躍執行緒 T4~T6 在 B3 的 TF 中等待。

(2) 如果部分執行緒進入 TF，需要進行重聚合檢查判斷是否有執行緒可以合併。比如，當 T1~T3 進入 B3 時，發現 B3 包含在其 TF 中，這時需要進行重聚合檢查，即檢查 T1~T3 中執行 B3 的執行緒和等待在 TF 中 B3 的執行緒 T4~T6 能否合併。

這些功能可以由編譯器和硬體排程器共同完成。編譯器透過演算法分析出每個基本區塊的 TF 資訊，並且在適當的位置插入執行緒重聚合檢查。編譯器還需要為每個基本區塊分配一個優先順序，幫助硬體按照指定的優先順序順序對執行緒進行排程，以最大化 TF 合併的可能。在具體的實作中，可以使用 PC 值作為優先順序判斷的依據：PC 值越小的指令，執行的優先順序越高。對硬體排程器，保證執行緒按照優先順序循序執行基本區塊，同時在執行期間遇到編譯器放置的重聚合檢查時，在可能的情況下進行執行緒合併。舉例來說，在本例中基本區塊的優先順序順序應為 (B1、B2、B3、B4、B5、Exit)，排程器按照這種優先順序循序執行基本區塊，有利於 T0~T3 在執行完 B2 之後，T1~T3 與 T4~T6 儘早合併。

2. 執行緒動態重組及合併

提高執行緒分支執行效率的另一種方式就是打破原有靜態執行緒束的限制，對特定互補的執行緒分片進行重組及合併，以便在分支存續期間提高 SIMT 硬體的使用率。這個最佳化可以在 IPDOM 重聚點下進行，也可以在區域重聚點如 TF 下進行。

根據 SIMT 執行緒分支的特點，可以從不同執行緒和不同 PC 所組成的多個維度進行動態重組和合併。如圖 3-13 所示，假設有 8 個執行緒 (T0~T7)，分成 2 個執行緒束 W0 和 W1，執行時期可能分別執行不同分支的指令，那麼不同執行緒束中相同 PC 的指令很可能存在互補，舉例來說，如果 W0 中的 T0/T1 和 W1 中的 T6/T7 都執行到了 true 分支路徑，就可以在相同的 PC 值處進行互補合併。這種可能性主要來自 GPGPU 中同時存在大量執行緒，大機率有不同的執行緒在執行同樣的分支路徑。然而其困難在於這些執行緒可能跨度很大，未必在同一個執行緒束內，也可能這些執行緒在特定 SIMT 通路上存在衝突。

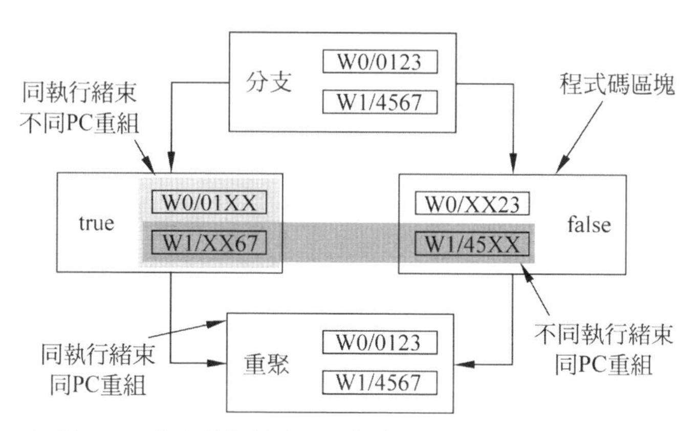

▲ 圖 3-13 分支執行緒在多個維度進行重組和合併的可能性

另一種可能性是相同的執行緒束在不同的 PC 處進行重組和合併，例如 W1 在 true 路徑中的 T6/T7 和在 false 路徑中的 T4/T5。這種可能性主要來自同一執行緒束在不同分支路徑中的執行緒往往存在互補性，即發生分支的 W1 在 true 路徑中的執行緒必然和 false 路徑中的執行緒存在互補性。然而其困難在於同一時刻需要發射執行不同的指令，一定程度上呈現出 MIMD 執行的特性。

根據圖 3-13 分支執行緒在多個維度進行重組和合併的可能性，本節將探討四個維度下的執行緒重組和合併技術，即同執行緒束同 PC 合併、不同執行緒束同 PC 合併、同執行緒束不同 PC 合併和不同執行緒束不同 PC 合併。

1) 同執行緒束同 PC 執行緒的重組和合併

實際上，前文介紹的 IPDOM 重聚點可以看成是相同執行緒束同 PC

合併。如圖 3-13 所示，當部分執行緒先到達重聚點，還需要等待同執行緒束內其他執行緒也執行到重聚點才能完成分支，相當於相同執行緒束內的執行緒在相同的 PC 處，即重聚點 PC 處合併。但是這種合併方式並不能有效利用 SIMT 通道，因為重聚點前的分支路徑不具有相同 PC，有必要打破執行緒束和 PC 的限制，提升程式的整體執行效率。

2) 不同執行緒束同 PC 執行緒的重組和合併

不同執行緒束同 PC 執行緒可以重組和合併。理想情況下，多個相同路徑的執行緒可以重組為一個更為「完整」的執行緒束來執行。這種合併的好處是不會破壞 SIMT 執行，而更多表現在排程方面的設計。這裡以圖 3-14(a) 所示的執行緒分支流圖為例，8 個執行 if…else…分支的執行緒 T0~T8 分別組織在 2 個執行緒束 W0 和 W1 中。圖 3-14(b) 顯示了基於 SIMT 堆疊的分支執行過程，W0 和 W1 的分支執行緒在程式區塊 B、C 中串列執行。圖 3-14(c) 顯示了執行緒進行「原位合併」後的結果，其中 W0 的 T0 和 W1 的 T6/T7 合併執行，W0 的 T1/T2/T3 和 W1 的 T4 合併執行。不過由於 W0 的 T1 和 W1 的 T5 在合併時存在衝突，導致 W1 的 T5 需要單獨執行。但即使如此，後者的執行時間仍然少於前者。

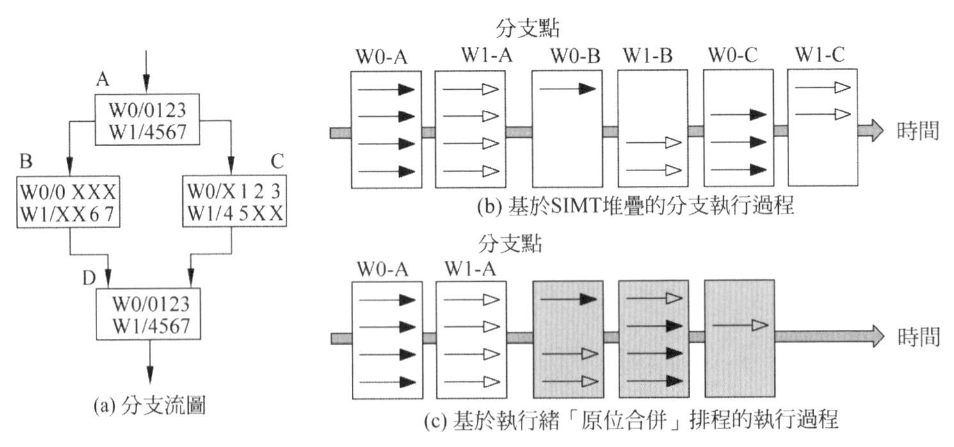

▲ 圖 3-14 使用與未使用不同執行緒束同 PC 的執行緒合併的執行過程對比

為了實作執行緒的重組合並，文獻 [8] 提出了動態執行緒束原位合併的想法，並在硬體上設計了如圖 3-15 中的 PC-Warp LUT(查閱資料表) 以建立 PC 和執行緒束之間的映射關係。它透過雜湊運算 H 為相同 PC 值的不同執行緒匹配到一個 PC-Warp LUT 記錄，然後根據「錯位」或「原位」的規則盡可能與記錄中已有的執行緒束合併以填充 SIMT 通道。為了平衡執行緒束產生和銷耗存在的速率差，還在中間引入了一個執行緒池，重組完成的執行緒束會先進入池中等待。根據執行緒束優先順序的高低，發射元件採取特定的機制選取池中的執行緒束進行排程，從而達到較高的 SIMT 通道使用率。

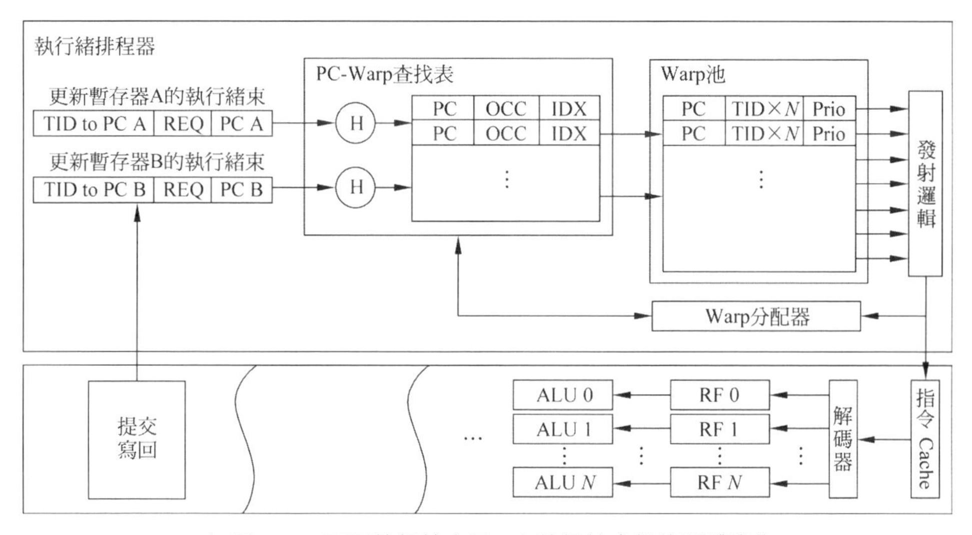

▲ 圖 3-15 不同執行緒束同 PC 執行緒合併的硬體實作

為了支援「原位合併」，文獻 [9] 提出了一種基於原有 SIMT 堆疊的實作方法，稱為執行緒區塊壓縮。為此排程器需要維護一個與 SIMT 堆疊類似的結構，如圖 3-16 所示，堆疊中每項元素包含四個屬性，其中 RPC 和 NPC 與 SIMT 堆疊中相同，活躍遮罩相比於 SIMT 堆疊有所擴充，表示了執行緒區塊中的所有執行緒。而 WCnt 表明執行該指令的活躍執行緒束數量，說明執行緒區塊中有多少執行緒束已經準備好執行該指令。堆疊初始化如圖 3-16(a) 所示，執行緒區塊將要執行 A 指令。由於執行緒區塊內兩個執行緒束都要執行 A，因此活躍遮罩都被寫入其中且 WCnt 設為 2。接下來如圖 3-16(b) 所示，第一個執行緒束 W0 執行完 A 後，其執行緒發生分支，不同的分支 C 和 B 被存入堆疊中。由於活躍的執行緒束數量減少，TOS 的 WCnt 的值減 1。由於 W0 需要等待 W1 執行完 A，因此堆疊頂指標 TOS 維持不變，B 和 C 中的 WCnt 的值為 0。如圖 3-16(c) 所示，當執行緒束 W1 也執行完 A 後，其分支被存入堆疊中，擴充了活躍遮罩位元並與 W0 的活躍遮罩合併，TOS 將指向下一個需要執行的分支 B。此時執行緒 T0/T6/T7 可以合併執行，兩個執行緒束可以合併成為一個，WCnt 的值為 1。當 B 被執行完畢後，C 和 D 也相繼被彈出，如圖 3-16(e) 和圖 3-16(f) 所示，最終所有的指令都執行完畢。

	RPC	活躍遮罩	NPC	WCnt
TOS →		0123 4567	A	2

(a) 初始化堆疊的狀態

	RPC	活躍遮罩	NPC	WCnt
TOS →		0 1 2 3 4 5 6 7	A	1
	D	X 1 2 3	C	0
	D	0 X X X	B	0

(b) W0執行完A產生分支

	RPC	活躍遮罩	NPC	WCnt
		0 1 2 3 4 5 6 7	D	0
	D	X 1 2 3 4 5 X X	C	0
TOS →	D	0 X X X X X 6 7	B	1

(c) W1執行完A產生分支

	RPC	活躍遮罩	NPC	WCnt
		0 1 2 3 4 5 6 7	D	0
TOS →	D	X 1 2 3 4 5 6 7	C	2

(d) 合併執行緒束並彈出堆疊頂

	RPC	活躍遮罩	NPC	WCnt
		0 1 2 3 4 5 6 7	D	0
TOS →	D	X 1 2 3 4 5 X X	C	1

(e) W0停頓等待W1

	RPC	0 1 2 3 4 5 6 7	NPC	WCnt
TOS →			D	2

(f) W1執行完畢與WO匯合

▲ 圖 3-16 執行緒區塊壓縮技術下 SIMT 堆疊的更新過程

同樣，為了實作不同執行緒束在同一 PC 處執行緒的重組合並，文獻 [10] 提出了一種基於大執行緒束的執行緒管理和重群組原則，期望可以發現更多執行緒合併的機會。每個大執行緒束由若干執行緒束的連續執行緒組成，當出現分支時，根據分支情況生成多個子執行緒束。為了實作這種管理，大執行緒束將其執行緒的活躍遮罩統一組織為一個二維結構，如圖 3-17(a) 所示。矩陣的列數等於大執行緒束的寬度，每行表示子執行緒束的活躍遮罩，重組時會盡可能從不同列選擇活躍執行緒，因而更利於實作執行緒的「原位合併」，避免執行緒衝突現象。圖 3-17(b) 展示了在連續 4 個週期內從 1 個大執行緒束生成 4 個子執行緒束的過程。執行緒排程器每個週期從矩陣各列中搜索到 1 個活躍遮罩並找到對應的執行緒將其加入子執行緒束中，然後清除對應遮罩位元。重複此過程，直到當前遮罩矩陣中所有非 0 位元被清空，標誌著大執行緒束在當前分支路徑中的執行緒已經處理完畢。

大執行緒束處理分支和重聚的方法與 SIMT 堆疊方式類似。在一個大執行緒束執行分支指令時，只有當其最後一個子執行緒束執行完畢才能確定是否發生了分支。當所有分支子執行緒束完成執行後，一方面更新當前大執行緒束的 PC 值和活躍遮罩，另一方面將重聚點 PC、活躍遮罩和待執行 PC 等資訊存入大執行緒束的 SIMT 堆疊中。每當一個分支執行完畢便將對應的分支項從堆疊頂彈出。這個大執行緒束間的排程應由更高階的排程策略和排程器來決定。這種機制不僅能夠解決單一分支問題，還能應對巢狀結構分支的情形。另外，對於無條件分支，如 jump 指令，大執行緒束的方式也適用。無條件分支指令只需要更新一次 PC 值，僅一次跳躍即可使下一個大執行緒束提前開始執行，減少不必要的指令發射時間。

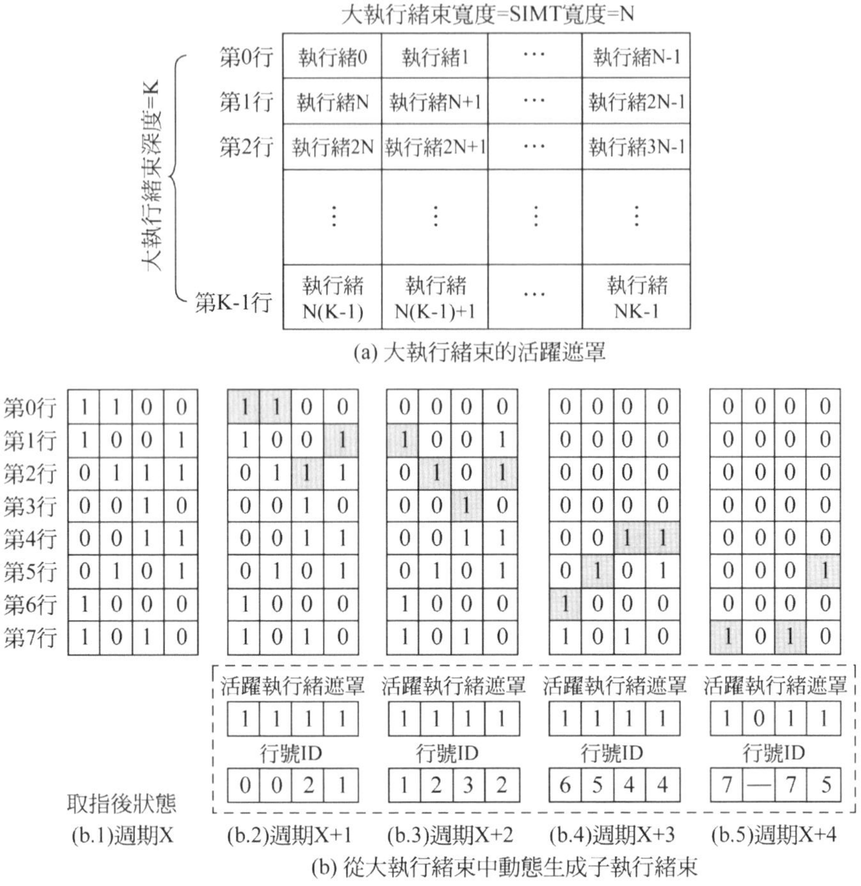

大執行緒束寬度=SIMT寬度=N

大執行緒束深度=K

第0行	執行緒0	執行緒1	…	執行緒N-1
第1行	執行緒N	執行緒N+1	…	執行緒2N-1
第2行	執行緒2N	執行緒2N+1	…	執行緒3N-1
	⋮	⋮	⋮	⋮
第K-1行	執行緒 N(K-1)	執行緒 N(K-1)+1	…	執行緒 NK-1

(a) 大執行緒束的活躍遮罩

	(b.1)				(b.2)				(b.3)				(b.4)				(b.5)			
第0行	1	1	0	0	1	1	0	0	0	0	0	0	0	0	0	0	0	0	0	0
第1行	1	0	0	1	1	0	0	1	1	0	0	1	0	0	0	0	0	0	0	0
第2行	0	1	1	1	0	1	1	1	0	1	0	1	0	0	0	0	0	0	0	0
第3行	0	0	1	0	0	0	1	0	0	0	1	0	0	0	0	0	0	0	0	0
第4行	0	0	1	1	0	0	1	1	0	0	1	1	0	0	1	1	0	0	0	0
第5行	0	1	0	1	0	1	0	1	0	1	0	1	0	1	0	1	0	0	0	1
第6行	1	0	0	0	1	0	0	0	1	0	0	0	1	0	0	0	0	0	0	0
第7行	1	0	1	0	1	0	1	0	1	0	1	0	1	0	1	0	1	0	1	0

取指後狀態

	(b.2)				(b.3)				(b.4)				(b.5)			
活躍執行緒遮罩	1	1	1	1	1	1	1	1	1	1	1	1	1	0	1	1
行號ID	0	0	2	1	1	2	3	2	6	5	4	4	7	—	7	5

(b.1)週期X　(b.2)週期X+1　(b.3)週期X+2　(b.4)週期X+3　(b.5)週期X+4

(b) 從大執行緒束中動態生成子執行緒束

▲ 圖 3-17　大執行緒束重組

本節介紹的動態執行緒束重組、執行緒區塊壓縮和大執行緒束重組等方法，都屬於跨執行緒束同 PC 執行緒的重組和合併方法，本質上是類似的，只是具體實作方法上有所不同。然而，這種重組和合併也可能影響到架構設計的其他方面，例如：

(1) 這種方式並不總是能夠減少執行緒束的數量而獲得性能收益。以圖 3-14(c) 為例，執行 C 區塊時也試圖進行執行緒合併，但執行緒束的數量並沒有減少。

(2) 當新執行緒束存取暫存器時，要避免執行緒錯位存取或多個執行緒存取暫存器出現衝突，以便新執行緒束內的執行緒可以高效率地獲取暫存器檔案中的資料。

(3) 這種方式還會導致執行緒之間的同步問題，原則上不允許執行緒脫離執行緒區塊單獨排程。

(4) 這種方式雖然能夠提高 SIMT 通道的使用率，但也可能會導致更多的快取記憶體缺失。如圖 3-18 所示，W0 需要的資料在快取中而 W1 的資料不在。如圖 3-18(a) 所示，如果沒有執行緒合併只會有一個執行緒束發生快取缺失。如圖 3-18(b) 所示，如果進行了執行緒合併可能導致兩個合併後的執行緒束都發生快取缺失。為解決這個問題還可以採用預測的方式，透過預測合併後是否會提升性能來避免不合理的壓縮帶來的性能影響。

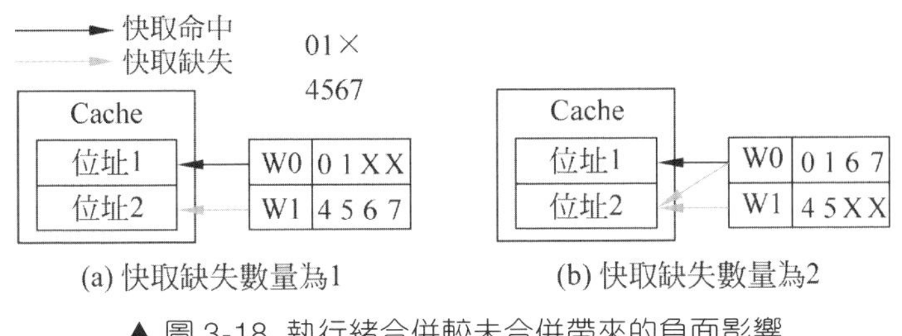

▲ 圖 3-18 執行緒合併較未合併帶來的負面影響

(5) 這種方式傾向使用輪詢的排程策略（參見 3.4 節的內容），這樣不同執行緒束的執行進展大致相同，利於在執行緒分支時找到同 PC 互補的執行緒。其他的執行緒束排程策略是否會破壞這種可能性或重組後的執行緒是否會影響到整體的排程，則需要進一步思考和研究。

3) 同執行緒束不同 PC 執行緒的重組和合併

與不同執行緒束同 PC 執行緒的重組和合併相對應，還可以在同執行緒束不同 PC 的維度進行執行緒合併。這種方式的可能性主要源於分支路徑往往存在互補性，即發生執行緒分叉後，true 路徑的執行緒必然和 false 路徑的執行緒存在互補性。然而，相比於同執行緒束不同 PC 的合併，不同執行緒束同 PC 執行緒的合併難度更大，因為其從本質上改變了 SIMT 計算模型，不同通道上執行了不同的指令，這更加傾向於 MIMD 執行。

文獻 [12] 提出了一種允許同一個執行緒束內互補執行緒的不同指令同時執行的方式，稱為 Simultaneous Branch Interweaving(SBI)。它主要針對 if…else…這一對稱結構的分支進行最佳化，因為執行 if 指令的執行緒和執行 else 指令的執行緒是互補的，不會產生衝突。SBI 允許 if 和 else 中的指令被一個執行緒束內的執行緒同時執行，提高 SIMT 通道的使用率。

以圖 3-19(a) 中的分支流圖為例。假設兩個執行緒束 W1 和 W2 各有 4 個執行緒。指令區塊 1~6 旁標注了執行緒束有哪些執行緒執行該指令區塊。圖 3-19(b)~(d) 對比了採用 SIMT 堆疊與 SBI 執行結果的區別。在 SIMT 堆疊下，如圖 3-19(b) 所示，一個排程器排程一個執行緒分片執行，而 SBI 則提供了一個副排程路徑允許同執行緒束中互補執行緒的不同指令進入功能單元執行。如圖 3-19(c) 所示，主排程在為 W1 執行緒 T0/T3 排程指令區塊 I2 和 I3 的同時，副排程則為 W1 執行緒 T1/T2 排程指令 I5 和 I6。

為了實作這種重組的方式，需要修改原有的 GPGPU 中指令讀取和排程器的結構。該研究基於經典的 NVIDIA Fermi 架構 SM 進行設計。圖 3-20(a) 顯示了 Fermi 架構 SM 的基本結構，它包含兩行獨立的指令管線可以同時排程兩個執行緒束，所以可以將其中一個確定為主排程器，另一個為副排程器。副排程器接收主排程器的執行緒束 ID(Wid) 來跟隨發射某個執行緒束的指令。如圖 3-20(b) 所示，修改後的架構可以支援同執行緒束兩行不同指令 I1 和 I2 的執行。為了使兩行通道接收兩行不同的指令，每個通道前設定了一個多路選擇器，選擇執行 I1 或 I2 中的一條。

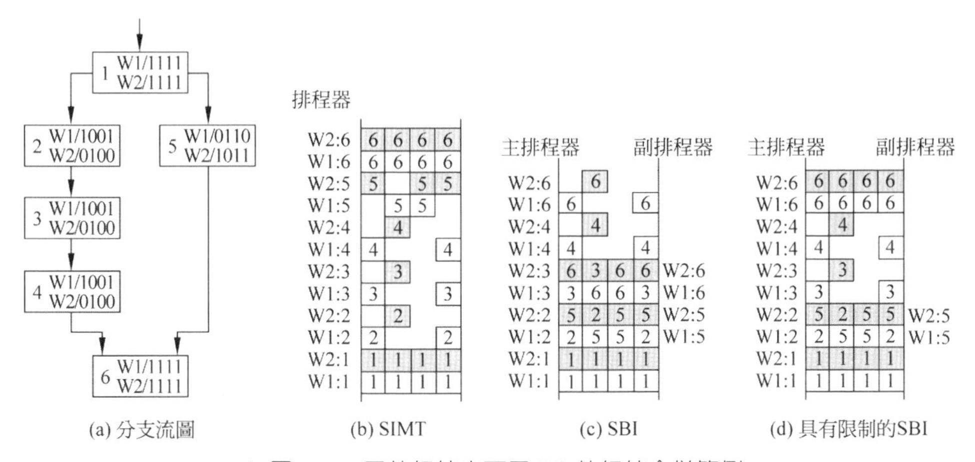

▲ 圖 3-19 同執行緒束不同 PC 執行緒合併範例

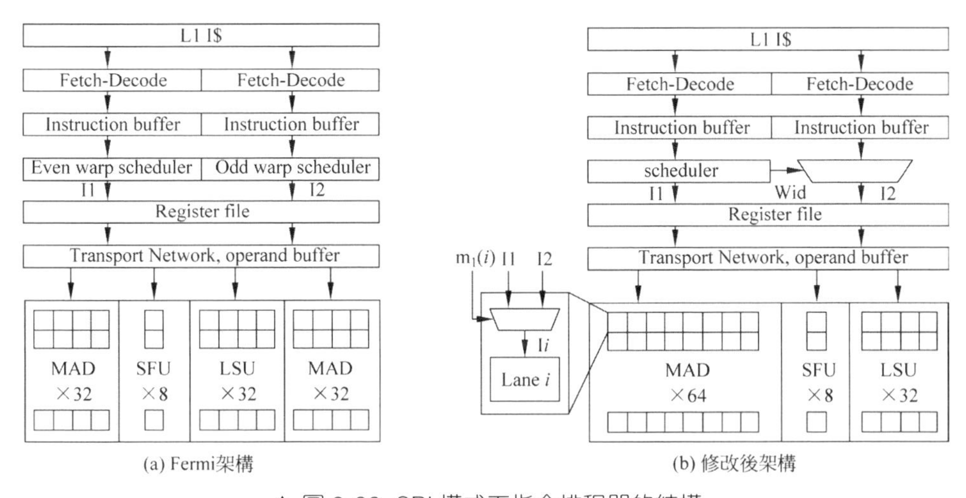

▲ 圖 3-20 SBI 模式下指令排程器的結構

選取兩行指令管線的 PC 是實作執行緒束內不同 PC 執行緒合併的關鍵。在執行時當執行緒分片進入了某個分支時，會計算互補的執行緒分片將執行哪些 PC(互補路徑的 PC)，且這些 PC 的優先順序會高於接下來指令的 PC，以便增加重組的可能性。比如當 W1/1001 進入 I2 時，W1 的互補執行緒 0110 執行 I5 的優先順序會高於 W1 接下來要執行的 I3。

不過，SBI 也存在一定問題。比如，如果沒有遇到資源衝突，兩個執行緒分片之間會彼此不同步執行，這樣可能會忽略原有的重聚點，延後執行緒束恢復 SIMT 執行的時機。如圖 3-19(c) 所示，副排程器沒有等待中的執行緒重聚就「提前」排程了 W1 的 I6 指令，造成 I6 處本應重聚的執行緒被打亂。針對這一問題，可以對 SBI 進一步限制，不允許分支點和重聚點的指令參與執行緒重組，如圖 3-19(d) 所示。這可以透過記錄分支指令的 PCdiv 和重聚點指令的 PCrec 來判斷副排程器是否應該被開啟。在該範例中，PCdiv 為 I1，PCrec 為 I6。當副排程器排程完 I5 到達指令 I6 時，如果主排程器還在排程 I2、I3 或 I4，副排程器可以排程。當主排程器開始排程 I6，副排程器停止排程，這樣 I6 就不會被副排程器提前排程。

4) 不同執行緒束不同 PC 執行緒的重組和合併

上述介紹的同執行緒束不同 PC 執行緒的重組和合併主要針對互補的分支結構，比如執行 if…else…指令產生的分支時，兩條分支路徑的執行緒分片有機會重組為同一個執行緒束。但還有很多時候分支是不平衡的。比如只有 if 而沒有 else 敘述下的非結構化分支，或 if 和 else 分支的路徑長度不對等，這會導致同一執行緒束中並沒有互補的執行緒分片能夠執行不同的 PC 指令來填充 SIMT 通道。為了解決這個問題，可以選取其他執行緒束中執行不同 PC 的執行緒來填充 SIMT 通道，這就是不同執行緒束不同 PC 執行緒進行重組和合併的思想。

文獻 [12] 在 SBI 的基礎上又提出了 SWI(Simultaneous Warp Interweaving) 來解決這個問題。SWI 的硬體架構與 SBI 相同，如圖 3-20(b) 所示，可以看到每個 SIMT 通道上有一個多選器用於選擇執行哪個排程器發射的指令。當一行指令 I 被發射之後，另一個排程器可以獲取指令 I 對應的活躍遮罩來尋找通道上不衝突的另一行指令 I'。這個 I' 可以來自同執行緒束內的指令即 SBI，也可以來自不同執行緒束的指令即 SWI。圖 3-21 展示了 SWI 是執行原理的。SWI 選擇 W1 中的 I3 和 W2 中的 I2 同時執行，及 W1 中的 I4 和 W2 中的 I3 同時執行。同時，SWI 和 SBI 技術也並不衝突，兩者也可能結合起來進一步提高 SIMT 通道的使用率來改善性能。不過 SWI 由於允許了 MIMD 執行會使得執行緒分支的硬體設計更為複雜。

主排程器					副排程器
W2:6	6	6	6	6	
W1:6	6	6	6	6	
W2:5	5		5	5	
W1:5		5	5		
W2:4		4			
W1:4	4	3		4	W2:3
W1:3	3	2		3	W2:2
W1:2	2			2	
W2:1	1	1	1	1	
W1:1	1	1	1	1	

▲ 圖 3-21 不同執行緒束不同 PC 執行緒重組和合併範例

3.4 執行緒束排程

排程在電腦中是一個常見的概念。籠統地講，排程是指分配工作所需資源的方法。在電腦中這個「資源」可以涵蓋各種層次的資源，既可以是虛擬的運算資源，如執行緒、處理程序或資料串流，也可以由硬體資源，如處理器、網路連接或 ALU 單元。排程的目的是使得所有資源都處於忙碌狀態，從而允許多個工作可以有效地同時共享資源，或達到指定的服務品質。排程的工作可以由軟體程式完成，稱之為排程演算法或策略；也可以由硬體單元來完成，稱之為排程器。排程演算法和排程器可能會針對不同目標而設計，舉例來說，吞吐量最大化、響應時間最小化、最低延遲或最大化公平。這些目標在同一系統中往往是相互矛盾的，因此排程演算法和排程器要實作一個權衡利弊的折衷方案，這取決於使用者的需求和目的。

CUDA 和 OpenCL 程式設計模型可以定義任意數量的執行緒區塊和執行緒，執行緒區塊會被分配到可程式化多處理器上，由內部的串流處理器提供執行緒平行度。但畢竟硬體資源是有限的，每個週期只能執行若干執行緒。當有多個執行緒處於就緒狀態時，應該選取哪一個來執行呢？這其實就是一個排程問題。早期的 GPGPU 多採用輪詢策略來保證排程的公平性。儘管這種策略簡單可行，但很多時候執行效率並不高，因此人們提出了多種改進和最佳化的排程策略。本節將針對上述問題多作說明。

3.4.1 執行緒束平行、排程與發射

在程式設計人員看來，執行緒是按照執行緒區塊指定的設定規模來組織和執行的。從硬體角度來看，當一個執行緒區塊被分配給一個可程式化多處理器後，GPGPU 會根據執行緒的編號 (TID)，將若干相鄰編號的執行緒組織成執行緒束。執行緒束中所有執行緒按照鎖步方式執行，所有執行緒的執行進度是一致的，因此一個執行緒束可以共享一個 PC。執行緒束中每個執行緒按照自己執行緒的 TID 和純量暫存器的內容來處理不同的資料。多個執行緒聚集在一起就等價於向量操作，多個執行緒的純量暫存器聚集在一起就等價於向量暫存器，向量寬度即為執行緒束大小。如同 2.2.3 節的分析，這種基於執行緒 TID 的向量構造方式與傳統

的 SIMD 不同，它不需要程式設計人員的參與，因此可以看成是基於硬體的隱式 SIMD 或向量化。這種方式提供了相當的靈活性，例如執行緒區塊可以設定為 256×1、16×16 等多種維度，硬體都會自動地構造出執行緒束來對執行緒區塊進行切分並執行。

大量的執行緒束提供了高度的平行性，使得 GPGPU 可以借助零銷耗的執行緒束切換來掩藏如快取缺失等長延遲時間操作。原則上執行緒束越多，平行度越高，延遲時間掩藏的效果可能會越好。但實際上這個平行度是由一個可程式化多處理器中可用的硬體資源及每個執行緒的資源需求決定的，如最大執行緒數、最大執行緒區塊數及暫存器和共享記憶體的容量。舉例來說，在 NVIDIA V100 GPGPU 中，一個可程式化多處理器最多同時執行 2048 個執行緒，即 64 個執行緒束或 32 個執行緒區塊，並為這些執行緒提供了 65536 個暫存器和最多 96KB 的共享記憶體。如果一個核心函數使用了 2048 個執行緒且每個執行緒使用超過 32 個暫存器，那麼就會超過一個可程式化多處理器內部暫存器數量；如果每個執行緒束佔用的共享記憶體超過 1536B，那麼共享記憶體的資源無法支撐足夠多的執行緒束在可程式化多處理器中執行。最終執行時可達到的執行緒平行度是由執行緒區塊、執行緒、暫存器和共享記憶體中允許的最小平行度決定的。由於並不是所有資源都能夠同時達到滿載，因此對非瓶頸的資源來說存在一定的浪費。

當可程式化多處理器中有眾多執行緒束且處於就緒態 (或活躍) 時，需要排程器從其中挑選出一個。這個被選中的執行緒束會在接下來的執行週期中根據它的 PC 發射出一行新的指令來執行。從整個可程式化多處理器角度看，由於排程器每個週期都可以切換它所選擇的執行緒束，不同執行緒束的不同指令可能會細微性地交織在一起，而同一個執行緒束的指令則是循序執行的，如圖 3-22 所示。排程器需要根據 GPGPU 的架構特點設計合適的策略來做出這個選擇，盡可能保證 SIMT 執行單元不會空閒。

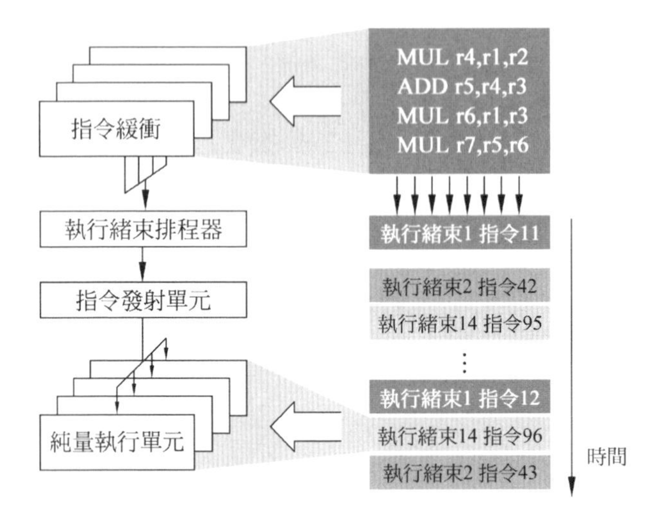

▲ 圖 3-22 排程器的工作原理和執行緒束指令交錯執行

3.4.2 基本的排程策略

簡單來講，GPGPU 執行緒束排程器的職責是從就緒的執行緒束中挑選一個或多個執行緒束發送給空閒的執行單元。這個過程看似簡單，但由於連接了指令取指和執行兩個關鍵步驟，排程器的選擇會涉及整個 GPGPU 執行過程的多方面，對 GPGPU 的性能有著重要的影響。

首先一個問題是，什麼樣的執行緒束可以認為是就緒的？在處理器中，一行就緒的指令一般需滿足以下三個基本條件：下一行指令已經取到，指令的所有相關性都已解決，以及指令需要的執行單元可用。在 GPGPU 架構中，就緒的執行緒束也類似。根據 NVIDIA 對發射停頓原因的描述，主要有以下一些原因。

(1) Pipeline busy，指令執行所需的功能單元正忙。

(2) Texture 單元正忙。

(3) Constant 快取缺失，一般說來會在第一次存取時缺失。

(4) Instruction Fetch，指令快取缺失，一般只有第一次執行存取容易缺失。舉例來説，跳躍到新的地方或是達到指令快取行的邊界。

(5) Memory Throttle，有大量儲存存取操作尚未完成，為了不加劇性能損耗導致儲存指令無法下發。這種原因造成的停頓可以透過合併記憶體事務來緩解。

(6) Memory Dependency，由於請求資源不可用或滿載導致 load/store 無法執行，可以透過儲存存取對齊和改變存取模式來緩解。

(7) Synchronization，執行緒束在等待同步指令，如 CUDA 中的 _syncthreads() 要求執行緒區塊中的所有執行緒都到達後才能統一繼續執行下一行指令。

(8) Execution Dependency，輸入依賴關係還未解決，即輸入值未就緒。這與 CPU 中的資料相關是類似的。

只有消除了上述原因的執行緒束才可能被認為是可以發射的。透過對這些停頓的動態統計分析 (profiling)，架構設計者可以獲知特定的核心函數性能損失的原因。舉例來説，在儲存受限型的應用中，儲存依賴 (memory dependency) 的佔比往往會很高，此時 GPGPU 的性能大幅受限於存取記憶體。當然，問題溯源是為了改進。一方面，程式設計人員可以根據分析的結果來最佳化核心函數的程式，另一方面，架構設計者可以獲得對微架構進一步的最佳化方向。

在獲知執行緒束就緒後，排程器又是執行原理的呢？根據指令管線的介紹，從指令快取中讀取到的指令一般會被存放在一個小的指令解碼緩衝區中。如圖 3-23 所示，這個指令解碼緩衝區可以採用一個簡單的表結構，記錄數目與可程式化多處理器所允許的最大執行緒束的數量相關。每個記錄包含了一個執行緒束的基本資訊，包括執行緒區塊 ID、執行緒束 ID 和執行緒 ID。由於所有執行緒使用同一個核心函數，所以這些資訊主要用來判斷執行緒執行的進度、是否已經完成及生成邏輯暫存器到物理暫存器的映射等，以便能夠存取到各自執行緒束的物理暫存器。在指令解碼緩衝區中，每個執行緒束可能會儲存幾筆待執行指令，減少發射停頓的可能。

ID	PC	解碼後指令	Ready	Valid

▲ 圖 3-23 執行緒束排程器項目的基本結構

當一行執行緒束指令解碼完成後，會設定有效欄位 (valid) 表明該指令有效，然後實施就緒檢查以決定是否可以發射。如果可以，設定就緒欄位 (ready) 表明該指令已經就緒，等待排程器的選擇和發射；否則該指令就一直在指令緩衝區中等待直到就緒欄位被設定。當一行就緒的執行緒束指令發射後，執行緒束排程器會將該記錄清除，並通知取指單元載入新的指令進來，對指令解碼並重複上述的操作。不同的執行緒束指令可能執行的進度並不一致，因此會導致每個執行緒束的 PC 欄位並不相同，因此需要在指令解碼緩衝區設定足夠多的項目，保留每個執行緒束執行的進度。

那麼在許多就緒的執行緒束中，排程器是如何做出選擇的呢？早期的執行緒束排程器往往採用基本的輪詢 (Round-Robin，RR) 排程策略。如圖 3-24 所示，它在排程過程中，對處於就緒狀態的執行緒束 0、1、3、4、5 都指定相同的優先順序，並按照輪詢的策略依次選擇處於就緒狀態的執行緒束指令進行排程，完成後再切換到下一個就緒執行緒束，如執行緒束 0、1、3、4、5 都執行完成第 1 行指令 (指令 0) 後再重複上述過程直到執行結束。與之相對應的另一種策略稱為 GTO(Greedy-Then-Oldest)。該策略允許一個執行緒束按照貪心策略一直執行到不能執行為止。舉例來說，當執行緒遭遇了快取缺失，此時排程器再選擇一個最久未排程的執行緒束來執行，如果再次停頓再排程其他執行緒束，直到執行結束。圖 3-24 對比了兩種策略的不同。在該例子中，GTO 排程器首先選擇了執行緒束 0 的前 3 行指令執行，直到無法繼續執行指令 3，此時再切換到執行緒束 1 的前 3 行指令執行。在這個過程中，執行緒束 2 由於某種原因始終未能就緒，因此它的就緒欄位不會被設定，無論哪種排程器都不會排程它。執行緒束的生命週期起始於它被分配到可程式化多處理器上的時刻，因此一個執行緒區塊內的執行緒束具有相同的生命週期。實際上，GTO 排程與輪詢排程可以認為是兩種極端情況。但兩者都存在一定的問題，後面的內容將對這些不足和改進方法展開更為細緻的討論。

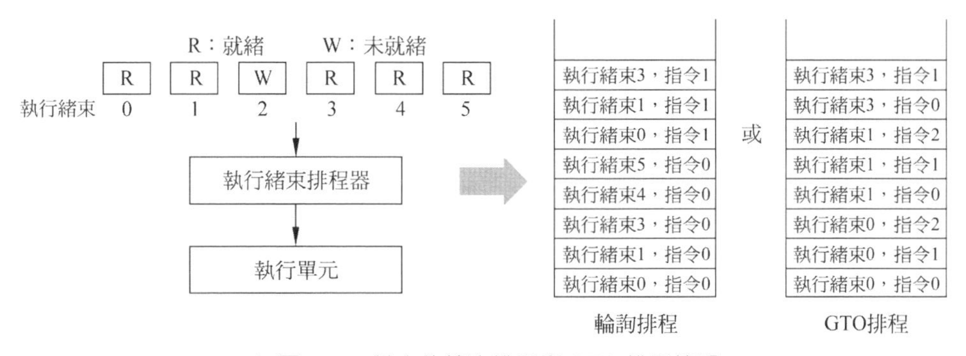

▲ 圖 3-24 基本的輪詢排程和 GTO 排程策略

3.4.3 擴充討論：執行緒束排程策略最佳化

GPGPU 的執行性能與執行緒束的排程之間關係密切。執行緒束排程的主要功能是選擇合適的執行緒束發射執行，但這個「合適」卻很難舉出具體的定義，整體上以改善性能和功耗為目標。合適的排程策略和排程器設計需要綜合考慮硬體設計的複雜度、銷耗及程式執行過程中多種複雜的情況，比如，掩藏長延遲時間操作以提高吞吐量、發掘資料區域性以降低延遲時間、執行緒執行進度的平衡等，從而獲得性能和功耗的最佳化。

在 GPGPU 架構中，資料的存取記憶體延遲時間仍然是影響性能的主要因素，而發掘資料的區域性則是改善存取記憶體延遲時間最有效的手段之一。由於 SIMT 架構的特點，一般來講核心函數中往往存在兩種資料區域性：執行緒束內區域性 (intra-warp locality) 和執行緒束間區域性 (inter-warp locality)。當資料被一個執行緒存取後，如果不久之後還會被同一執行緒束中的其他執行緒再次存取則稱為執行緒束內區域性，而如果再次存取的是其他執行緒束中的執行緒則稱為執行緒束間區域性。注意這裡所謂的「再次存取」可能是這個資料本身，也可能是相鄰位址的資料，因此是包含了時間和空間兩種區域性而言的。執行緒束內區域性主要源於執行緒束內的執行緒往往是連續分配的，會線性地存取連續的位址空間，因而易於透過合併操作命中同一個快取行；而執行緒束間區域性往往是由於執行緒區塊中的執行緒束也具有類似的位址連續特性。回顧輪詢和 GTO 兩種排程策略，其實兩者就是發掘執行緒束內區域性和執行緒束間區域性的不同表現：輪詢策略透過執行不同執行緒束的同一行指令，較好地獲得了執行緒束間區域性；而 GTO 策略則更多地考慮了執行緒束內的區域性。到底哪種因素更重要、對性能的影響更大則要根據實際執行程式的特點決定。

GPGPU 架構採用大規模執行緒的設計初衷就是希望能夠利用執行緒的快速切換達到掩藏存取延遲時間的目的，從而保證或提高吞吐量。然而，基本的輪詢排程策略並不能極佳地達到這一效果。考慮圖 3-25 的情形，使用輪詢策略對 16 個執行緒束 W0，W1，…，W15 進行排程，每個執行緒束中 I0~Ik-1 均為運算指令，Ik 為存取記憶體指令。首先，排程器依次排程各執行緒束的指令 I0，16 個週期後再依次排程各執行緒束執行指令 I1。重複上述過程，直到 16×(k-1) 個週期後，所有執行緒束先後進入存取記憶體指令 Ik，執行長延遲時間操作，假設相鄰執行緒束執行 Ik 指令僅相差一個週期，顯然執行緒束 W0 的存取記憶體操作幾乎不可能在 16 個週期內完成，而此時也沒有更多可供排程的執行緒束來隱藏存取記憶體延遲，這導致管線陷入了一段較長時間的空閒。考慮到儲存存取的延遲時間往往需要幾十甚至上百個時鐘週期，除非有大量執行緒束可供排程，否則很容易導致延遲時間不能被有效地掩蓋。這反映出輪詢排程策略對長延遲時間操作的容忍度還不夠高。

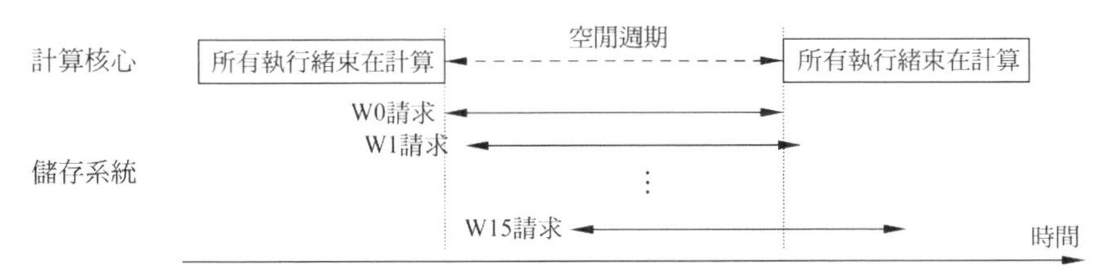

▲ 圖 3-25 基本的輪詢排程存在的問題

與之相對，GTO 策略則傾向於讓一個執行緒束儘快執行。當遭遇了長延遲時間操作時，其他執行緒束還可以有更多的指令 (如上例中的 I0~Ik-1) 用於掩藏延遲時間，從而提供一定程度的改進。但 GTO 策略可能會破壞執行緒間區域性，在快取記憶體很小的情況下可能會導致快取資料重用不足甚至抖動現象，這反而拉長了平均存取記憶體延遲時間，使得這些本來可以避免的存取記憶體缺失反而需要更高的執行緒平行度來掩蓋。

因此，GPGPU 執行緒束的排程往往需要解決兩方面的問題。

(1) 排程策略需要能夠首先判別出執行過程中影響性能的主要因素。
(2) 排程器能夠以簡單的硬體邏輯運用輪詢和 GTO 策略或兩者的結合取得更好的性能。

兩者相互依賴，因為排程器需要專門的硬體對某些指標進行動態統計，回饋給排程器進行策略的調整。執行緒束排程作為執行緒切換的最小細微性，在這方面也有很大的空間。本節介紹了對快取缺失、指令停頓等指標的統計，並調整排程策略的案例，來幫助讀者理解執行緒束排程策略和排程器設計的要點。

1. 利用平行性掩藏長延遲時間操作

在 GPGPU 架構中，輪詢和 GTO 排程策略都比較理想化，面對複雜情況時顯示出諸多不足。基於兩者的基本思想，針對長延遲時間操作的掩藏有以下幾種改進的排程策略。

1) 兩級輪詢排程

基於輪詢的排程策略可以保證執行緒束排程的公平性，允許相鄰的執行緒、執行緒束和執行緒區塊相繼執行。如果程式具有良好的空間區域性，這種方式利於挖掘資料的空間區域性。但資料區域性特徵只能一定程度上改善存取記憶體延遲時間，並不能改善 GPGPU 對長延遲時間操作的掩藏能力。

為了解決輪詢排程策略在應對長延遲時間操作時表現不佳的問題，文獻 [10] 設計了一種兩級執行緒束排程 (two-level warp scheduling) 策略，它將所有執行緒束劃分為固定大小的組 (fetch group)，組間基於優先順序順序的策略進行排程，但本質上還是輪詢策略。在初始條件下，第 0 組優先順序最高，第 1 組次之……。第 0 組將優先得到排程，當該組中所有執行緒束依次執行到存取記憶體指令時，將該組的優先順序降至最低。同時指定第 1 組最高優先順序，組內每個執行緒束權重相等，同樣按照輪詢策略排程，依此類推。排程器透過修改各組的優先順序，切換到下一個優先順序最高的組並執行，達到了隱藏延遲時間、縮短管線閒置時間的目的。圖 3-26 仍然採用圖 3-25 中 16 個執行緒束的例子，分為 2 組，每組包含 8 個執行緒束。第 0 組擁有較高優先順序，第 1 組優先順序次之。排程器優先選取第 0 組排程，組內按照輪詢策略依序執行各個執行緒束的指令 I0、指令 I1……直到組內 8 個執行緒束都執行到存取記憶體指令 Ik 時，將第 0 組的優先順序置為最低，然後指定第 1 組最高優先順序並排程執行。此時還有 8 個執行緒束，每個執行緒束也有足夠的指令 (I0~Ik-1) 可供排程，從而更進一步地掩藏第 0 組存取記憶體操作帶來的長延遲時間，因此兩級輪詢排程總用時更短。在這個例子中，理想情況下節省的時間約為組 1 計算的時間。

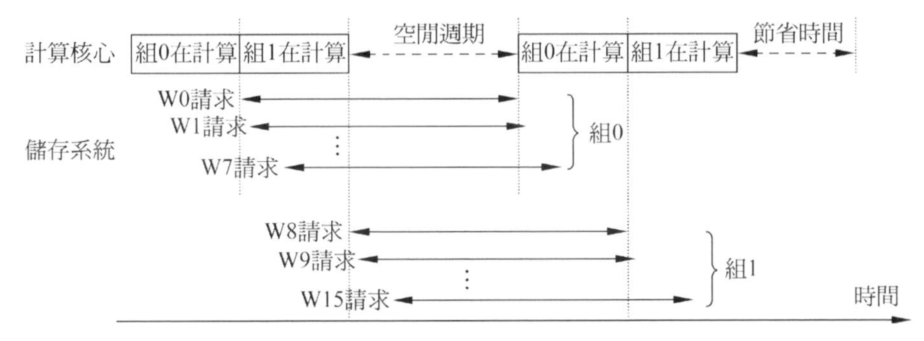

▲ 圖 3-26 兩級輪詢排程改善了長延遲時間操作掩藏的能力

這種兩級排程策略是對基本輪詢排程策略的一種改進，實作起來也相對簡單。排程策略透過將各個組的長延遲時間操作分隔開，使存取記憶體指令可以分批次更早地發射執行，將後繼組的運算階段和前置組的存取記憶體階段重疊起來，提高了長延遲時間操作的掩藏能力。同時組內和組間仍採用輪詢的方式，讓相鄰執行緒束相繼執行，盡可能地保證資料的空間區域性。

組規模的設定也存在影響：當組內執行緒束數量過少時，載入到 DRAM 行緩衝區的資料不能得到充分利用，且執行緒束級平行度過低；如果偏向另一個極端，即組內執行緒束數量過多時，最壞情況退化到基準輪詢排程策略，則兩級排程的優勢將被弱化，對長延遲時間操作的容忍度降低。這個設定值的選擇針對具體的案例也可能有所不同，這在排程器中也要有所考慮。

2) 執行緒區塊感知的兩級輪詢排程

與兩級輪詢排程策略類似，文獻 [16] 同樣從提高 GPGPU 對長延遲時間操作的容忍能力出發，提出了另一種兩級排程策略——執行緒區塊感知的兩級執行緒束排程 (CTA[4]-aware two-level warp scheduling)。與前者不同的是，該策略兼顧了執行緒區塊間資料的分佈特點而試圖利用執行緒區塊間的資料區域性，所以將第一級 (對應於兩級輪詢排程中的「組」級) 設定為執行緒區塊級，即分組時將若干存在資料區域性的執行緒區塊分配到同一組中。對應地，下一級 (對應於兩級輪詢排程中的執行緒束級) 仍設定為執行緒束級，每個執行緒區塊內包含若干執行緒束，以此作為該策略下的第二級進行排程。該策略之所以沿用「兩級輪詢排程」的名稱，是因為它在兩個等級的排程方面仍然選取了輪詢策略。組一級執行緒區塊之間按照輪詢策略進行排程，當前置組中所有執行緒束都因長延遲時間操作而被阻塞時，排程器切換到下一組執行緒區塊並繼續執行。執行緒區塊內的執行緒束具有相等的優先順序，執行緒束級同樣按照輪詢策略排程執行。這種方法在理念上與兩級輪詢排程相同，可以認為是在具體操作層面上的改進。

3) 結合資料預先存取的兩級排程策略

預先存取作為掩蓋長延遲時間存取記憶體操作的技術，被廣泛應用於 CPU 中。在 GPGPU 中，如果執行緒束排程和預先存取策略配合不當，會導致需要預先存取執行緒束的排程時機與當前正在執行的執行緒束過於接近，使得延遲時間不能被充分掩藏。如圖 3-27(a) 所示，假設有 8 個執行緒束 W0~W7 需要從 2 個 DRAM 板塊中讀取不同的資料區塊 D0~D7。一般情況下，連續執行緒束的資料在 DRAM 中往往具備空間區域性。假設 W0~W3 的資料區塊儲存在板塊 0 中，W4~W7 的資料區塊儲存在板塊 1 中。基本的輪詢排程策略較好地保留了這種空間區域性和板塊平行性，即當 W0~W3(W4~W7) 需求的資料在板塊 0(板塊 1) 的同一行時，一次讀取就可以讀出 W0~W3(W4~W7) 所有所需的資料，並且板塊

4　執行緒區塊有時也被稱為 CTA(Cooperative Thread Array, 協作執行緒組)。

0 和板塊 1 的讀取可以平行。但輪詢排程有時並不能極佳地與預先存取策略結合，如圖 3-27(b) 所示。當一個執行緒束，如 W0 存取全域記憶體時，預先存取器會預先存取下一個連續的資料區塊 P1，可能就是下一個將要被排程的執行緒束所需要的資料。但因為輪詢排程中連續執行緒束的排程時間非常接近，在發出預先存取請求不久後需要該資料的執行緒束就會被排程，導致這個預先存取並不能有效地減少該執行緒束等待資料的時間，降低了預先存取的品質。類似的情況在基於輪詢的兩級排程中依然存在。

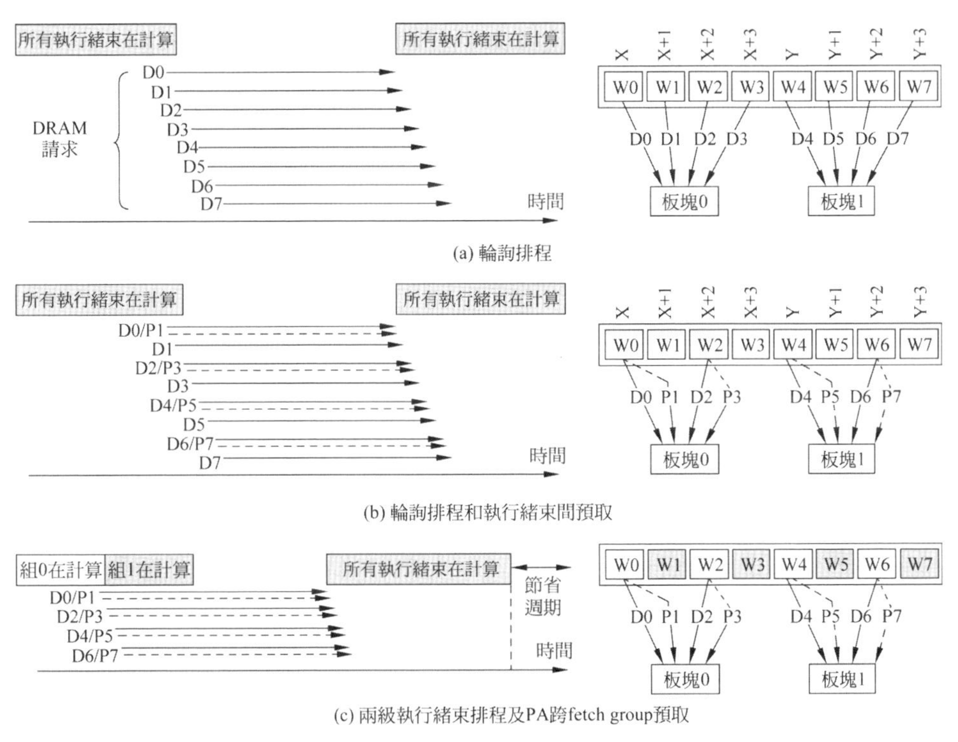

▲ 圖 3-27 輪詢排程和預先存取

文獻 [17] 對於這種執行緒束排程和預先存取策略配合不當的問題提出了一種預先存取感知的排程方式 (prefetch-aware warp schedule)。它採用兩級排程策略，將執行緒束分組以便將連續的執行緒束隔開，比如W0/W2/W4/W6 為組 0，W1/W2/W5/W7 為組 1。假設按照兩級輪詢優先排程第 0 組配合簡單預先存取策略，如圖 3-27(c) 所示，在 W0 請求存取全域記憶體時，對 W1 的預先存取 P1 也一樣被發出，而 W1 真正被排程時已經在組 0 的執行緒束全部進入停頓之後，一部分預先存取時間已經被執行時間掩蓋，從而能夠提高預先存取品質。等到組 0 的資料和預先存取資料傳回後，所有的執行緒束都可以計算。

2. 利用區域性提高單晶片資料重複使用

雖然 GPGPU 強調執行緒平行性和計算的吞吐量，但利用資料的區域性對提升性能來講也非常重要，因為當資料被載入到單晶片儲存尤其是 L1 資料快取後，如果能有效地重用這些資料提高快取的命中率，既可以減少存取記憶體的延遲時間，又可以減少重複的存取記憶體操作，相當於減少了長延遲時間存取記憶體操作的次數，這也是 GPGPU 中增加了快取元件的重要原因。

雖然快取在通用場景下對資料重用很重要，但一般來講，可程式化多處理器內部的 L1 資料快取容量往往都很小，只有幾十到幾百 KB 規模。考慮到一個可程式化多處理器中巨大的執行緒數目，每個執行緒能夠分配到的 L1 資料快取容量往往只有幾個位元組。根據快取的 3C 模型，這顯然會帶來嚴重的快取衝突問題。為了能夠利用快取降低存取記憶體延遲時間，一種方法就是透過降低同時活躍的執行緒區塊或執行緒束數目來提高每個執行緒區塊或執行緒束所分配到的快取容量，進而提高 L1 快取的命中率，獲取 GPGPU 整體執行效率的提升。這種技術也稱為「限流」(throttling) 技術。對快取敏感的核心函數來說，限流技術透過提高 L1 資料快取的命中率，可能會帶來良好的性能提升，同時還可以與執行緒束排程極佳地結合。

針對本節開始提到的兩種典型的資料區域性，有研究對快取敏感型應用的存取記憶體行為進行了統計分析，發現執行緒束內區域性現象比執行緒束間區域性更為普遍，因此可以充分利用執行緒束內區域性改善快取敏感型應用的性能。傳統的 GTO 策略雖然一定程度上利用了執行緒束內的區域性，但它缺少存取記憶體情況的主動回饋，無法指導排程器根據實際的存取記憶體情況進行策略的調整。文獻 [18] 針對這一問題提出了一種快取感知的排程策略 (Cache-Conscious Wavefront Scheduling，CCWS)。CCWS 透過限制可程式化多處理器中可以發射存取記憶體指令的活躍執行緒束數量，保證 L1 快取中的資料得到更為充分有效地重複使用，提高存取記憶體命中率。

CCWS 是一種帶有回饋機制的、可動態調整的執行緒束排程方案，其核心設計思想是，如果執行緒束發生快取區域性缺失，則為它提供更多的快取資源，以降低可能重複使用的資料被替換出快取的可能性。為此，該方法設計了一套評分系統用以量化區域性遺失的情況。圖 3-28 顯示了這個評分系統在執行時期實施執行緒束限流的一種可能狀態：在初始 T0 時刻，執行緒束 W0~W3 的區域性分值 (Lost-Locality Score，LLS) 相同，因此具有平等的優先順序。T0 至 T1 時刻，W2 執行中發生了區域性遺失，則為其指定一個更高的分值，並將分值最高的 W2 置於堆疊底優先考慮。另外，虛線表示允許發射存取記憶體指令的累積分數上限。可以看到，此時分值更低的 W3 被「頂」出了上界，因而不能發射存取記憶體指令，從而該 L1 資料快取所支援的執行緒束數量就從 4 個減少為 3 個，讓 W2 獲得了更充裕的快取資源，達到了限流的作用。

為了實作 CCWS 的排程策略，該文獻設計了執行緒束內區域性遺失檢測器 (Lost Intra-Wavefront Locality Detector，LLD) 和區域性評分系統 (Locality Scoring System，LSS) 兩個主要的元件。LLD 用於檢測遺失區域性的執行緒束。它本質上是一個僅儲存快取標籤 (tag) 的受害者快取 (victim cache)：每個執行緒束都擁有一個受害者標籤列 (Victim Tag

Array，VTA)，當 L1 快取中某一快取行被逐出時，將該行的標籤寫入對應執行緒束的 VTA 中。若此後這個執行緒束發射的存取記憶體指令在 L1 快取中再次發生缺失，又恰好被 VTA 所「捕捉」，即表明存取的資料已被逐出 L1 快取，該執行緒束發生了一次區域性遺失。如果能夠為該執行緒束提供更多的獨佔 L1 快取資源，則可能避免上述情形的發生，從而尋找到遺失區域性的執行緒束，為 CCWS 排程提供最佳化的物件。LSS 屬於 LLD 的「下游」模組，它接收 LLD 發現的區域性遺失執行緒束並將其回饋到執行緒束的評分上。該模組透過累計分值和邊界設定值的大小關係來實作限流。

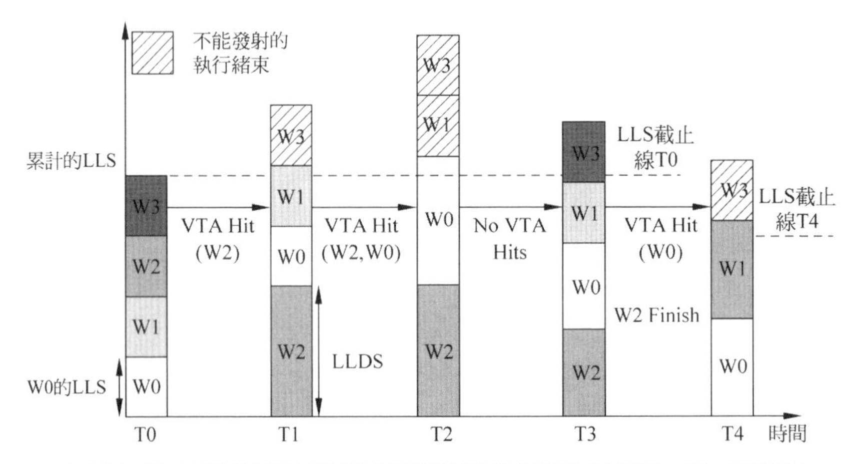

▲ 圖 3-28 區域性評分系統執行時期實施執行緒束限流的一種可能狀態

如圖 3-28 所示的例子，當接收到來自 LLD 的判斷訊號後，將對應執行緒束的分數提高到 LLDS(Lost-Locality Detected Score)，例如將 W2 的分值置為 LLDS。此後若該執行緒束在短期內不再發生區域性遺失，則每個週期降低分數，直到減為初始分值為止。當然，若在恢復過程中又發生了一次區域性遺失，則其分數將被重新置為 LLDS。為了限制流多處理器內可以發射存取記憶體指令的執行緒束數量，還需要設定一個「上限」，稱為累計分數截止線 (cumulative LLS cutoff)，它可以將超過上限的執行緒束過濾掉，即遮罩這些執行緒束的存取記憶體機會，為遺失區域性的執行緒束提供更多的獨佔存取記憶體機會。由於 W2 增加的分值將 W3 推出了累積分數截止線，W3 的 "Can Issue"(可發射) 位元被清空為 0，因而 W3 被暫時遮罩不可以發射存取記憶體指令。在 CCWS 中，各種參數的設計對於性能有著直接的影響。對於這些參數的量化設計細節，可以參見文獻中的詳細論述。

CCWS 排程策略透過對執行緒資料的合理限流達到增加 L1 快取容量的目的，有效地提升了 L1 資料快取的命中率，從另一個角度提高了存取記憶體指令的執行效率。但也可以看到，CCWS 的方法需要較多的儲存資源來記錄 LLD 和 LSS 的各種資訊，硬體結構也相對複雜，而且僅考慮了 L1 資料快取的區域性問題，這在實際設計中需要仔細權衡。

3. 執行緒束進度分化與排程平衡

在理想情況下，GPGPU 中不同執行緒束的執行路徑完全相同，執行時間也類似。但有些時候，執行緒束的執行進度也會表現出較大的差別。舉例來說，在遭遇同步柵欄或執行緒分支時，不同的執行緒束執行出現分化。由於 GPGPU 依照執行緒區塊為細微性分配處理器資源 (如暫存器檔案、排程記錄等)，如果一個執行緒區塊中不同執行緒束之間執行進度差異很大，先執行完成的執行緒束就會一直等待後完成的執行緒束而長期佔用處理器資源。這不僅會導致資源閒置，還會造成可用資源不足、平行度降低等問題。因此，在執行緒束執行進度差異較大時，平衡不同執行緒束的執行進度對改善 GPGPU 的性能來說也是一個重要的因素。

1) 多排程器協作策略

前面介紹的排程策略都是針對一個執行緒束排程器的情況。當可程式化多處理器中有多個排程器時，如果缺乏相互協作也可能會導致執行過程不夠高效。圖 3-29(a) 展示了一個單排程器的情形，記為 SC0。當一個執行緒區塊 TB0 被分配到可程式化多處理器上時，其內部執行緒束需要到達同步柵欄點 (Sync1 和 Sync2) 後繼續執行。其中，1st hit 表示 TB0 的第一個執行緒束到達同步點，clear 表示 TB0 的最後一個執行緒束到達同步點即可「清除」，這時 TB0 所有執行緒束可以繼續執行。圖 3-29(b) 則展示了雙排程器 (SC0 和 SC1) 的情形，此時 TB0 的執行緒束可能會被分配到兩個排程器上且兩邊排程順序並不相同。在排程器 SC0 上，一個執行緒束第一次到達同步點 1，記為 1st hit Sync1，而後 SC1 上的執行緒束也遇到了同步點 1，記為 local 1st hit Sync1。SC0 和 SC1 分別執行 TB0 剩餘的執行緒束並在其中一個排程器完成執行後等待，直到另一個排程器清除同步點 1 為止。由於兩個排程器之間彼此獨立，1st hit 和 clear 之間的時間間隔可能會很長，這可能導致管線停頓。更糟糕的是，由於 SC1 並不知道 SC0 排程了 TB0 的執行緒束，SC1 將自由地排程其他執行緒區塊，使得 SC0 上 TB0 的等待時間更長。為便於分析，這裡將從 1st hit 到 clear 等待的總時長劃分為 2 個階段：p1 和 p2，local 1st hit 作為兩段時間的分割點。透過對不同排程策略下 p1 和 p2 時長的統計發現平均情況下 p1 佔據總時長的比例高達 85%~90%。

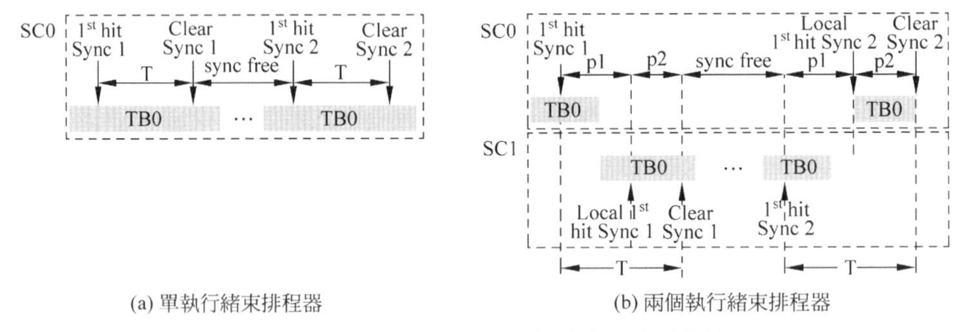

(a) 單執行緒束排程器　　(b) 兩個執行緒束排程器

▲ 圖 3-29 排程器處理同步柵欄時產生空閒的例子

根據以上分析不難發現，p1 和 p2 兩個階段是相互獨立的，二者不存在相關性。對於 p1，它反映的是執行緒區塊間排程的銷耗，其主要原因是排程器之間缺乏協作，即當執行緒區塊 TBx 的某個執行緒束在排程器上第一次執行到同步點時，其他排程器無法感知也無法即時將 TBx 提前執行。針對這個問題，文獻 [19] 提出為每個執行緒束排程器設計一個優先順序佇列，不同執行緒區塊的執行緒束按照優先順序從高到低的順序排列，其中同一執行緒區塊內的執行緒束優先順序相等。當 TBx 中的某個執行緒束第一次執行到同步點時，將其優先順序降至最低並移到佇列尾部，同時提高所有排程器中 TBx 的執行緒束優先順序，在不先佔執行的情況下將 TBx 的執行緒束移動到各佇列的首部，這樣可以更快地被排程執行以達到減小 p1 的目的。對於 p2，遲滯當前執行緒區塊清除同步點的主要原因在於阻塞的執行緒束恢復後無法即時得到排程。為此，排程器應保持 TBx 的優先順序不變。一旦執行緒束恢復到準備狀態，則立即恢復對 TBx 的排程。

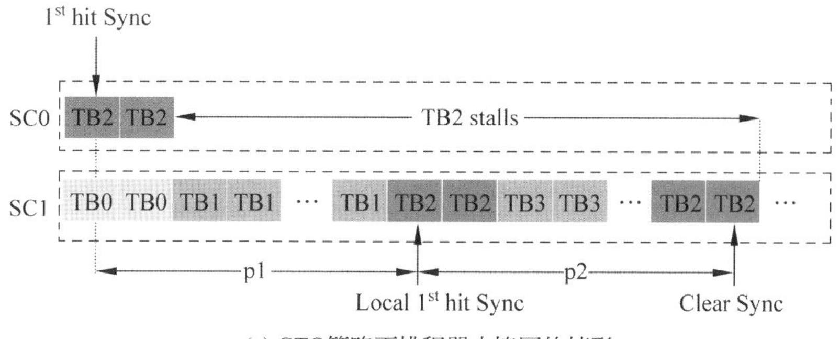

(a) GTO策略下排程器未協同的情形

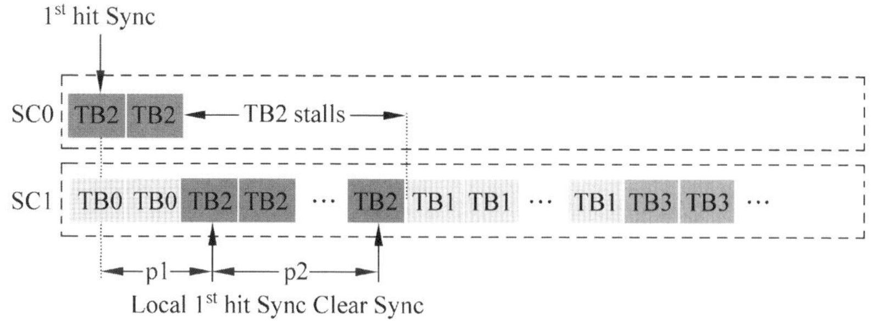

(b) GTO排程策略下採用多執行緒束排程器協同

▲ 圖 3-30 多執行緒束排程器協作對程式執行性能的影響

圖 3-30 展示了多執行緒束排程器協作的優勢，其中圖 3-30(a) 為 GTO 策略下排程器未協作的情形，當 SC0 上 TB2 第一次遇到同步點 Sync 時，SC1 中 TB2 的執行緒束仍位於 TB0 和 TB1 的執行緒束後面，同時 SC1 上 TB2 的執行緒束並不連續，使得 p1 和 p2 都比較長。如圖 3-30(b) 所示，採取了多執行緒束排程器協作策略後，SC1 中 TB2 的執行緒束被提前到 TB0 之後執行 (因為此時 TB0 的執行緒束尚未執行完畢)，這大大縮短了 p1。此外 TB2 的所有執行緒束都被提前，使得原本不連續的執行緒束彼此相鄰，p2 也被明顯縮短，改善程式的執行性能。

2) 執行緒束動態均衡排程策略

實際上，執行緒執行進度的分化在一個排程器下也會出現。一個進度分化的原因在於單一執行緒區塊內的執行緒束由於儲存系統存取的不確定性，即使採用輪詢排程，不同執行緒束的執行進度也可能存在較大差異。另外一個進度分化的重要原因就是在執行緒同步柵欄處或在分支執行緒重聚的位置，執行快的執行緒束先到達，等待執行慢的執行緒束。在此期間先到達的執行緒束並不會釋放其佔有的硬體資源 (如暫存器檔案)，導致大量資源被閒置浪費。而且當越來越多的執行緒束到達柵欄或重聚點而不得不等待時，活躍執行緒束的數量也變得越來越少而不足以掩藏長延遲時間操作，導致管線的輸送量明顯降低。因此，需要一種動態協調執行緒束執行進度的方法，縮小最快和最慢執行緒束之間的執行差距。

文獻 [20] 提出了一種基於執行時期動態感知執行緒束進度的排程策略——關鍵性感知的執行緒束協調加速 (Coordinated criticality-Aware Warp Acceleration，CAWA)。其中，執行緒束的「關鍵性」(criticality) 反映的就是執行緒束執行時間的長短，執行時間最長 (即執行最慢) 的執行緒束被稱為關鍵執行緒束 (critical warp)，因為這個執行緒束往往決定著當前整個執行緒區塊的執行時間。一個簡單的方法就是給予關鍵執行緒束更高的排程優先順序，分配更多的硬體和時間資源給它，最大限度滿足其執行需求。

首先，為了在執行時期判定一個執行緒束是否關鍵，文中提出了一種稱為關鍵度預測的度量方法來為每個執行緒束維護一個關鍵性度量值 (criticality counter)。影響執行緒束關鍵性的因素主要來自兩方面：執行緒分支導致的工作負載差異和共享資源競爭引入的停頓。對於前者，當指令執行遇到分支時，不同分支路徑內指令數量多數情況下是不相等的，可以直觀地用指令數目作為判據之一。哪個路徑的指令多，其對關鍵度的影響越大。對於後者，即存取共享資源發生競爭造成執行緒束空閒等待，也增加了其躍升為關鍵執行緒束的可能。綜合以上兩方面影響因素，可以得到對執行緒束關鍵性的度量。

基於對執行緒束關鍵度的判別，該文獻提出了一種基於 GTO 的關鍵性感知執行緒束排程策略，稱為 greedy Criticality-Aware Warp Scheduling(gCAWS)。在 GTO 策略中，排程器會盡可能選擇同一個執行緒束執行，其他就緒的執行緒束需要等待，這種策略沒有考慮執行緒束的關鍵性問題。gCAWS 策略改進了排程選取執行緒束的機制，每次選擇關鍵度最高的執行緒束執行，即給予關鍵執行緒束以更高的排程優先順序。當關鍵度最高的執行緒束有多個時，按照 GTO 策略選擇生命週期最長的執行緒束執行。在執行時，不斷更新關鍵度的值，以便發現新的更為關鍵的執行緒束進行排程。可以看到，gCAWS 在排程上同時滿足了關鍵執行緒束和生命週期最長執行緒束的急迫需求，有利於在執行緒束執行分化時的排程平衡。

3.5 記分板

在 GPGPU 指令管線中，為了防止由於資料相關而導致的管線執行錯誤，GPGPU 需要在指令發射階段檢查待發射的指令是否與正在執行但尚未寫回暫存器的指令之間存在資料相關。一般會採用記分板或類似技術避免指令間由於資料相關帶來的競爭和冒險。本節將重點討論記分板技術及它在 GPGPU 架構下的設計方法。

3.5.1 資料相關性

在管線執行中，指令之間的資料相關會對指令級平行產生直接影響。舉例來說，當程式中兩行相近的指令存取相同的暫存器時，指令的管線化會改變相關運算元的存取順序，可能會導致管線化執行得到不正確的結果。為保證程式正確執行，存在資料相關的指令必須按照程式順序來執行。在通用處理器中，暫存器資料可能存在三種類型的相關：寫後讀、寫後寫和讀後寫，都可能會導致冒險。

(1) 寫後讀 (Read After Write，RAW)，也稱真資料相關 (true dependence)。按照程式順序，某個特定暫存器的寫入指令後面為該暫存器的讀取指令。若讀取指令先於寫入指令執行，則讀取指令只能存取到未被寫入指令更新的暫存器舊值，從而產生錯誤的執行結果。因此，為保證讀取指令可以獲取正確的值，必須保持程式順序，即先寫後讀。

(2) 寫後寫 (Write After Write，WAW)，也稱名稱相關 (name dependence)。按照程式順序，寫入指令 1 後為寫入指令 2，並且都會更新同一個目的暫存器。若寫入指令 2 先於寫入指令 1 執行，則最後保留在目的暫存器中的是寫入指令 1 的結果，這與程式循序執行的語義不符。為了避免這一問題，可以要求指令按照程式循序執行，即先執行寫入指令 1，後執行寫入指令 2。

(3) 讀後寫 (Write After Read，WAR)，也稱反相關 (anti-dependence)。按照程式順序，對某個特定暫存器的讀取指令後面為該暫存器的寫入指令。若寫入指令先於讀取指令執行，則讀取指令將獲取到更新後的暫存器值，產生錯誤的執行結果。為了避免這一問題，可以要求指令按照程式循序執行，即先執行讀取指令，讀取後執行寫入指令。

實際上，存在 WAW 相關和 WAR 相關的兩行指令之間並沒有真正的資料傳遞，而是由於採用了相同的暫存器編號，將兩行不相關的指令人為地聯繫到一起。因此，除保守地維持指令原來的順序之外，還可以透過暫存器重新命名 (register renaming) 技術消除 WAW 和 WAR 相關。程式 3-3 展示了暫存器重新命名的程式範例。可以看到，add.s32 使 r8 和 sub.s32 使用 r8 存在 WAR 相關，可以將 sub.s32 指令中的 r8 重新命名為 t; ld.global.s32 使用 r6 和 mul.s32 使 r6 存在 WAW 相關，可以將 ld 指令中的目標暫存器重新命名為 s。透過分配不同的暫存器，就可以消除管線執行中可能發生的 WAW 和 WAR 相關，也使得指令的動態排程成為可能。

⬇ 程式 3-3 採用暫存器重新命名技術消除 WAW 和 WAR 相關的範例

// 採用暫存器重新命名技術之前	// 採用暫存器重新命名技術之後
`div.s32 %r0,%r2,%r4`	`div.s32 %r0,%r2,%r4`
`add.s32 %r16,%r4,%r8`	`add.s32 %r16,%r4,%r8`
`ld.global.s32 %r6,array[r1]`	`ld.global.s32 s,array[r1]`
`sub.s32 %r8,%r10,%r14`	`sub.s32 t,%r10,%r14`
`mul.s32 %r6,%r10,%r12`	`mul.s32 %r6,%r10,%r12`

在管線的硬體結構中，指令排程階段需要增加專門的硬體來檢測和處理資料相關性問題，以避免管線執行錯誤。一般來講，CPU 設計中經典的記分板和 Tomasulo 演算法可以實作這一目標。經典的記分板技術透過標記指令狀態、功能單元狀態和暫存器結果狀態，控制資料暫存器與功能單元之間的資料傳送，實作了亂數管線下指令相關性的檢測和消除，保證了程式執行的正確性，同時提高了程式的執行性能。Tomasulo 演算法也支援亂數管線排程，其核心思想與積分牌類似，並引入了保留站 (reservation station) 結構，實作對暫存器的動態重新命名，消除了 WAW 和 WAR 冒險。同時它引入公共資料匯流排 (common data bus)，允許運算元可用時立即儲存在保留站中觸發指令執行，而不用等待暫存器寫回，從而將寫後讀相關的損失降至最低。關於記分板和 Tomasulo 演算法可以參考文獻 [3] 中的介紹。

然而不管是記分板還是 Tomasulo 演算法，其複雜度和硬體銷耗都相對較高。一方面，在 GPGPU 架構中，由於暫存器和功能單元的數量許多，記錄它們執行時期狀態資訊的硬體銷耗也將顯著增加。除此之外，大量連線的成本也不容忽視。另一方面，對傳統的 CPU 設計來説，由於資料相關性導致的管線停頓會顯著影響指令的發射效率，大幅降低指令級平行性會對性能帶來不利的影響。對 GPGPU 架構來説，其指令平行度本身就很高，大量不同的執行緒束可以提供無相關性的指令供排程器選擇。即使某個執行緒束由於資料相關而導致發射停頓，利用執行緒束排程器還可以從其他的執行緒束中找到合適的指令填充管線，降低資料相關對管線線性能的影響。因此，對 GPGPU 架構來説，利用亂數執行進行指令排程提高指令級平行性並非必要，也不需要複雜的記分板和 Tomasulo 設計，但 GPGPU 管線仍然需要資料相關性的檢測和處理。

3.5.2 GPGPU 中的記分板

為了提高 SIMT 運算單元的硬體效率，GPGPU 一般會採用循序執行的方式，避免亂數管線帶來的指令管理銷耗。但 GPGPU 指令的執行仍然可能需要多個週期才能完成，而且不同指令存在不等長執行週期的情況。因此，為了讓同一執行緒束的後續指令在發射時減少等待時間而儘早發射，仍然要保證前後指令之間不存在資料相關，從而提高指令的發射和執行效率。假設採用經典的五級順序管線設計，3 種資料相關性冒險如圖 3-31 所示。在 GPGPU 架構中，重點是要避免發生 RAW 和 WAW 冒險。對於 WAR 冒險，在順序管線下一般不會發生，因為後續指令的暫存器寫回一般不太可能會超前於前序指令對同一暫存器的讀取。

讀取 寫回

指令i	IF	ID	EX	Mem	WB	
指令j		IF	ID	EX	Mem	WB

(a) 順序管線下的寫後讀 (RAW) 冒險 (假設指令的目標暫存器和指令的來源暫存器為相同暫存器)

寫回 寫回

指令i	IF	ID	EX	Mem	bubble	bubble	WB
指令j		IF	ID	EX	Mem	WB	

(b) 順序管線下的寫後寫 (WAW) 冒險 (假設指令的目標暫存器和指令的目標暫存器相同)

讀取 寫回

指令i	IF	ID	EX	Mem	WB	
指令j		IF	ID	EX	Mem	WB

(c) 順序管線中不太可能發生讀後寫 (WAR) 冒險

▲ 圖 3-31 順序管線下的 3 種資料相關性冒險

記分板的機制可以避免由資料相關導致的冒險情況發生。相比於亂數執行管線中的記分板，循序執行中的記分板設計會相對簡單。在 GPGPU 循序執行下，一個簡單的記分板方案可以設計如下：記分板為每個執行緒束暫存器分配 1 個位元用於記錄對應暫存器的寫入完成狀態。如果正在執行的執行緒束指令將要寫回的目標暫存器為 Rx，則在記分板中將暫存器對應的標識置為 1，表示該指令尚未寫回完成。在此之前，如果同一執行緒束中的後續指令不存在資料相關，則可以儘早進入管線執行。不然如果同一執行緒束存在後續指令需要讀取或修改 Rx，由於設定了標識位元，後續指令將受到限制而處於非就緒狀態，不能被排程或發射，從而避免了 RAW 和 WAW 相關性冒險。直到前序指令寫回 Rx 完成，暫存器 Rx 對應的標識會被重置為 0，後續存在資料相關的指令才可以被排程進入執行單元。在該執行緒束指令管線因資料相關而被停頓過程中，其他執行緒束的指令仍然可以被排程執行，因為不同執行緒束的暫存器 Rx 實際上物理位置並不相同 (參見 4.2 節暫存器檔案的結構)。

這一記分板設計方案雖然簡單，但主要存在兩方面的問題。

(1) GPGPU 中存在大量的暫存器，如果為每個暫存器都分配 1 位元標識，記分板將佔用大量的空間。假設每個可程式化多處理器最多支援 64 個執行緒束，每個執行緒束分配最多 128 個暫存器，那麼每個可程式化多處理器需要 8K 位元的記分板儲存空間。

(2) 所有待發射的執行緒束指令在排程時需要一直查詢記分板，直到所依賴的指令執行完畢，更新暫存器對應的標識位元後，後續指令才能發射。假設每個可程式化多處理器最高支援 64 個執行緒束，每個執行緒束指令最多需要存取 4 個運算元，那麼每個週期要同時檢查所有 64 個執行緒束指令的資料相關性，記分板需要 256 個通訊埠讀取狀態提供給執行緒束排程器。這種設計會帶來巨大的硬體銷耗，顯然是不現實的。

3.5.3 擴充討論：記分板設計最佳化

前面提到的這種簡單記分板設計方案在 GPGPU 架構下的硬體銷耗很高。本節將針對適合 GPGPU 架構的記分板設計進行討論，介紹幾種最佳化硬體銷耗的設計想法。

1. 基於暫存器編號索引的記分板設計

NVIDIA 的專利中提到了一種新的基於硬體的記分板實作方法和處理過程。如圖 3-32(a) 所示，首先配備一塊記分板的儲存空間，並將這塊空間劃分成若干區域。考慮到記分板主要是對指令緩衝 (I-Buffer) 中已解碼的指令進行相關性檢查才可能發射，因此可以將記分板儲存空間劃分為與指令緩衝中指令數目相同的區域。每個區域中包含若干項目，每個項目包含兩個屬性：暫存器 RID(Register ID) 和尺寸指示器。暫存器 RID 記錄了該區域所對應的執行緒束目前正在執行的若干指令中，將要寫回的目的暫存器編號。如果指令中將要寫回的暫存器為一個序列，尺寸指示器則負責記錄該暫存器序列的長度，而 RID 只需要記錄這個序列中的第一個暫存器 RID。舉例來說，假設某個執行緒束執行了一個紋理讀取指令，並且結果將寫入 r0、r1、r2、r3 4 個暫存器中。這時，記分板中該執行緒束對應區域中一個項目的 RID 將被設為 r0，尺寸設定為 4。採用這種記錄方式的好處是，如果目的暫存器是連續分配和使用的，可以避免採用多個項目來記錄，減少了記分板儲存空間的使用量，而這可以編譯成功器中的暫存器分配演算法來最大化這一可能性。

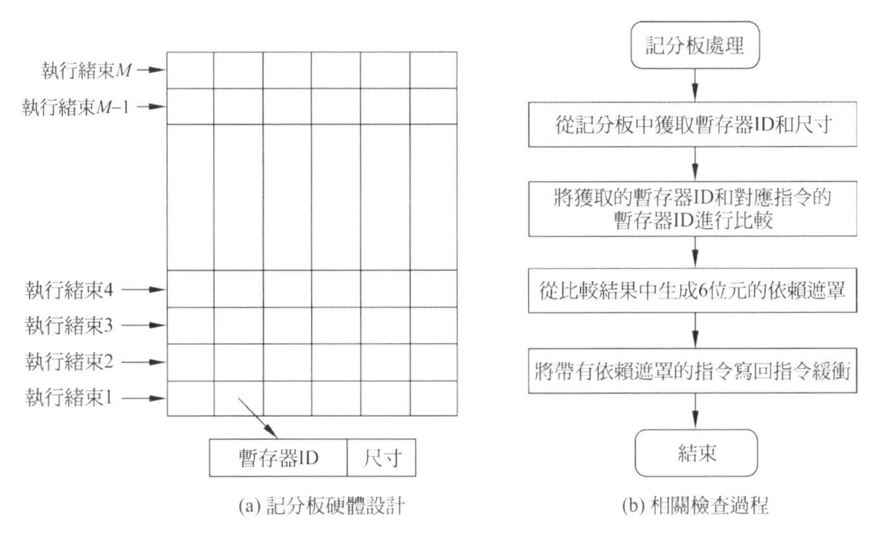

▲ 圖 3-32 一種基於暫存器編號索引的記分板硬體設計及相關性檢查的過程

每個區域項目的數量也不是越多越好。一般來說如果記分板儲存空間中的項目數量過多，就可能造成儲存資源的浪費，導致類似簡單記分板的設計容錯。如果項目個數不足，那麼能夠同時處理的相關性衝突的暫存器數量就會減少，造成編譯器暫存器分配的困難。項目個數不足也可能會導致為了保證沒有相關性違例，後續指令在執行時期需要等待前面指令來清空記分板的某個項目才能發射，產生不必要的發射停頓。在上述 NVIDIA 的專利中，每個區域設定最多可以儲存 6 個項目，而在文獻 [22] 的研究中也發現，3~4 個項目基本可以滿足大多數應用在實際執行中的需求。

圖 3-32(b) 顯示了這一記分板演算法進行暫存器依賴性檢查的過程。假設在某個時刻，有許多指令正在執行，則會有多個目的暫存器在記分板儲存空間中留有記錄。為了發射下一行指令，它需要將該指令的來源暫存器或目的暫存器 RID 及尺寸資訊與記分板記錄的資訊對比，如果相同則存在 RAW 和 WAW 衝突的風險，依賴性遮罩的對應位元會置為 1。得到的依賴性遮罩會連同指令寫入指令緩衝中，直到依賴性遮罩全部清 0 才能發射該行指令，避免發生資料衝突。當執行單元完成某行指令後，對應的目的來源暫存器 RID 資訊也會在記分板中消除，從而釋放出所有具有相關性的指令。

相比之前基本的記分板設計需要為每個暫存器分配 1 位元的標識位元，這種基於 RID 編碼比對的記分板設計避免了提到的兩個問題。假設每個執行緒束最多擁有 128 個暫存器，那麼需要 7 位元記錄 RID。假設尺寸指示器最多支援 4 個連續暫存器寫回，那麼僅需要 2 位元。記分板每個區域假設有 6 個項目，這樣記分板的區域只要 $(7+2)\times6=54$ 個位元。每個可程式化多處理器內部記分板佔用空間與指令緩衝的深度有關，因此這個方案需要的記分板儲存空間會小於之前的記分板方案，也可以提高存取的平行度。如果每個執行緒束擁有更多的暫存器，那麼這種方案將更加節省銷耗。

實際上，這種記分板編碼方式主要透過暫存器編碼的方式替代了原來的獨熱碼 (one-hot) 方式來辨識暫存器，同時限制未完成寫回的暫存器數量 (如 6 個)，從而減少了記分板儲存空間的銷耗。

2. 基於讀寫屏障的軟體記分板設計

在上述基於暫存器編號索引的硬體記分板中，當一行新的指令準備發射時，需要搜索記分板儲存空間裡對應執行緒束區域中的所有項目，以便根據暫存器編號確定暫存器之間是否存在相關性。事實上，這個過程還可以透過軟硬體結合的方式進一步最佳化。研究人員對 NVIDIA 的 GPGPU 分析發現，其架構可以採用這樣的軟體記分板設計：首先設計一定數量的讀寫屏障，借助編譯器分析，顯性地將存在相關性的暫存器綁定到某個讀寫屏障上；在執行時期，目的暫存器的寫入操作可以直接設定綁定的讀寫屏障，而來源暫存器的讀取操作需要讀取綁定的讀寫屏障來獲知該暫存器的寫入操作是否完成。由於這些資訊由編譯器提供，可以節省硬體銷耗，並降低搜索的代價，從而快速定位到綁定的讀寫屏障。

程式 3-4 舉出了 NVIDIA Turing 架構下資料精簡核心函數的一段 SASS 程式，可以幫助理解這種基於讀寫屏障的軟體記分板工作方式。根據 2.5 節所述，Volta 和 Turing 架構下每行指令的長度為 4 個字，即 128 位元。其中，64 個位元為本行指令的機器碼，還有 64 個位元為控制碼。編譯器在 SASS 指令中透過控制碼直接控制硬體的讀寫屏障，以解決資料衝突。本節基於文獻 [23] 和文獻 [24] 對控制碼的分析和研究來解釋這一過程。

⬇ 程式 3-4 利用讀寫屏障實作記分板功能的程式及其控制碼

```
1  0X00000110  --:-:-:Y:1  IMAD.IADD R5, R0, 0x1, R7
2  0X00000120  --:-:-:Y:5  BAR.SYNC 0x0
3  0X00000130  --:-:-:Y:1  ISETP.GE.U32.AND P0, PT, R5, c[0x0][0x160], PT
4  0X00000140  --:-:-:Y:3  BSSY B0, 0x210
```

```
5   0X00000150  --:-:-:-:4  ISETP.GE.U32.AND.EX P0,PT,RZ,c[0x0][0x164],PT,P0
6   0X00000160  --:-:-:Y:2  ISETP.GE.U32.OR P0, PT, R8, R7, P0
7   0X00000170  --:-:-:-:4  SHF.R.U32.HI R7, RZ, 0x1, R7
8   0X00000180  --:-:-:-:6  ISETP.NE.AND P1, PT, R7, RZ, PT
9   0X00000190  01:-:-:Y:6  @P0 BRA 0x200
10  0X000001a0  --:-:-:Y:1  LEA  R4, P0, R5, c[0x0][0x180], 0x2
11  0X000001b0  --:-:2:Y:3  LDG.E.SYS R6, [R2]
12  0X000001c0  --:-:-:-:8  LEA.HI.X R5, R5, c[0x0][0x184], RZ, 0x2, P0
13  0X000001d0  --:-:2:Y:2  LDG.E.SYS R5, [R4]
14  0X000001e0  04:-:-:-:8  IMAD.IADD R9, R6, 0x1, R5
15  0X000001f0  --:0:-:Y:2  STG.E.SYS [R2], R9
16  0X00000200  --:-:-:Y:5  BSYNC B0
17  0X00000210  --:-:-:Y:5  @P1 BRA 0x110
```

程式 3-4 左邊一列代表了每行指令的位址，中間一列為 64 位元的控制碼，最右邊是 SASS 指令的組合語言形式。中間的控制程式又可以分割為 5 個欄位：Wmsk:Rd:Wr:Y:S。

(1) S 稱為停頓計數 (stall counts)。在該版本 SASS 中佔用了 4 位元，表示 0~15 個時鐘週期的停頓計數。停頓計數的主要目的是指導排程器多長時間才能排程下一行指令。對於許多指令，管線深度為 6 個時鐘週期。也就是說一般情況下，如果一行指令需要使用上一行指令的運算結果，需要在兩行指令之間插入 5 行指令，否則就需要停頓 5 個時鐘週期以避免 RAW 衝突。

(2) Y：稱為讓步標識 (yield hint flag)，佔用 1 位元，主要用於指導排程器進行指令發射。如果這個標識位置為 1，表示排程器會更加傾向發射其他執行緒束的指令。如果排程器已經準備好了其他執行緒束的指令，執行緒束指令間的切換在 GPGPU 中是不需要代價的。

(3) Wr：稱為寫入依賴屏障 (write dependency barriers)，佔用 3 位元，以編號形式代表 6 個屏障，用於解決 RAW 和 WAW 資料冒險。由於很多指令可能沒辦法預知延遲週期的數目，比如共享記憶體和全域記憶體操作的延遲數目就不固定，那麼僅使用停頓計數可能無法保證一定能夠消除指令間的資料衝突。因此，透過將該指令的目的暫存器綁定到某個寫入屏障並設定其狀態，可以保護這個待寫回的暫存器不會被提前讀取，直到該暫存器寫回完成才會解除綁定關係，將暫存器移出屏障，後續指令才能再次存取該暫存器的值，從而避免 RAW 和 WAW 資料衝突。舉例來說，第 11 行及第 13 行的 LDG 指令，分別將 R6 和 R5 暫存器綁定到 2 號寫入屏障中，後續指令透過 Wmsk 欄位標識查詢到 2 號屏障的狀態就可以決定是否能夠讀取 R6 和 R5 的值。

(4) Rd：稱為讀取依賴屏障 (read dependency barriers)，佔用 3 位元，以編號形式代表 6 個屏障，用於解決 WAR 資料冒險。與寫入屏障類似，控制碼會將對應指令需要讀取的暫存器綁定到某個讀取屏障中。在沒有讀取完成該暫存器的值之前，不允許其他指令對其進行修改，從而避免 WAR 資料衝突。舉例來說，第 15 行的 STG 指令將暫存器 R9 綁定到 0 號讀取屏障中，後續向 R9 中寫入資料的指令需要查詢 0 號屏障就能知道讀取 R9 的操作是否已經完成。值得注意的是，讀取依賴屏障實際上與寫入依賴屏障共享 6 個屏障。

(5) Wmsk：稱為等待屏障遮罩 (wait barrier mask)，用於標明該指令需要查詢哪個屏障。該遮罩共有 6 位元，每一位元對應一個讀寫屏障。指令會等待處於置位元狀態的屏障，直到該屏障被清空，才能繼續執行指令。舉例來說，在第 14 行 IMAD 指令中，04(即 000100) 對應了 2 號屏障 (屏障號從零開始)。這行的控制碼要求檢測 2 號屏障是否被置位，即檢測 R5 和 R6 暫存器中的值是否準備完畢才能繼續執行指令，這樣就避免了 RAW 資料冒險。

相比之前基於暫存器編號的硬體記分板設計，這種軟體記分板設計節省了儲存空間。原則上，每個執行緒束只要維護 6 個寫入屏障和讀取屏障就可以避免資料競爭和冒險。編譯器透過將屏障編號編碼到指令中，使得硬體記分板只需要少量的解碼邏輯就可以在執行時期確定暫存器究竟在哪個屏障中。在執行時期透過讀取屏障狀態，確定感興趣的暫存器狀態是否合適。相比於純硬體實作的記分板，這種方式避免了查詢屬於該執行緒束的所有項目。實際上，屏障的設立充當了暫存器編號的橋樑。由於屏障數目在核心函數中並不需要很多，因此這種方式能以較少的位元達到資料相關性檢測的目的。

3.6 執行緒區塊分配與排程

在 GPGPU 程式設計模型中，執行緒區塊是一個重要的層次，有時也稱為協作執行緒組 (Cooperative Thread Array，CTA)。它是由一組執行緒或多個執行緒束組成的，是 CUDA 或 OpenCL 程式將任務分配給可程式化多處理器 (SM 或 CU) 的基本任務單元。

3.6.1 執行緒區塊平行、分配與排程

執行緒區塊是由一個或多個執行緒束組成的，同一個執行緒區塊內部的執行緒束可以在區塊內進行同步操作。按照經典的 CUDA 和 OpenCL 程式設計模型，執行緒區塊之間應該是相互獨立的，不應存在依

賴關係[5]。因此，執行緒區塊可以自由地分配到任意一個可程式化多處理器上，也可以在可程式化多處理器上自由地被排程執行。執行緒區塊在程式設計模型上的獨立性保證了它們的執行順序不會影響到程式執行的結果。

為了能夠執行執行緒區塊，GPGPU 架構首先應該關注的是執行緒區塊如何分配到各個可程式化多處理器上。如圖 3-2 所示，GPGPU 架構中的執行緒區塊排程器負責管理所有執行緒區塊的分配。當執行緒區塊排程器能夠在某個可程式化多處理器上分配一個執行緒區塊所需的所有資源時，它會建立一個執行緒區塊。這些資源包括執行緒空間和暫存器，還包括為其分配的共享記憶體和同步柵欄等。這些資源的需求都由核心函數宣告，執行緒區塊排程器會根據需求等待足夠的資源，直到在某個可程式化多處理器上可以分配這些資源執行一個執行緒區塊。然後每個執行緒區塊建立各自的執行緒束，等待可程式化多處理器內部的執行緒束排程器開始排程執行。執行緒區塊排程器同時需要監控何時一個執行緒區塊的所有執行緒和執行緒束全部執行完畢退出，釋放執行緒區塊共享資源和它的執行緒束資源，以便分配下一個執行緒區塊。

分配到可程式化多處理器後，執行緒區塊的排程與執行緒束的排程之間存在密切的聯繫。執行緒束排程作為基本的排程細微性，會影響到一個可程式化多處理器中執行緒束的執行情況，進而影響到執行緒區塊區域的執行。執行緒區塊的執行情況會回饋給全域的執行緒區塊排程器，進而影響執行緒區塊全域的執行速度。執行緒區塊的排程與初始執行緒區塊的分配也密切相關，因為排程的物件就是分配到給定可程式化多處理器的執行緒區塊，因此分配方式也會影響排程的品質。舉例來說，可

5 如 2.4.2 節所述，CUDA 9.0 之後引入了協作組 (cooperative groups)，允許在執行緒之間重新定義新的同步協作關係。

以透過建立執行緒束排程器和執行緒區塊排程器之間的互動，改進每個可程式化多處理器中執行緒區塊的分配方式和最大可分配的數量等。

執行緒區塊的分配和排程以最大化 GPGPU 的處理性能為主要目標，因此與執行緒束排程在策略上有很多相同之處。但整體來講，兩者支援的計算細微性不同，存取記憶體操作的考慮也有所不同。舉例來說，執行緒束排程重點考慮的是可程式化多處理器內部 L1 資料快取的空間區域性。由於執行緒區塊中執行緒數目更高，空間區域性尺度更大，因此還會考慮 DRAM 的空間區域性。

3.6.2 基本的執行緒區塊分配與排程策略

執行緒區塊的分配和排程是 GPGPU 硬體多執行緒執行的前提。執行緒區塊的分配決定了哪些執行緒區塊會被安排到哪些可程式化多處理器上執行，而執行緒區塊的排程決定了已分配的執行緒區塊按照什麼循序執行。兩者關係密切，對於 GPGPU 的性能有著直接的影響。

1. 執行緒區塊的分配策略

在執行緒區塊分配方面，GPGPU 通常採用輪詢作為基本策略。首先，執行緒區塊排程器將按照輪詢方式為每個可程式化多處理器分配至少一個執行緒區塊，若第一輪分配結束後可程式化多處理器上仍有空閒未分配的資源 (包括暫存器、共享記憶體、執行緒區塊分配槽等)，則進行第二輪分配，同理，若第二輪分配後仍有資源剩餘，可以開始下一輪資源配置，直到所有可程式化多處理器上的資源飽和為止。對於尚未分配的執行緒區塊，需要等待已分配的執行緒區塊執行完畢並將佔有的資源釋放後，才可以分配到可程式化多處理器上執行。由於 GPGPU 執行的上下文資訊比較豐富，為了方便管理並簡化硬體，GPGPU 一般不允許任務的先佔和遷移，即當一個執行緒區塊分配給一個可程式化多處理器之後，在其完成之前不會被其他任務先佔或遷移到其他可程式化多處理器上執行。

圖 3-33 描述了一個基於輪詢的執行緒區塊分配範例。假設一個 GPGPU 中有 3 個可程式化多處理器，分別為 SM0、SM1 和 SM2，每個 SM 允許最多同時執行 2 個執行緒區塊。一個核心函數宣告了 12 個執行緒區塊 TB0~TB11。根據輪詢的原則，TB0~TB2 被分配到 SM0~SM2。由於每個 SM 可以同時執行 2 個執行緒區塊，TB3~TB5 也被分配到 SM0~SM2 中。此時，SM 的硬體資源已經被完全佔用，剩下的執行緒區塊暫時無法分配到 SM 中執行，必須等待有執行緒區塊執行完畢釋放硬體資源，才能繼續分配。一段時間後，SM2 中 TB5 率先執行完畢釋放硬體資源，TB6 被分配到 SM2 中執行。之後 SM0 中 TB3 執行完畢，TB7 被分配到 SM0 中執行。最終執行緒區塊執行的流程如圖 3-33 所示。可以看到，初始一輪的執行緒區塊分配順序還比較有規律，但第二輪的執行緒區塊分配完全是按照執行進度來安排的。

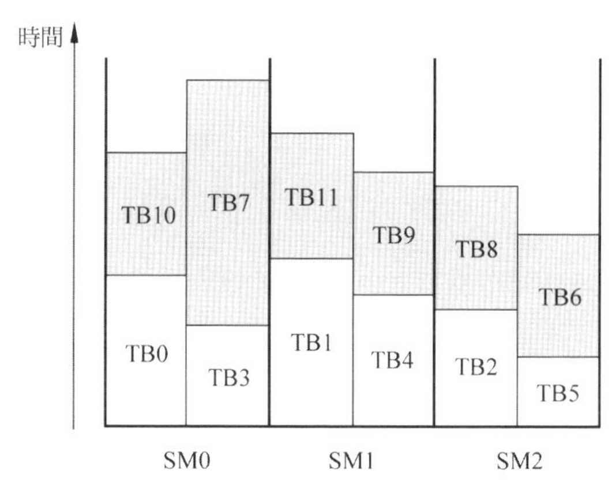

▲ 圖 3-33 基於輪詢的執行緒區塊分配範例

在 NVIDIA 的 GPGPU 中，執行緒區塊的分配由 GB 執行緒引擎 (giga thread engine) 來管理，大體遵循輪詢策略，但並不完全是樸素的輪詢。舉例來說，有研究對 M2050 GPGPU 上的執行緒區塊分配情況進行了實驗分析。執行一段簡單的向量加法的核心函數，透過內嵌組合語言敘述獲得可程式化多處理器的編號並輸出。M2050 具有 14 個 SM，每個

SM 最多分配 6 個執行緒區塊。執行這段程式獲得的分配結果如圖 3-34 所示。大多數執行緒區塊按照輪詢的方式分配到了相鄰的 SM 上，但又並非樸素的輪詢。出現這種情況的原因可能是在早期架構中，兩個 SM 組成了一個紋理處理叢集 (Texture Processor Cluster，TPC)。實際 GPGPU 中執行緒區塊的分配可能還需要考慮 TPC，從而和輪詢策略有些許不同。即使如此，大部分研究仍然以輪詢策略作為執行緒區塊分配的基本策略，並基於此進行不同角度的研究和最佳化。

⬇ 程式 3-5 執行緒區塊分配和排程順序的測試程式

```
1   1__global__ void
2   vectorAdd(const float* A, const float* B, float* C, int numElements)
3   {
4     unsigned int ret;
5     //將執行該執行緒區塊的 SM ID 寫入變數 ret 中
6     asm("mov.u32 %0, %smid;" : "=r"(ret));
7     if (threadIdx.x == 0)
8       printf("BlockID: %d, SMID: %d\n", blockIdx.x, ret);
9     int i = blockDim.x * blockIdx.x + threadIdx.x;
10    if (i < numElements){
11      C[i] = A[i] + B[i];
12    }
13  }
```

	不同的SM													
分配的執行緒區塊	0	1	2	3	4	5	6	7						
	8	9	10	11	12	13	14	15	16	17	18	19	20	21
	22	23	24	25	26	27	28	29	30	31	32	33	34	35
	39	40	41	42	43	44	45	46	36	37	38	47	48	49
									50	51	52	53	54	55
	56	57	58	59	60	61	62	63	64	65	66	67	68	69
	70	71	72	73	74	75	76	77	78	79	80	81	82	83

▲ 圖 3-34 NVIDIA M2050 上的執行緒區塊分配情況

基於輪詢的執行緒區塊分配策略簡單易行，而且保證了 GPGPU 中不同可程式化多處理器之間的負載平衡，盡可能公平地利用每個可程式化多處理器的資源。然而，輪詢的分配策略也存在一定問題，比如可能會破壞執行緒區塊之間的空間區域性。一般情況下，相鄰執行緒區塊所要存取的資料位址由於與其執行緒 ID 等參數線性相關，很大可能會儲存在全域記憶體中連續的位址空間上，因此 ID 相近的執行緒區塊所需要的資料在 DRAM 或快取中也相近。如果將它們分配在同一個可程式化多處理器上，就可以存取 DRAM 中的同一行或快取的同一行，利用空間區域性減少存取記憶體次數或提高存取記憶體效率。輪詢的分配策略反而會將它們分配到不同的可程式化多處理器上，導致相鄰資料的請求會從不同的可程式化多處理器中發起。如果隨著執行時間的推進，執行緒區塊的執行進度有明顯的差別，可能會降低存取記憶體合併的可能性，對性能造成不利的影響。

2. 執行緒區塊的排程策略

執行緒區塊的排程與執行緒束的排程策略有很高的連結性。兩者對 GPGPU 的執行性能都有著重要的影響，所關注的問題也類似，只是排程的細微性有所不同。因此可以看到兩者所採用的策略有很多相似之處，比如輪詢排程策略，GTO 排程策略對執行緒區塊的排程也同樣適用。很多執行緒束排程的改進設計思想也可以應用在執行緒區塊排程問題上，或將兩者聯繫起來作為一個整體來考慮。舉例來說，透過建立執行緒束排程器和執行緒區塊排程器之間的互動，排程器更進一步地協調多個可程式化多處理器之間的執行緒執行。

執行緒區塊的排程與執行緒區塊的分配策略也密切相關，分配方式也會影響到排程的品質。舉例來說，每個可程式化多處理器中執行緒區塊最大可分配的數量就與排程策略和執行性能相關。輪詢的分配策略雖然具有公平性，但按照可程式化多處理器允許的最高平行度將盡可能多的執行緒區塊分配執行，並不一定會提升應用的性能。很多研究統計表明，隨著可程式化多處理器中執行的執行緒區塊數目的增加，一些應用的性能只會緩慢提升甚至下降。

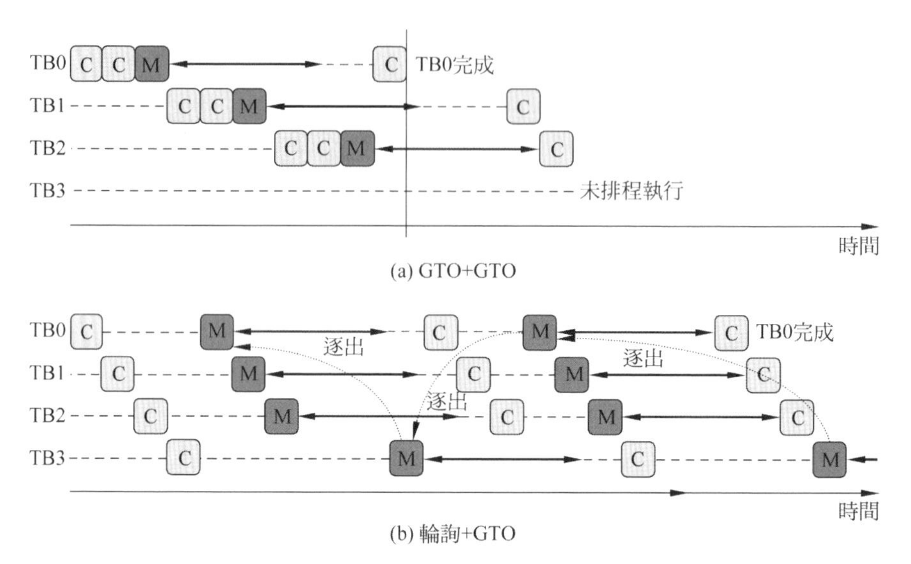

▲ 圖 3-35 執行緒區塊採用不同排程可能出現的問題

圖 3-35 的例子對這個問題舉出了直觀的解釋。假設有 4 個執行緒區塊 TB0~TB3 被分配到一個可程式化多處理器上。圖 3-35(a) 中假設執行緒區塊和各自的執行緒束都按照 GTO 的方式進行排程。那麼當一個執行緒區塊，如 TB0 執行遭遇停頓，此時會去排程其他執行緒區塊如 TB1、TB2 或 TB3 執行。由於執行緒區塊的計算執行相對較長，假設在 TB3 被排程之前，TB0 的長延遲時間操作就已經完成，那麼遵循 GTO 策略的排程器會傾向於重新執行 TB0，使得 TB3 不會得到排程。此時將 TB3 分配到這個可程式化多處理器上其實對性能是沒有幫助的，反而可能會由於分配了過多的執行緒區塊而導致資源緊張，因此可能會發生隨著執行緒區塊數目的增加性能反而下降的情況。如果改變執行緒區塊的排程策略為輪詢策略也同樣存在問題，如圖 3-35(b) 就顯示了這種情況，假設 TB3

和 TB0 讀取的資料都存放在同一快取行中，就會導致 TB3 和 TB0 在資料快取上存在競爭。此時執行緒區塊的輪詢排程會排程 TB3 執行，使得 TB0 剛剛存取傳回的資料受到影響，因衝突缺失導致快取抖動問題，增加了快取缺失率和存取銷耗，也會導致隨著執行緒區塊數量的增加性能反而下降的情況。因此獨立的排程策略設計並不能解決這個問題，需要與執行緒區塊分配策略協作最佳化。舉例來說，類似於執行緒束節流的方法，透過減少可程式化多處理器中執行緒區塊的數量，也可以緩解這個問題。

3.6.3 擴充討論：執行緒區塊分配與排程策略最佳化

執行緒區塊的分配和排程策略與 GPGPU 性能關係密切。本小節將針對簡單的執行緒區塊分配和排程演算法所曝露出的問題介紹幾種設計最佳化的想法。這些最佳化的出發點主要是圍繞 SIMT 執行緒位址所展現出的連續特性，進而在快取和 DRAM 的區域性上尋求更最佳化的存取記憶體操作及在執行緒區塊分配進行限流等方面提高 GPGPU 資源使用率。

1. 感知空間區域性的排程策略

1) 感知 L1 快取區域性的區塊級執行緒區塊排程

基本的輪詢排程策略將連續的執行緒區塊分配到不同可程式化多處理器上，可能導致執行緒區塊之間的資料區域性遭到破壞。針對這個問題，文獻 [26] 提出了區塊級執行緒區塊排程 (Block CTA Scheduling，BCS) 和連續執行緒區塊感知 (Sequential CTA-Aware，SCA) 的執行緒束排程相配合的策略。前者意在將若干連續的執行緒區塊分配到同一個可程式化多處理器上以充分利用執行緒區塊間的資料區域性，後者在執行緒束排程時兼顧執行緒區塊的排程，保持快取的空間區域性。

為便於理解，假設核心函數中執行緒區塊按照二維結構設定，即每個執行緒區塊中包含 16×16 個執行緒，每個執行緒存取 1 個字 (4 位元組) 的資料，因此執行緒區塊中一行存取的資料量為 16×4=64 位元組。一般情況下，L1 資料快取行容量為 128 位元組，由此可以得出相鄰兩個執行緒區塊的行資料可以共享一個快取行，即執行緒區塊之間會存在空間區域性。但相鄰的執行緒區塊由於會被輪詢策略分配到不同的可程式化多處理器上，破壞了這一空間區域性。即使將相鄰的執行緒區塊分配到同一個可程式化多處理器上，這一空間區域性也很難保證，原因在於分配到一個可程式化多處理器上的兩個連續執行緒區塊不一定具有相同的執行進度，二者執行結束的時間也各不相同。當其中一個執行緒區塊執行完成並釋放資源後，簡單地再排程一個新的執行緒區塊「補位」可能會導致後續執行緒區塊排程「錯位」，也無法保證執行緒區塊間資料區域性得到有效利用。為此不得不採用一種「延遲」的排程策略，即等待連續的兩個執行緒區塊都執行完畢後才排程新的執行緒區塊進入可程式化多處理器。這便是區塊級執行緒區塊排程 BCS 策略的初衷。

與之對應，執行緒束的排程也應該考慮這種資料的空間區域性，有意識地排程連續執行緒區塊中的執行緒束以最大限度提高快取行重複使用的可能，這便是連續執行緒區塊排程 SCA 策略設計的初衷。它結合了輪詢和 GTO 排程：在連續兩個執行緒區塊之間和一個執行緒區塊內部採用輪詢策略進行排程，保證了資料的空間區域性。而在執行緒束執行過程中，採用 GTO 策略貪心地執行選中的執行緒束，直到其中一個執行緒束因長延遲時間操作而停滯，才切換排程下一組執行緒束繼續執行，後者保證了執行緒束原有的時間區域性得到有效利用。

2) 感知 DRAM 板塊的執行緒區塊協作排程

基本的輪詢排程策略還可能增加 DRAM 板塊存取衝突的風險。以矩陣資料的儲存為例。假設採用行主序的方式儲存矩陣資料，那麼連續的資料會被儲存在 DRAM 連續的位址。為提高存取的平行性，不同行可能會被存放在 DRAM 的不同板塊中。如圖 3-36(a) 所示，假設 DRAM 設定有 4 個板塊，矩陣第 1 行會儲存在板塊 1 中，第 2 行儲存在板塊 2 中，依此類推，第 5 行會再次儲存在板塊 1 中。當矩陣規模比較大時，程式設計人員往往會對矩陣進行分塊處理，如圖 3-36(b) 所示。根據不同的分塊規則，即使是矩陣同一行的資料，也很可能會被分配到不同的執行緒區塊中進行處理。當連續的執行緒區塊被分配到不同的可程式化多處理器上平行存取時，它們可能會同時存取相同板塊中不同位置的資料，由此引發板塊衝突造成存取記憶體延遲增大、效率降低等問題。

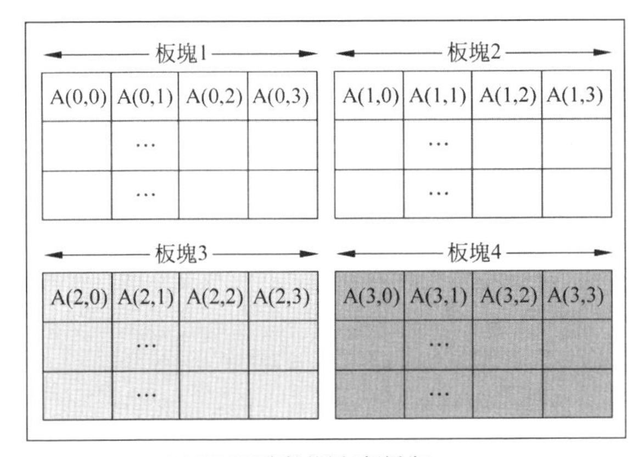

(a) DRAM資料佈局 (行優先)　　(b) 矩陣與執行緒區塊資料佈局

▲ 圖 3-36 可能的 DRAM 資料版面配置和執行緒區塊資料版面配置

圖 3-37(a) 直觀地說明了上述問題。其中連續的執行緒區塊 TB1 和 TB2 被分配到不同的可程式化多處理器 (SM1 和 SM2) 上，二者可以並存執行。當發生存取記憶體操作時，理想情況下它們可以存取到某一板塊中同一行的資料，以充分利用 DRAM 行緩衝區獲得較高的命中率。為了證明這種現象的普遍性，文獻 [16] 對 38 種典型的 GPGPU 應用，包括 SAD(Sum of Abs. Differences)、JPEG(JPEG Decoding)、SC(Stream Cluster) 和 FFT(Fast Fourier Transform) 等應用的存取記憶體行為進行了

統計，發現相同 DRAM 行被連續執行緒區塊存取的頻率為 64%，其中一些應用則更為突出，如 JPEG 解碼中這一頻率達到了 99%。但在實際執行中，執行緒區塊執行的進度很可能發生失配，導致當 TB1 和 TB2 存取 DRAM 時就可能產生板塊衝突的現象且造成行緩衝區無法發揮作用。值得注意的是，板塊 3 和板塊 4 始終處於空閒狀態，連續執行緒區塊的存取記憶體並沒有充分利用全域記憶體的板塊。

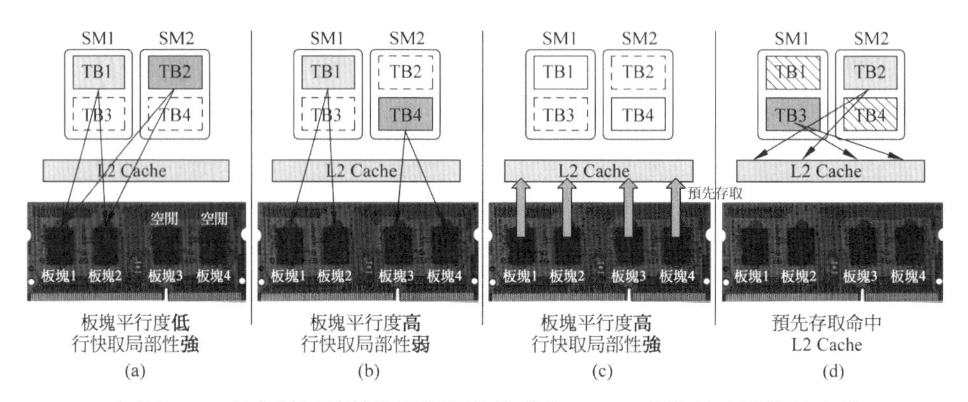

▲ 圖 3-37 執行緒區塊輪詢排程可能造成的 DRAM 板塊衝突及解決方案

為了提高 DRAM 存取的平行度，應儘量防止板塊衝突和讀寫資源閒置。以圖 3-37(b) 所示的情形為例，如果 SM1 和 SM2 分別選擇不連續的 TB1 和 TB4 來執行，由於二者存取的資料存放在不同的板塊內 (TB1 的資料儲存在板塊 1 和 2 中，TB4 的資料儲存在板塊 3 和 4 中)，存取記憶體操作可以充分利用 DRAM 提供的 4 個板塊提高讀寫的板塊級平行度。

儘管這樣的策略提高了 DRAM 存取平行度，但也破壞了執行緒區塊間的空間區域性，犧牲了資料重複使用的可能。為了彌補這一損失，還可以將那些已經被載入到 DRAM 行快取區中卻未被存取到的資料預先存取讀取 L2 快取中，以備後續的連續執行緒區塊讀取使用。以圖 3-37(c) 所示的情形為例，在回應 TB1 和 TB4 發出的存取記憶體請求時，將 DRAM 啟動行中的資料預先存取到 L2 快取中。假設 TB2 和 TB3 的資料分別與

TB1 和 TB4 存放在 DRAM 的相同行中，那麼 TB2 和 TB3 發出的存取記憶體請求完全可以被 L2 快取捕捉，而無須進一步存取下一級記憶體，如圖 3-37(d) 所示。

2. 感知時間區域性的先佔排程策略

輪詢排程策略在 L1 資料快取命中率和重複使用率方面也存在一定問題。GPGPU 中 L1 資料快取的容量往往只有幾十或幾百 KB，遠遠無法滿足大量執行緒區塊並存執行所產生的資料快取需求，容易導致快取衝突、抖動和缺失現象。

圖 3-38(a) 的例子展示了這樣的情況：一個可程式化多處理器上執行了 4 個執行緒區塊 TB1、TB3、TB5、TB7。按照輪詢策略，排程器先選擇 TB1 中的執行緒束排程執行，當其中執行緒束因長延遲時間操作而陸續阻塞後，排程器排程 TB3 繼續執行。若執行到 TB5 時，TB1 所需的資料剛好傳回，此時 TB1 再度進入就緒狀態。如果按照嚴格的輪詢策略，TB1 需要等待 TB7 執行完成後才能再次得到排程。考慮到 L1 資料快取容量十分有限，TB1 之前載入到快取的資料很可能被後續執行的執行緒區塊替換掉。這些資料可能還沒有得到有效重複使用，由此需要引入反覆的存取記憶體操作造成執行效率下降。

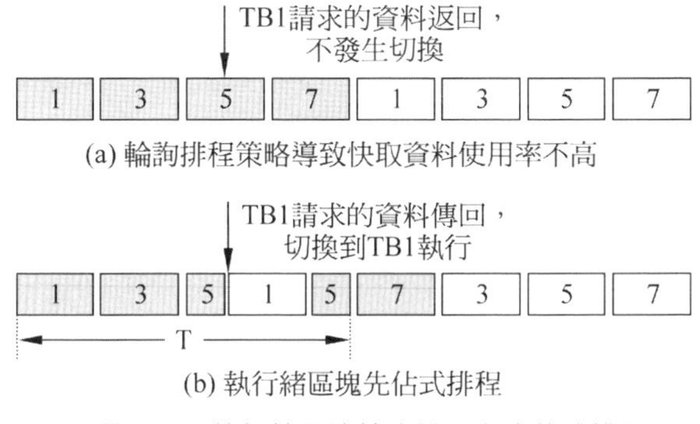

▲ 圖 3-38 執行緒區塊輪詢排程與先佔式排程

為此，文獻 [16] 提出了一種解決方案：允許再次進入就緒狀態的執行緒區塊先佔正在執行的執行緒區塊，即只要有一組執行緒區塊轉為就緒狀態，便指定其最高優先順序並立即開始執行，執行完成後再排程下一組執行緒區塊繼續執行。以圖 3-38(b) 所示的情形為例：一旦 TB1 轉為就緒狀態，便先佔正在執行的 TB5，直到 TB1 中所有執行緒束完成後才將執行的優先權交還給 TB5。透過統計時間間隔 T 內執行的執行緒區塊數量，系統可以發現只有 3 個執行緒區塊被排程執行，少於輪詢排程策略在相同時間內執行的執行緒區塊數量。這表示更少的執行緒區塊可以更加充分地利用 L1 資料快取，降低了未重複使用資料被提前替換的風險。該文獻對 38 種應用進行了模擬實驗，在先佔策略下 L1 資料快取的命中率平均提高 18%，個別應用如 PVC(Page View Count)、IIX(Inverted Index) 的命中率提升均達到 90% 以上，對於這些存取記憶體密集型應用顯著降低了快取衝突發生的機率。

3. 限制執行緒區塊數量的怠惰分配和排程策略

保持較高的執行緒平行度有利於提高對長延遲時間操作的容忍度，因此排程器傾向於給可程式化多處理器分配更多的執行緒區塊。但前面的例子已經表明，當可程式化多處理器所分配的執行緒區塊越來越多時，整個性能可能會呈現出「先上升、再平緩、後下降」的趨勢，其原因主要包括資源競爭和快取抖動等。因此，並不是分配的執行緒區塊越多越好，需要一種更加合理的執行緒區塊分配和排程策略，保證向可程式化多處理器分配的執行緒區塊數量不但滿足高資源使用率的需求，而且也能避免資源競爭所引發的負面影響。

3.6.2 節介紹的先佔式排程實際上是透過優先順序的轉換減少可程式化多處理器上活躍的執行緒區塊數量。而文獻 [26] 提出了怠惰執行緒區塊排程 (Lazy CTA Scheduling，LCS) 策略，動態地調整每個可程式化多處理器上最多可承載的執行緒區塊數量達到類似的目標。LCS 策略主要包括以下三個步驟。

(1) 監視 (monitor)。首先按照 GTO 策略對分配到可程式化多處理器上的執行緒區塊進行排程，並全過程地監視第一個執行的執行緒區塊，在其完成所有指令的執行並退出時，記錄每個執行緒區塊所發射的指令數量。

(2) 節流 (throttle)。監視階段結束後排程器會獲得每個可程式化多處理器內每個執行緒區塊發射指令的數量。計算所有執行緒區塊執行指令的數量除以執行最多指令的執行緒區塊所發射的指令數量，得到每個可程式化多處理器更為合理的執行緒區塊數量上限。

(3) 怠惰執行 (lazy execution)。對於一個核心函數，當每個可程式化多處理器中第一個執行緒區塊退出後，根據計算設定值限制每個可程式化多處理器上最多可分配的執行緒區塊數量。由於同一個核心函數可能存在相同的計算特徵，出於簡化硬體設計的考慮，實際使用中可以只計算一個可程式化多處理器的設定值並將其推廣到所有可程式化多處理器上。而對於不同的核心函數，由於彼此的計算特徵存在差異，當新核心函數的執行緒區塊被分配到可程式化多處理器上時，設定值需要重新計算。

進入怠惰執行時後，該文獻還提出排程器對 1D 負載和 2D 負載實施不同的排程策略。其中，1D 負載指核心函數中執行緒區塊的組織形式為一維，而 2D 負載指核心函數中執行緒區塊的組織形式為二維。對於前者，對執行緒區塊和執行緒束分別採用輪詢和 GTO 的策略進行排程。對於後者，基於前文介紹的區塊級執行緒區塊排程 BCS 與連續執行緒區塊感知 SCA。BCS 能夠在執行緒區塊排程層面利用執行緒區塊間資料區域性，而 SCA 策略則在執行緒區塊內部的執行緒束之間利用資料區域性。

實際上，怠惰排程方法的核心思想是透過怠惰執行緒區塊數量的計算保證資源的充分配給，在此基礎上再利用執行緒區塊和執行緒束兩級排程對空間區域性的感知來提升存取記憶體密集型應用的執行效率。

4. 利用執行緒區塊重聚類感知區域性的軟體排程策略

GPGPU 中執行緒區塊排程策略的研究普遍以挖掘執行緒區塊間的區域性為主要目的。前面介紹的策略都是透過排程器硬體直接改變執行緒區塊及執行緒束執行的順序來感知和最佳化區域性，而文獻 [27] 則從另一個角度，提出利用軟體手段透過執行緒區塊的聚類 (clustering) 或重構 (shaping) 來改善區域性。

該文獻透過分析認為，執行緒區塊之間存在資料可重複使用的原因可以分為以下 5 種類型。

(1) 演算法相關。即由特定演算法引入的執行緒區塊間資料重複使用，例如 k-means 聚類演算法、矩陣乘法及離散餘弦變換等。

(2) 快取行相關。這一類資料重複使用由快取設計引入，類似於空間區域性。舉例來說，當一個執行緒請求一個整數型態資料 (4B) 發生快取缺失時，將從記憶體讀取一整行快取行 (如 128B) 資料送入 L1 資料快取中。當存在其他執行緒區塊的執行緒存取其餘 31 個整數型態資料時，L1 快取即可完全「捕捉」而無須存取下一級記憶體。這類重複使用常發生於存在未合併的存取記憶體請求或存取資料沒有對齊快取行邊界的情況。

(3) 資料相關。這一類區域性來自不規則資料結構，如圖、樹、雜湊表、鏈結串列等在記憶體中的組織方式和存取記憶體規則。由於資料的不規則性屬於資料本身的特性，而資料的來源是多樣的，因此這類資料重複使用具有偶然性。典型的資料相關應用包括廣度優先搜索、長條圖和 B+ 樹操作等。

(4) 寫入相關。這類應用可能存在執行緒區塊間的資料重複使用，然而若某個不相關的執行緒區塊修改了可能被重複使用的快取行資料，舊的快取行將被替代成新的快取行，從而無法實作資料的重複使用。這種情況一般發生於一個核心函數讀寫相同一段資料，且存取距離小於一個快取行的長度時，由此會導致可重複使用資料被逐出的現象。

(5) 串流。流應用的存取記憶體請求通常是經過合併和對齊的，然而其資料重複使用卻僅存在於執行緒區塊內部 (如透過共享記憶體實作)。這類應用幾乎沒有執行緒區塊間的區域性。

根據資料重複使用的難易程度和機率，諸如演算法相關 (程式決定) 和快取行相關 (架構決定) 的應用可以在執行前判斷出來，這兩類應用的區域性是「可利用 (exploitable)」的；而資料相關 (資料決定)、寫入相關 (存在區域性但難以被利用) 和串流 (幾乎沒有區域性) 的重複使用性並不顯著，只能在執行時期決定是否「可利用」或「不可利用」。

為了使執行緒區塊間的資料重複使用在 L1 快取上發揮到最大限度，針對不同的資料重複使用類型應該採用不同的方法。圖 3-39 展示了該文獻提出的執行緒區塊排程框架，其中最左側的 O 表示原核心函數，最右側的 N 表示重聚類或重構出來的新的核心函數。

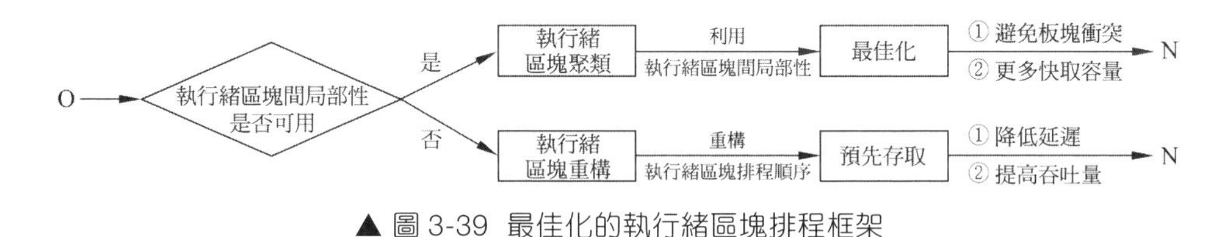

▲ 圖 3-39 最佳化的執行緒區塊排程框架

(1) 對於「可利用」的區域性，利用聚類的方法發掘執行緒區塊間的區域性，讓新核心函數 N 盡可能避免快取衝突，獲得更高的快取容量。聚類的目的就是找到一個從 O 到 N 的映射。一種簡單的

策略就是假設 N 中執行緒區塊數量與 O 中執行緒區塊數量相等 (即 |N|=|O|，為 1 對 1 映射) 的條件下，對 O 中的每一個執行緒區塊 *u* 重新導向到 N 中的執行緒區塊 *v*。換句話說，將執行緒區塊 *u* 經過一系列變換操作轉換到新核心函數 N 的執行緒區塊 *v*，用新生成的座標 *bx* 和 *by* 分別代替原來執行緒區塊索引 blockIdx.x 和 blockIdx.y，從而實作重聚類下執行緒區塊到硬體的映射。

(2) 對於「不可利用」的區域性，採用重構模式為執行緒區塊重新規定一種特定的執行順序，然後配合資料預先存取，實作降低存取延遲時間、提高吞吐量，改進這些「不可利用」程式的執行性能。該文獻提出一種軟體執行緒區塊排程策略實作方法，實作從 O 到 N 的映射。

總之，透過聚類或重構形成的新核心函數保持了原有核心函數的功能，由於進行了執行緒區塊排程和資料重複使用導向的多種最佳化，這些核心函數具備了更好的資料重複使用的可能性。

參考文獻

[1] Nvidia.Guide D.Cuda C programming guide[Z].(2017-06-01)[2021-08-12].https：//eva.fing.edu.uy/pluginfile.php/174141/mod_resource/content/1/CUDA_C_Programming_Guide.pdf.

[2] Tor M Aamodt，Wilson W L Fung，I Singh，et al.GPGPU-Sim 3.x manual[Z].[2021-08-12].https：//gpgpu-sim.org/manual/index.php/Main_Page.

[3] Hennessy J L，Patterson D A.Computer architecture: a quantitative approach[M].5th ed. 北京：機械工業出版社，2012.

[4] Rogers T G，Johnson D R，O'Connor M，et al.A variable warp size

architecture[C].Proceedings of the 42nd Annual International Symposium on Computer Architecture(ISCA).IEEE，2015： 489-501.

[5] ElTantawy A，Aamodt T M.MIMD synchronization on SIMT architectures[C].2016 49th Annual IEEE/ACM International Symposium on Microarchitecture(MICRO).IEEE，2016: 1-14.

[6] Aamodt T M，Fung W W L，Rogers T G.General-purpose graphics processor architectures[J].Synthesis Lectures on Computer Architecture，2018，13(2): 1-140.

[7] Diamos G F，Johnson R C，Grover V，et al.Execution of divergent threads using a convergence barrier: U.S.Patent 10,067,768[P].(2018-09-04)[2021-08-12].https://www.freepatentsonline.com/y2016/0019066.html.

[8] Fung W W L，Sham I，Yuan G，et al.Dynamic warp formation and scheduling for efficient GPU control flow[C].40th Annual IEEE/ACM International Symposium on Microarchitecture(MICRO).IEEE，2007: 407-420.

[9] Fung W W L，Aamodt T M.Thread block compaction for efficient SIMT control flow[C].2011 IEEE 17th International Symposium on High Performance Computer Architecture(HPCA).IEEE，2011: 25-36.

[10] Narasiman V，Shebanow M，Lee C J，et al.Improving GPU performance via large warps and two-level warp scheduling[C].Proceedings of the 44th Annual IEEE/ACM International Symposium on Microarchitecture(MICRO).2011: 308-317.

[11] Rhu M，Erez M.CAPRI： Prediction of compaction-adequacy for handling control-divergence in GPGPU architectures[C].Proceedings of 39th Annual International Symposium on Computer Architecture (ISCA).IEEE 2012： 61-71.

[12] Brunie N，Collange S，Diamos G.Simultaneous branch and warp

interweaving for sustained GPU performance[C].2012 39th Annual International Symposium on Computer Architecture(ISCA).IEEE，2012: 49-60.

[13] NVIDIA.RTX on the NVIDIA Turing GPU[Z].[2021-08-12] https：//old.hotchips.org/hc31/HC31_2.12_NVIDIA_final.pdf.

[14] NVIDIA.VOLTA: PROGRAMMABILITY AND PERFORMANCE[Z].[2021-08-12].https://old.hotchips.org/wp-content/uploads/hc_archives/hc29/HC29.21-Monday-Pub/HC29.21.10-GPU-Gaming-Pub/HC29.21.132-Volta-Choquette-NVIDIA-Final3.pdf.

[15] NVIDIA.NVIDIA Nsight Visual Studio Edition 4.1 User Guide[Z].[2021-08-12].https://docs.nvidia.com/nsight-visual-studio-edition/4.1/Nsight_Visual_Studio_Edition_User_Guide.htm.

[16] Jog A，Kayiran O，Chidambaram Nachiappan N，et al.OWL: cooperative thread array aware scheduling techniques for improving GPGPU performance[J].ACM SIGPLAN Notices，2013，48(4): 395-406.

[17] Jog A，Kayiran O，Mishra A K，et al.Orchestrated scheduling and prefetching for GPGPUs[C].Proceedings of the 40th Annual International Symposium on Computer Architecture(ISCA).2013: 332-343.

[18] Rogers T G，O'Connor M，Aamodt T M.Cache-conscious wavefront scheduling[C].2012 45th Annual IEEE/ACM International Symposium on Microarchitecture(MICRO).IEEE，2012: 72-83.

[19] Liu J，Yang J，Melhem R.SAWS: Synchronization aware GPGPU warp scheduling for multiple independent warp schedulers[C].2015 48th Annual IEEE/ACM International Symposium on Microarchitecture (MICRO).IEEE，2015: 383-394.

[20] Lee S Y，Arunkumar A，Wu C J.CAWA： Coordinated warp scheduling and cache prioritization for critical warp acceleration of GPGPU

workloads[C].2015 ACM/IEEE 42nd Annual International Symposium on Computer Architecture(ISCA).IEEE，2015： 515-527.

[21] Coon B W，Mills P C，Oberman S F，et al.Tracking register usage during multithreaded processing using a scoreboard having separate memory regions and storing sequential register size indicators：U.S.Patent 7,434,032[P].(2008-10-07)[2021-08-12].https：//www.freepatentsonline.com/7434032.html.

[22] Lashgar A，Salehi E，Baniasadi A.Understanding outstanding memory request handling resources in gpgpus[C].Proceedings of 6th International Symposium on Highly Efficient Accelerators and Reconfigurable Technologies(HEART)，IEEE，2015： 15-21.

[23] Nervana.Control Codes[Z].[2021-08-12].https://github.com/NervanaSystems/maxas/wiki/Control-Codes.

[24] Pawel Dziepak.On GPUs，ranges，latency，and superoptimisers[Z].[2021-08-12].https://paweldziepak.dev/2019/09/01/on-gpus-ranges-latency-and-superoptimisers/.

[25] Jia Z，Maggioni M，Staiger B，et al.Dissecting the NVIDIA volta GPU architecture via microbenchmarking[J].arXiv preprint arXiv:1804.06826，2018.

[26] Lee M，Song S，Moon J，et al.Improving GPGPU resource utilization through alternative thread block scheduling[C].2014 IEEE 20th International Symposium on High Performance Computer Architecture (HPCA).IEEE，2014: 260-271.

[27] Li A，Song S L，Liu W，et al.Locality-aware CTA clustering for modern GPUs[C].22nd International Conference on Architectural Support for Programming Languages and Operating Systems(ASPLOS).IEEE，2017： 297-311.

Chapter 04

GPGPU 儲存架構

如同在 CPU 中一樣，儲存系統對 GPGPU 的性能也有著重要的影響。GPGPU 普遍採用大規模執行緒平行，因而對儲存系統的頻寬要求遠高於 CPU。舉例來說，Intel i9-10980XE CPU 的峰值頻寬為 94GB/s，而同期發佈的 NVIDIA A100 GPU 的峰值頻寬是前者的 16.5 倍，達到約 1.5TB/s。為了滿足這樣的需求，GPGPU 的儲存系統往往採用更多分立、更大位元寬、更高吞吐的專用儲存元件，如 GDDR5/6 和 HBM1/2(High Bandwidth Memory)。同時，為了減少對全域記憶體的存取，GPGPU 的程式設計模型中還抽象出多種儲存空間來支援通用計算中多樣的存取記憶體需求，保證 GPGPU 大規模執行緒的運算能力得以充分發揮。

本章將特別注意 GPGPU 儲存架構的設計，尤其是單晶片儲存資源的設計及其提供的多樣存取方式和特性，使得執行緒能夠差異化地利用它們達到最佳的性能。

4.1 GPGPU 儲存系統概述

現代處理器的儲存系統大多採用層次化的結構。本節將從 CPU 儲存層次入手，透過對比介紹 GPGPU 儲存層次的特點。

4.1.1 CPU 的層次化儲存

為了能夠更進一步地理解 GPGPU 儲存系統，首先簡要回顧 CPU 中層次化儲存系統的設計。熟悉這部分內容的讀者可以跳過本節。

在基於馮·紐曼系統結構設計的處理器中，程式的執行可以視為控制器從主記憶體中讀取指令和運算元，由運算器也就是算數邏輯單位 (ALU) 不斷對運算元進行計算的過程。現代處理器普遍採用精簡指令集。在精簡指令集電腦 (Reduced Instruction Set Computer，RISC) 中，運算器所需的運算元都需要從暫存器檔案 (Register File，RF) 中獲得，原因是只有暫存器才能提供與算數邏輯單位電路相匹配的讀寫速度。但暫存器的硬體銷耗很高，一個暫存器檔案只能配備幾十到數百個暫存器，所以執行時期需要在暫存器檔案和主記憶體之間反覆地進行運算元的載入 (load) 和儲存 (store) 操作，保證運算所需要的運算元都能在暫存器中。由於主記憶體的存取速度比暫存器檔案慢幾個數量級，存取記憶體操作往往會嚴重影響處理器的性能。

針對這一問題，引入了快取記憶體 (cache) 結構，將主記憶體中經常被存取的資料保留在單晶片供快速存取。快取記憶體能夠發揮其作用的原因在於，程式在執行過程中對資料的存取往往具有明顯的時間和空間區域性，只要能夠把常用的資料合理地保留在快取記憶體中，就可以提高資料存取的速度，並減少對主記憶體存取的次數。由於快取記憶體往往採用讀寫速度更快的靜態隨機存取記憶體 (Static Random Access

Memory，SRAM) 來實作，且在物理距離上與運算器相近，所以快取記憶體進行資料存取的時間銷耗相比於主記憶體更低。然而，靜態隨機存取記憶體整合密度低，其功耗較主記憶體卻大得多，使得快取記憶體的容量仍遠低於主記憶體。依據快取記憶體與運算器之間的距離，還可以將快取記憶體細分為一級 (L1) 快取、二級 (L2) 快取等。一般而言，層次越低的快取容量越大，但存取時間和性能代價也更高。

原始的運算元和程式儲存在由磁碟或固態硬碟組成的外部記憶體中，這類記憶體容量大但存取速度很慢，組成了層次化儲存系統中的最後一個層次。再次利用資料存取中呈現出時間和空間區域性特點，將資料和程式中常用的部分合理放置在主記憶體中，可以降低對外部記憶體的存取，獲得更快的讀寫速度。目前主記憶體大多由 DRAM 組成，其存取速度遠比外部記憶體快，但容量相對小一些。

綜上所述，CPU 儲存系統中廣泛採用的層次化儲存結構如圖 4-1 所示，該結構為典型的「正三角」金字塔結構。不同儲存媒體有著不同的儲存特性：頂部的儲存媒體離運算器近，速度快，但電路銷耗大，所以數量少，容量小；而底部的儲存媒體離運算器遠，速度慢，但電路銷耗低，所以具有更大的容量。層次化的結構、合理的資料版面配置管理，為程式設計人員製造出儲存系統容量又大速度又快的「假像」，並在實際應用中成功地造成了加速資料存取的效果。

隨著積體電路製程製程的進步，現代 CPU 處理器普遍將運算器、控制器、暫存器檔案、快取等元件整合封裝在一塊晶片內。其中暫存器和多級快取記憶體組成了單晶片儲存系統，而以 DRAM 為主要媒體的主記憶體放置在晶片外部，組成了外部儲存系統。它們往往透過高速晶片組和匯流排與處理器相連，與單晶片儲存進行資料互動。更低速的存放裝置則透過低速晶片組和 I/O 匯流排與高速晶片組相連，進而與處理器相連，實作資料互動。

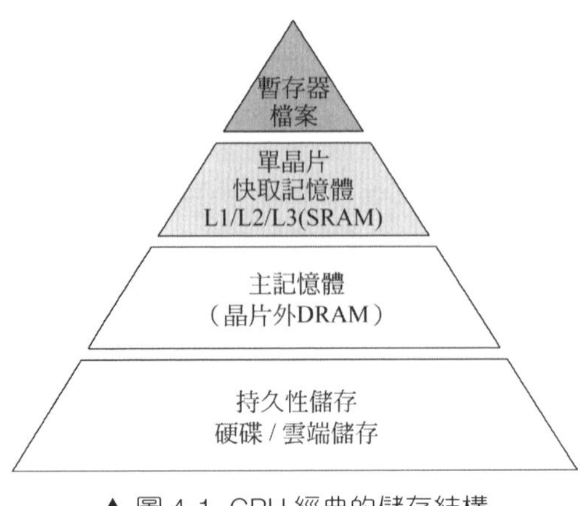

▲ 圖 4-1 CPU 經典的儲存結構

4.1.2 GPGPU 的儲存層次

與 CPU 儲存系統結構類似，GPGPU 的儲存系統也採用了層次化的結構設計，透過充分利用資料的區域性來降低晶片外部記憶體的存取銷耗。但為了滿足 GPGPU 核心的 SIMT 大規模執行緒平行，GPGPU 遵循吞吐量優先的原則，因此其儲存系統也與 CPU 有著明顯區別。二者的差異主要表現在記憶體容量、結構組成和存取管理上。

根據 2.3.1 節的介紹，CUDA 和 OpenCL 的程式設計模型將 GPGPU 的儲存大致分為暫存器檔案、L1 資料快取 / 共享記憶體、L2 快取和全域記憶體等。雖然各個層次與 CPU 中對應層次所採用的元件類型大體相同，但 GPGPU 中儲存層次的設計與 CPU 卻明顯不同。從圖 4-2(a) 中可以看到，GPGPU 每個可程式化多處理器中暫存器檔案的容量顯著高於 L1 快取和共享記憶體，呈現出與 CPU 截然相反的「倒三角」結構，這種「倒三角」結構是 GPGPU 儲存系統的顯著特點。圖 4-2(b) 具體展示了 NVIDIA 幾代 GPGPU 中的暫存器檔案、L1 快取 / 共享記憶體和 L2 資料快取的容量對比。可以看到，暫存器檔案佔單晶片儲存的比例很高。舉例來說，在 Pascal 架構中，超過 60%的單晶片儲存容量都來自暫存器檔案，而且這種趨勢並沒有改變。雖然在 A100 GPGPU 中大幅增加了 L2 快取的容量，但暫存器檔案的佔比仍然很高。

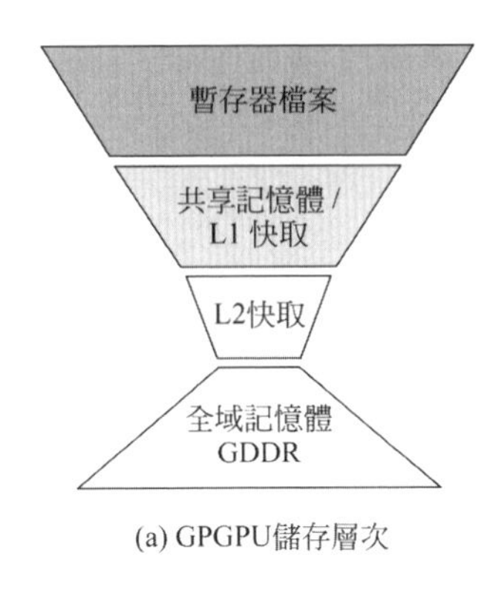

(a) GPGPU儲存層次

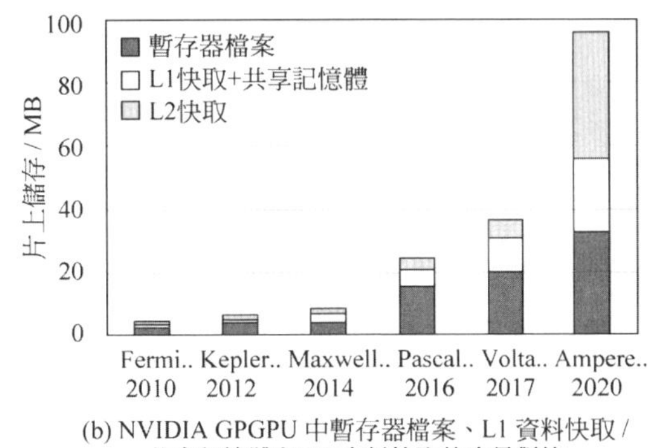

(b) NVIDIA GPGPU 中暫存器檔案、L1 資料快取 / 共享記憶體和 L2 資料快取的容量對比

▲ 圖 4-2 GPGPU 層次化儲存概覽

GPGPU 的暫存器檔案採用如此大容量的設計，主要是為了滿足執行緒束的零銷耗切換。3.4 節介紹了執行緒 / 執行緒束的排程，由於每個串流多處理器能夠同時支援的執行緒束數量很多，為了支援執行緒束的靈活切換以掩藏如快取缺失等長延遲時間操作，需要將活躍執行緒束的上下文資訊，尤其是暫存器的內容都儲存在暫存器檔案中。如果暫存器資源減少，當執行緒的暫存器需求超過暫存器檔案的物理容量時，則需要在全域記憶體中分配一些區域記憶體給這些額外的暫存器使用，這種現象被稱為「暫存器溢位」。暫存器溢位操作往往會導致性能下降，因此從性能方面考慮，GPGPU 不得不採取大容量的暫存器檔案設計。當然在實際使用中人們發現，如此大的暫存器容量並不總是能夠得到充分利用，會有許多空閒暫存器存在。本章的後續內容也將對這個問題進行深入探討。

大容量暫存器檔案設計帶來的負面影響，就是可程式化多處理器中 L1 資料快取 / 共享記憶體的容量被擠壓，導致 L1 資料快取不得不減少容量，很多時候就無法像 CPU 的大容量快取一樣對工作資料集造成充分的快取作用。例如 NVIDIA V100 中每個串流多處理器最多可以使用 128KB 的 L1 資料快取容量。考慮到 L1 資料快取會被可程式化多處理器內的 2048 個執行緒共享，每個執行緒理論上只能分配到 64B，即 16B 節的空間。這對於快取需求較高的通用計算，可能會帶來嚴重的快取容量缺失和衝突缺失等問題，導致性能大幅下降。本章後續內容也將對這個問題進行探討。

GPGPU 單晶片儲存所呈現的「倒三角」結構在 L1 和 L2 資料快取之間也同樣存在。大量的可程式化多處理器共享一個 L2 快取，使得 L1 資料快取的總容量超過 L2 快取。舉例來說，在 V100 架構中，80 個可程式化多處理器的 L1 資料快取共計可達 10MB，其總容量遠大於 L2 快取的 6MB 容量，呈現出「倒三角」結構。這表示 GPGPU 的 L2 快取也不能像 CPU 中的大容量 L2 快取那樣，為每個可程式化多處理器保留其工作集資料。這表示 GPGPU 的快取需要更為精細化的管理。雖然 A100 中的 L2 快取大幅增加了容量，但考慮到大量可平行的執行緒，平均下來每個執行緒的快取容量仍然十分有限。

除了容量上的差別，GPGPU 的存取記憶體操作呈現出高度平行化的特點。由於 GPGPU 以執行緒束為細微性執行，因此對每一個執行緒束的資料存取操作都會盡可能利用空間平行性來合併請求或廣播所需要的資料，從而提高存取的效率。舉例來說，L1 資料快取和全域記憶體的存取都有各自的位址合併存取規則，這往往需要硬體上配備專門的存取合併單元來支援執行緒存取請求的線上合併。

GPGPU 的存取記憶體行為還表現出更為精細的單晶片記憶體管理特點。GPGPU 可以選擇共享記憶體、L1 資料快取、紋理快取、常數快取等不同的儲存空間來儲存資料，還可以在保證總容量不變的情況下靈活地調節共享記憶體和 L1 資料快取的大小。很多 GPGPU 還可以指定資料在

L1 資料快取中的快取策略。這些都讓程式設計人員可以根據不同應用的特點實施更加精細化的記憶體管理。

隨著每代 GPGPU 硬體的迭代，儲存系統的架構也不斷演變，因此很難舉出一個具體的硬體結構描述，但大都符合 CUDA 和 OpenCL 程式設計模型中多種儲存空間的抽象。本章從宏觀上歸納了 GPGPU 儲存系統的一些共有特點，從各元件本身的行為邏輯來理解 GPGPU 儲存系統的工作模式。

4.2 暫存器檔案

GPGPU 暫存器檔案的大容量使得它與 CPU 的通用暫存器檔案設計有所不同。本節將著重介紹 GPGPU 暫存器檔案的組織和實作方式、SIMT 執行時運算元的存取方式及如何利用運算元收集器 (operand collector) 提高運算元的存取效率。

4.2.1 平行多板塊結構

為了獲取更高的暫存器儲存密度，大容量的 GPGPU 暫存器檔案多採用 SRAM 實作。由於 GPGPU 的主頻往往只有 1GHz~2GHz，並沒有桌面 CPU 那麼高，因此 SRAM 的工作頻率也可以滿足要求。

除了容量的需求，GPGPU 的暫存器檔案還需要高平行度和高存取頻寬以滿足執行緒束對運算元平行存取的需求。假設某個執行緒束正在執行一行融合乘加指令 (Fused-Multiply-Add，FMA)，32 個執行緒各自需要讀取 3 個 32 位元的來源暫存器，並將結果寫入 1 個 32 位元的目標暫存器。為了能夠保證一個週期完成讀取和寫回，要求暫存器檔案每個週期至少提供 96 個 32 位元的讀取操作和 32 個 32 位元的寫入操作能力。然而，SRAM 的面積隨著讀寫通訊埠數目的增加而快速增大，巨大的面積使得 GPGPU 暫存器檔案難以採用激進的多通訊埠設計。為了減小 GPGPU 暫存器檔案的面積並維持較高的運算元存取頻寬，GPGPU 的暫存器檔案往往會採用包含有多個板塊 (bank) 的單通訊埠 SRAM 來模擬多通訊埠的存取。

圖 4-3 展示了一個多板塊組織的暫存器檔案基本結構，其中資料儲存部分由 4 個單通訊埠的邏輯板塊組成。由於暫存器運算元存取具有較高的隨機性，這些邏輯板塊採用一個對等的交叉開關 (crossbar) 與 RR/EX(register read/execution) 管線暫存器相連，將讀出的來源運算元傳遞給 SIMT 執行單元。同時，執行單元的計算結果將被寫回到其中的板塊。板塊前端的存取仲裁器控制如何對各個板塊進行存取及交叉開關如何將結果路由到合適的 RR/EX 管線暫存器中。實際上，由於暫存器檔案的總容量非常大，每個邏輯板塊會被進一步拆分成更小的物理板塊，以滿足硬體電路對時序和功耗的約束。

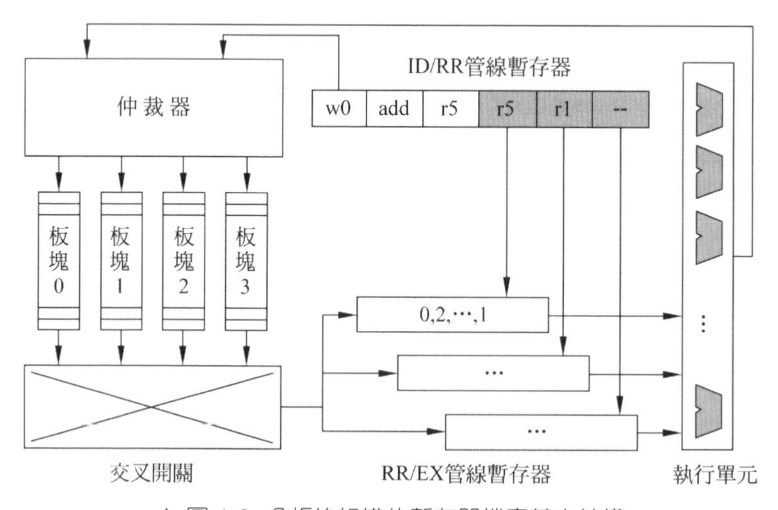

▲ 圖 4-3 多板塊組織的暫存器檔案基本結構

那麼，每個執行緒的暫存器是如何分佈在多個板塊中的呢？在 NVIDIA 的 GPGPU 中，32 個相鄰的執行緒按照順序組成一個執行緒束，在沒有發生執行緒分支的情況下，這 32 個執行緒的行為是一致的。因此，暫存器檔案將 32 個執行緒的純量暫存器打包成執行緒束暫存器 (warped register) 進行統一讀取和寫入，每個執行緒束暫存器的資料位元寬是 32 位元 ×32 個執行緒 =1024 位元。假設每個執行緒束最多配備 8 個執行緒束暫存器 (r0，r1，r2，…，r7)，一種直接的分配方法就是將這 8 個暫存器依次分佈到不同的邏輯板塊中，不同的執行緒束採用相同的方式分配各自的暫存器，如圖 4-4 所示。舉例來說，執行緒束 w0 的 r0 暫存器被分配在板塊 0 的第一個位置，w0 的 r1 暫存器被分配在板塊 1 的第一個位置，依此類推。如果執行緒束需要的暫存器數目多於邏輯板塊的個數，則迴圈分佈。如 w0 的 r4 暫存器就安排在板塊 0 的第二個位置。同理，w1 的 8 個暫存器也從板塊 0 開始分佈，佔用每個板塊中兩行項目。

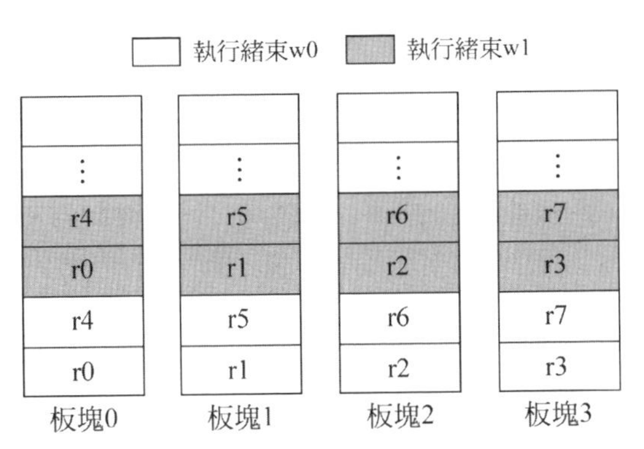

▲ 圖 4-4 暫存器在多板塊中的一種直觀分佈

在了解了暫存器檔案的基本結構和暫存器分佈方式後，這裡以 "add %r5，%r5，%r1" 這樣一行簡單的 PTX 指令為例，分析暫存器的存取過程。舉例來說，執行緒束 w0 執行到這行指令，它的 32 個執行緒讀取和寫入的具體過程如下。

(1) 將解碼指令存入圖 4-3 所示的 ID/RR(Instruction Decode/Register Read) 管線暫存器中。除解碼指令外，該管線暫存器還會記錄當前指令的執行緒束 WID。WID 並非由指令解碼得到，而是由可程式化多處理器的執行緒束排程器舉出。根據暫存器的分佈規則，只有結合 WID 和具體的暫存器編號 RID 才能在暫存器檔案的邏輯板塊中定位一個暫存器項目。

(2) 仲裁器透過 ID/RR 管線暫存器中的特定欄位，獲知該行指令所主動運算元的暫存器編號。按照給定的暫存器分佈方式，執行緒束 w0 的 r5 和 r1 暫存器分別位於板塊 2 的第二個位置和板塊 1 的第一個位置。仲裁器將發送對應位置的讀取請求並打開對應的板塊讀取各自暫存器的值。

(3) 從打開的板塊中讀取 w0 的 r5、r1 暫存器值後，透過交叉開關將資料傳送到合適的 RR/EX 管線暫存器。圖 4-3 中標識的三個 RR/EX 管線暫存器代表一行指令最多有 3 個來源運算元。在本例中，r5 被存入第一行的 RR/EX 管線暫存器中。

(4) 所主動運算元都準備好後將指令送入 SIMT 單元執行。

(5) 加法執行完成後暫存器寫回。在仲裁器的控制下，32 個執行緒的執行結果統一寫回到 w0 的 r5 暫存器中，即存放在板塊 1 的第二個位置。

4.2.2 板塊衝突和運算元收集器

暫存器檔案雖然利用了多板塊的結構提高了 GPGPU 暫存器的平行存取記憶體能力，但由於指令中暫存器的請求往往呈現隨機性，不均勻的請求如果存取到同一板塊，會導致單通訊埠的邏輯板塊很容易發生板塊

衝突 (bank conflict)。發生衝突的板塊此時只能串列存取，依次讀出所需要資料，導致板塊使用率下降，降低暫存器存取的效率。

圖 4-5 透過一個具體的例子說明了這種情況。假設有兩行指令 i1 和 i2，其中指令 i1 是一行乘加指令，其來源暫存器是 r5、r4 和 r6，分別位於邏輯板塊 1、0 和 2(圖 4-5 中用 "_" 後面的數字表示)。指令 i2 是一行加法指令，其來源暫存器均位於板塊 1 的 r5 和 r1。圖 4-5 中右上表格展示了各執行緒束指令發射的順序。舉例來說，週期 0 時執行緒束 w0 發出指令 i1，週期 1 時 w1 發出指令 i2。但由於存在板塊衝突，w2 要延後 1 個週期直到週期 3 才能發出指令 i2，同理，w3 的指令 i2 也因板塊衝突被延後到第 6 個週期發射。

圖 4-5 底部展示了板塊衝突的具體情況，週期 1 時，指令 i1 的三個來源運算元暫存器 r4、r5、r6 分別位於不同的板塊，因此 w0 能夠在當前週期同時取得這三個運算元。週期 2 時，由於 w1 中指令 i2 所需的兩個來源運算元暫存器 r5、r1 均位於板塊 1 內，單通訊埠板塊只允許二者之一進行存取。假設 r1 先被存取，則 r5 的存取只能被延後到週期 3 進行。此時，w0 的指令 i1 執行對 r2 的寫回操作，由於與指令 i2 的讀取操作不存在板塊衝突，故兩個操作可以同時進行。週期 4 時，w2 的指令 i2 同樣因為板塊衝突而只能讀取一個運算元，假設為 r1。週期 5 時，w2 指令 i2 的讀取操作與 w1 指令 i2 的寫回操作在板塊 1 上存在衝突，假設板塊寫入操作的優先順序高於讀取操作，那麼 w1 完成寫回後才允許 w2 在下一個週期讀取另一個運算元。

依此類推，4 個執行緒束指令總共需要 9 個週期才能完成對運算元的讀取，遠遠超過了理想情況的 4 個週期。主要原因就是頻繁的暫存器板塊衝突導致暫存器存取停頓。

```
i1: mad  r2_2, r5_1, r4_0, r6_2
i2: add  x5_1, r5_1, r1_1
```

週期	執行緒束	指令
0	w0	i1: mad r2_2, r5_1, r4_0, r6_2
1	w1	i2: add r5_1, r5_1, r1_1
3	w2	i2: add r5_1, r5_1, r1_1
6	w3	i2: add r5_1, r5_1, r1_1

週期		1	2	3	4	5	6	7	8	9	10	11
板塊	0	w0 i1:r4										
	1	w0 i1:r5	w1 i2:r1	w1 i2:r5	w2 i2:r1	w1 i2:r5	w2 i2:r5	w3 i2:r1	w2 i2:r5	w3 i2:r5		w3 i2:r5
	2	w0 i1:r6		w0 i1:r2								
	3											
操作		w0讀取操作數	w0執行 w1讀取操作數	w0寫回 w1讀取操作數	w1執行 w2讀取操作數	w1寫回	w2讀取操作數	w2執行 w3讀取操作數	w2寫回	w3讀取操作數	w3執行	w3寫回

▲ 圖 4-5 暫存器檔案的板塊衝突範例

1. 運算元收集器

針對板塊衝突導致的暫存器檔案存取效率降低的問題，可以透過允許盡可能多的指令同時存取運算元，利用多板塊的平行性提高來存取效率。這樣即使板塊衝突仍然存在，受益於暫存器存取的隨機性，也可以重疊多行指令的存取時間，提高暫存器檔案的輸送量。基於這個想法，研究人員提出了運算元收集器的概念。圖 4-6 展示了包含運算元收集器的暫存器檔案結構，與圖 4-3 所示的暫存器檔案基本結構相比，關鍵變化在於管線暫存器被運算元收集器取代。此時，每行指令進入暫存器讀取階段後都會被分配一個運算元收集單元。運算元收集器中包含多個收集單元，允許多行指令同時存取暫存器檔案。這樣即使存在板塊衝突，由於多行指令包含了多個來源運算元暫存器的存取請求，仍然可以充分利用暫存器檔案多板塊的結構特點，為暫存器存取提供板塊級平行性，這樣可以顯著增加暫存器讀寫的吞吐量，提高暫存器的存取效率。

運算元收集器往往包含多個收集單元，以便提高暫存器平行存取的可能性。每個收集單元包含一行執行緒束指令所需的所主動運算元的緩衝空間。如圖 4-6 所示的暫存器檔案中有 4 個收集單元。因為每行指令至多可以包含 3 個來源運算元暫存器，所以每個單元設定有 3 個項目。每個運算元項目又包含以下 4 個欄位。

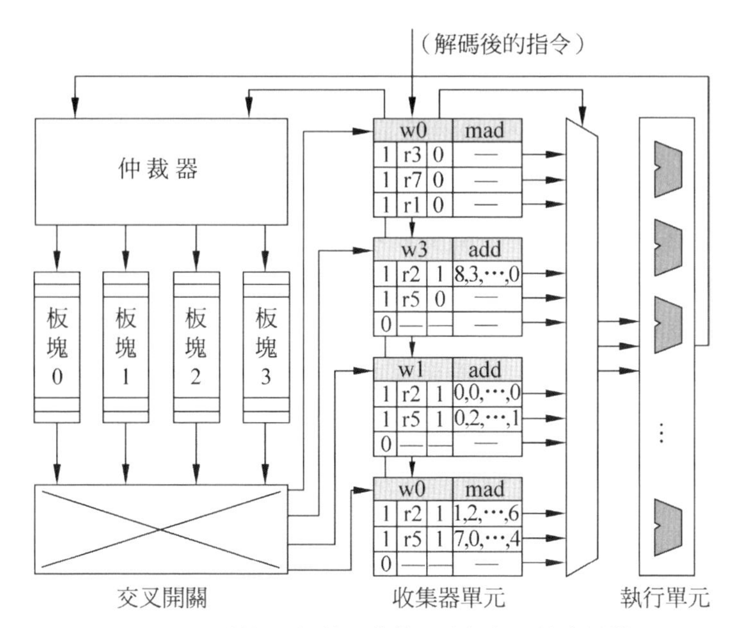

▲ 圖 4-6 增加了運算元收集器的暫存器檔案結構

(1) 1 個有效位元，表示指令中是否包含該運算元的請求。並非每行指令都有 3 個來源運算元，因此可以利用有效位元來標識這一資訊。

(2) 1 個暫存器 RID，如果有效位元有效，那麼暫存器 RID 就是該來源運算元所在的暫存器編號。

(3) 1 個就緒位元，表明暫存器是否已經被讀取，即後續運算元資料欄位是否有效。

(4) 運算元資料欄位，每個運算元資料欄位可以儲存一個執行緒束暫存器，即 32 位元 ×32 個執行緒 =1024 位元 =128 位元組的資料。

另外，每個收集單元還包括一個執行緒束 WID，用於指示該指令屬於哪個執行緒束，與暫存器 RID 一起產生板塊的造訪網址。

這裡以一行指令的執行過程為例分析運算元收集器的工作原理。當接收到一行解碼指令並且有空閒的收集單元可用時，會將該收集單元分配給當前指令，並且設定好執行緒束 WID 及運算元項目內的暫存器 RID 和有效位元。與此同時，來源運算元暫存器讀取請求在仲裁器中排隊等待。仲裁器包含了每個板塊的讀取請求佇列，佇列中的請求保留到存取資料傳回為止。暫存器檔案中有 4 個單通訊埠邏輯板塊，允許仲裁器同時將至多 4 個非衝突的存取發送到各個板塊中。當暫存器檔案完成對運算元的讀取並將資料存入收集單元的對應項目時，便可以修改就緒位元為 1。最後，當一個收集單元中所有的運算元都準備就緒後，通知排程器將指令和資料發送給 SIMT 執行單元並釋放其佔用的收集器資源。

2. 暫存器的板塊交錯分佈

一方面，運算元收集器本質上增加了存取需求，提高了暫存器平行存取的可能性；另一方面，利用 GPGPU 中執行緒束排程的特點可以有效地減少甚至避免板塊存取的衝突。回顧 3.4 節，執行緒束排程的基本策略是輪詢，這表示只要執行緒束就緒，排程器就會盡可能選擇不同執行緒束中相同 PC 的指令相繼發射。這些相繼發射的指令只有執行緒束 WID 不同，而暫存器 RID 卻是相同的，因此可以透過改變執行緒束暫存器在板塊內的分佈規則來降低相繼發射的指令間可能存在的板塊衝突的風險。

如圖 4-7 展示了暫存器隨多板塊交錯分佈的方式。相比原先將不同執行緒束相同編號的暫存器分配在同一板塊的方式，新的暫存器分配方式將不同執行緒束同一編號的暫存器交錯分佈在各個板塊中。如執行緒束 w0 的暫存器 r0 被分配在板塊 0 中，而 w1 的暫存器 r0 分配在板塊 1 中，這樣如果 w0 和 w1 相繼發射，它們仍然可以平行地從板塊 0 和板塊 1 中讀取各自的暫存器 r0，消除了在存取相同編號暫存器時存在的板塊衝突問題。這種將暫存器交錯分配到不同板塊的新規則有助減少不同執行緒束指令間產生的板塊衝突。當然，它並不能解決單一執行緒束指令在存取暫存器時發生的板塊衝突。對於這種情形，可以要求編譯器在進行暫存器分配時，盡可能避免同一執行緒束的指令使用相同板塊的暫存器，也就是在程式執行前避開板塊衝突的可能。

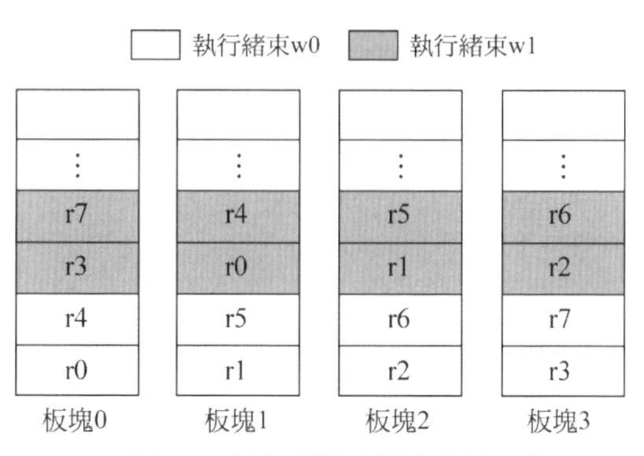

▲ 圖 4-7 暫存器隨多板塊交錯分佈

結合運算元收集器和暫存器板塊交錯分佈規則，並在消除單一執行緒束內暫存器板塊衝突的情況下，再分析一下圖 4-5 的例子。如圖 4-8 所示，首先編譯器透過將 i2 的 r5 暫存器重分配，消除同一個執行緒束內暫存器板塊衝突的可能性。執行緒束 w0 的指令 i1 於週期 0 發出，執行緒束 w1~w3 的指令 i2 分別於週期 1~3 發出。注意到 i2 加法指令 (w1:i2、w2:i2、w3:i2) 的來源運算元暫存器 r1 和目標暫存器 r5 總是處於同一板塊內。不同於圖 4-4 所示的暫存器版面配置，這裡不同執行緒束暫存器存取不同的板塊，有助減少一個執行緒束暫存器寫回時與其他執行緒束讀取之間的板塊衝突。比如在週期 4 時，w1 對暫存器 r5 的寫回與 w3 對暫存器 r1 的讀取及 w3 對暫存器 r2 的讀取是平行的，而在圖 4-4 所示的暫存器分佈中，平行存取暫存器 r1 和 r5 會產生板塊衝突。4 個執行緒束指令需要 4 個週期完成對運算元的讀取，大幅提高了暫存器存取的效率。

```
i1: mad  r2, r5, r4, r6
i2: add  x5, r2, r1
```

週期	執行緒束	指令
0	w0	i1: mad r2_2, r5_1, r4_0, r6_2
1	w1	i2: add r5_2, r2_3, r1_2
2	w2	i2: add r5_3, r2_0, r1_3
3	w3	i2: add r5_0, r2_1, r1_0

週期		1	2	3	4	5	6
板塊	0	w0 i1:r4		w2 i2:r2	w3 i2:r1		w3 i2:r5
	1	w0 i1:r5			w3 i2:r2		
	2	w0 i1:r6	w1 i2:r1	w0 i1:r2	w1 i2:r5		
	3		w1 i2:r2	w2 i2:r1		w2 i2:r5	
操作		w0讀取操作數	w0執行 w1讀取操作數	w1執行 w0寫回 w2讀取操作數	w2執行 w1寫回 w3讀取操作數	w3執行 w2寫回	w3寫回

▲ 圖 4-8 利用運算元收集器和暫存器分佈最佳化板塊衝突現象

4.2.3 運算元平行存取時的相關性冒險

雖然運算元收集器改善了存取暫存器檔案的平行性，但也可能由於資料相關性帶來新的冒險。這是由於運算元收集器目前只考慮了資料存取的平行性，雖然不同指令會按順序進入運算元收集器，但對暫存器的存取和指令的執行沒有任何順序的約束，因此可能違背相關性導致管線冒險。舉例來說，運算元收集器中某時刻恰好有同一執行緒束的兩行指令，其中前一行指令讀取的暫存器剛好是後一行指令將要寫入的暫存器。一般來講，第一行指令會先於第二行指令完成對暫存器的讀取，所以不會因為 WAR 相關導致冒險。但假設第一行指令在存取來源運算元暫存器時連續遭遇板塊衝突，直到第二行指令完成執行並將結果寫回時，第一行指令才讀取了所需的暫存器，那麼它讀取的將是後一行指令已經更新過的值，此時發生了 WAR 冒險，導致功能不正確。對於另外兩種資料相關性，即 RAW 和 WAW 相關則不會在運算元存取階段發生，因為記分板會在前一行指令完成對暫存器的寫回操作後，才允許有資料相關性的後一行指令發射到管線上執行。

針對運算元平行存取時產生的 WAR 冒險，可以有多種方案來避免。第一種保守的方案可以要求每個執行緒束每次最多執行一行指令，只有在當前指令完成寫回後才能發射下一行指令。這種方式比較符合執行緒束輪詢的排程策略，在某些情況下可能造成較高的性能損失。另一種方案可以要求每個執行緒束每次僅允許一行指令在運算元收集器中收集資料。由於前後兩行相關指令在除運算元收集外的其他階段還是可以平行的，減少了方案一中下一行指令的等待時間，因此對性能的影響相對較小。為了追求更低的性能損失，可以更準確地追蹤暫存器的讀取和寫回操作，直到前一行讀取完成才允許後續指令的發射或寫回，例如採用讀寫屏障的控制，或採用一些其他形式的追蹤機制，以更大的銷耗換取性能。

4.2.4 擴充討論：暫存器檔案的最佳化設計

GPGPU 儲存層次的「倒三角」結構是實作高執行緒平行度的關鍵的設計：每個可程式化多處理器中擁有大容量的暫存器檔案，可以容納大量的活躍執行緒。當執行緒進入長延遲時間操作時，可以迅速切換執行緒束來掩蓋延遲時間。然而，大容量暫存器檔案面臨著諸多設計挑戰。舉例來說，根據文獻 [17] 所舉出的資料，GPGPU 中暫存器檔案的功耗佔比有時會與全域記憶體的功耗佔比相近。那麼如何降低功耗、最佳化存取延遲、平衡頻寬，這些問題對暫存器檔案的設計和 GPGPU 的性能來說都非常重要。

1. 增加前置暫存器檔案快取的設計

大容量的暫存器檔案帶來了較高的暫存器存取功耗。透過對視訊、影像、模擬和高性能計算等應用中暫存器讀寫次數和間隔時間的分析發現，高達 40% 的暫存器資料只被讀取一次 (流式存取)，而且這些資料往往會在產生後的 3 行指令範圍內被讀取，如圖 4-9 所示。這些資料的生命期很短且重複使用次數很低，所以將它們寫入大容量的暫存器檔案中再讀取出來會浪費較高的能量。因此，人們再次試圖利用資料的區域性原理，透過增加快取結構來降低暫存器讀寫的功耗。為此，文獻 [18] 提出前置一個小容量的暫存器檔案快取 (Register File Cache，RFC) 來捕捉這些短生命週期的資料，從而過濾掉大部分對原有的主暫存器檔案 (Main Register File，MRF) 的存取。

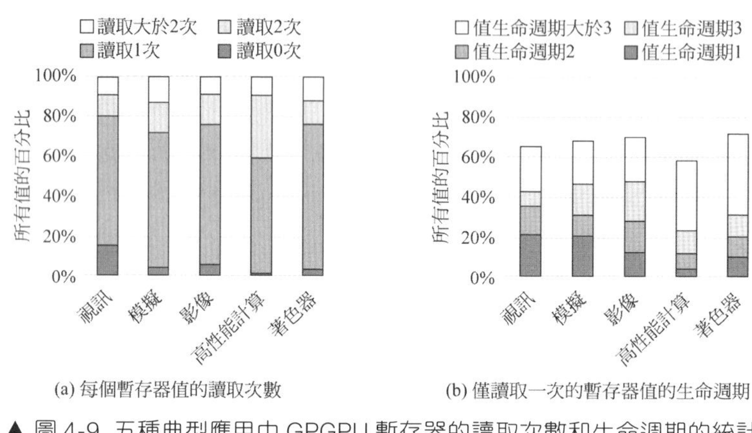

▲ 圖 4-9 五種典型應用中 GPGPU 暫存器的讀取次數和生命週期的統計

RFC 的工作原理如下：待寫回的目的暫存器首先會被寫入 RFC 中，等待後續暫存器的讀取操作。根據前面的實驗分析，大部分目的暫存器會在較短的時間內僅有 1 次後續的讀取操作，因此可以透過 RFC 滿足這部分讀取操作請求。只要是快取機制就會有存取缺失的情況，RFC 的下一級儲存就是 MRF，因此未命中的來源運算元還是會從 MRF 中讀取，並完成 RFC 項目的替換。預設情況下，RFC 中替換出的暫存器值都需要寫回到 MRF 上。為了減少一些不必要的寫回操作，該文獻提出採用編譯時產生的靜態暫存器活性資訊 (static liveness information) 來輔助 RFC 的寫回操作。在 RFC 中，已經完成最後一次讀取的暫存器將被標記為死暫存器 (dead register)，在發生替換操作時無須將其寫回 MRF 中。

為進一步減小 RFC 的大小，該文獻提出了兩級執行緒排程器，將執行緒劃分為活躍執行緒和暫停執行緒。舉例來說，每個可程式化多處理器上僅有 4~8 個執行緒束被設為活躍執行緒束。在 RFC 的設計中，只有活躍執行緒才擁有 RFC 資源，並且透過兩級排程器盡可能反覆排程，以提高 RFC 的周轉速率，減少 RFC 的更新銷耗。若一個活躍的執行緒束遇到長延遲操作，比如全域記憶體載入或紋理讀取，其將從活躍狀態暫停，且該執行緒束在 RFC 中所分配的項目也會被更新。之後兩級排程器會從暫停執行緒束中選擇一個已經準備就緒的執行緒束，使其變為活躍狀態。

圖 4-10 展示了一個可程式化多處理器修改前後微架構的對比示意圖。RFC 透過為暫存器檔案增加區域性快取帶來了多方面的好處。舉例來說，透過減少對 MRF 的存取來減少功耗。對各種圖形和計算工作負載的實驗表明，透過為每個執行緒束配備僅 6 個項目的 RFC 就可以分別減少 50% 和 59% 的 MRF 讀取和寫入操作。由於 RFC 在物理上比 MRF 更接近執行單元，所以可以減少運算元傳遞的功耗。另外，RFC 還可以減少對 MRF 頻寬的要求，減少 MRF 板塊衝突的可能性，從而對性能也有積極的影響。

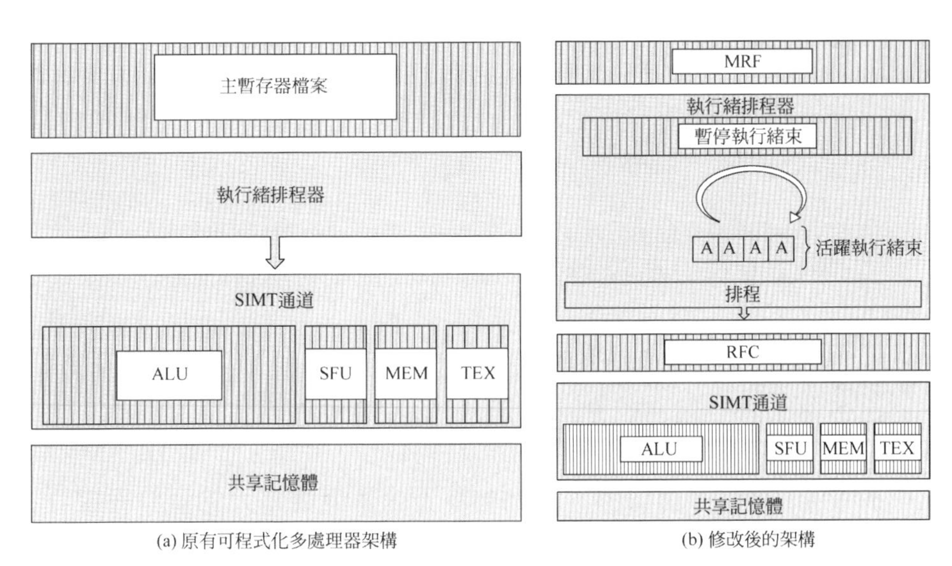

▲ 圖 4-10 基於 RFC 的可程式化多處理器微架構設計對比

2. 基於嵌入式動態儲存裝置器的暫存器檔案設計

傳統的暫存器檔案是基於 SRAM 設計的。在 GPGPU 架構中，大容量的 SRAM 暫存器檔案使得面積成本和功耗成為瓶頸。那麼是否有更經濟的儲存單元來解決這一問題呢？文獻 [19] 提出了利用嵌入式動態隨機存取記憶體 (embedded-DRAM，eDRAM) 作為中暫存器檔案單元件的另一選擇。如圖 4-11 所示，相比於一般的 SRAM 單元至少需要 6 個電晶體且存在較高的靜態功耗，eDRAM 提供了更高的儲存密度和更低的靜態功耗。同時 GPGPU 的工作頻率一般只有 1GHz 左右，並沒有 CPU 那樣高，因此 eDRAM 的速度基本可以滿足需求。容量大、速度要求不高的特點，使得基於 eDRAM 的暫存器檔案設計在 GPGPU 架構中更具有吸引力。

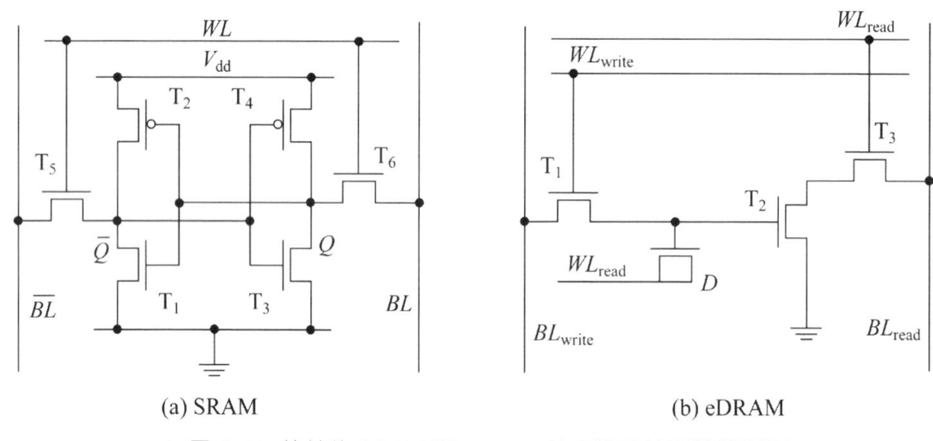

▲ 圖 4-11 傳統的 SRAM 和 eDRAM 位元單元的電路原理圖

如圖 4-11(b) 所示，eDRAM 採用柵極電容來儲存資料，與 DRAM 類似，面臨有限的資料保留時間 (retention time) 問題。一般來說，採用 eDRAM 的儲存單元其資料保留時間為幾微秒，遠低於一個 DRAM 板塊標準的 64ms 資料保留時間。因此，為了保持儲存單元的資料完整性，eDRAM 需要更為頻繁的週期性更新操作。一種直接的解決方案就是採用計數器記錄 eDRAM 暫存器檔案的保留時間，在保留時間到來之前完成所有暫存器的更新。然而在更新期間整個暫存器檔案將被鎖定，不能進行暫存器存取直到更新完成。這種更新方式會佔用正常的執行週期，大大降低性能。另外，溫度和製程變化也會對保留時間產生不利影響，使這種均一化的更新方法需要按照最差情況進行工作。所以，更新操作成為 eDRAM 作為單晶片儲存設計的主要障礙。

該文獻提出可以利用暫存器檔案多平行板塊結構這一特性，採用智慧更新策略來隱藏更新銷耗。暫存器檔案往往採用多板塊結構來模擬多通訊埠，並透過暫存器排列將對多個存取分佈到不同的板塊中。這種方式雖然有效，但由於板塊衝突問題，多板塊不能完全模擬多通訊埠暫存器檔案。比如一行指令中的兩個來源運算元均位於同一板塊中，將造成一個週期的指令停頓，稱為板塊氣泡 (bank bubble)。在這一氣泡週期中，其他的板塊可能是空閒的，為更新提供了時機。另外排程器不能發射或指令中暫存器存取未滿載時，氣泡也可能發生。基於這一觀察，該文獻提出了一種細微性更新策略。如圖 4-12 所示，每個暫存器與一個更新計數器相連結。當檢測到一個氣泡時，更新生成器隨機選擇該板塊中的計數低於預設設定值的暫存器項目進行更新。不同板塊的暫存器項目可以同時更新，但同一板塊中多個滿足條件的暫存器項目只能選擇其中一個進行更新，並重置該計數器。若較長時間內沒有氣泡且存在即將到期的計數器值，會強制對整個板塊進行更新，以保證資料的完整性。

考慮到用 eDRAM 替換 SRAM 所減少的面積，增加這些計數器並不會增加總的暫存器檔案面積，可以利用寫入操作對暫存器的天然更新，減少盲目更新的次數。因此，該文獻所提出的更新方法並不會給暫存器檔案帶來太大的影響，達到與 SRAM 暫存器檔案相當的性能，並提供更低的總功耗和總面積。同時，該方法還可以拓展到其他單晶片儲存設計，例如文獻 [20] 就將該方法拓展到 L1 快取和共享記憶體設計並獲得了類似的效果。更為重要的是，該文獻第一次提出利用新型儲存元件來改良 GPGPU 暫存器檔案的設計，打破了一直以來採用 SRAM 進行單晶片記憶體設計的固有想法。基於這一創新，後續湧現了大量類似的研究，利用不同的儲存元件，如 STT-RAM、racetrack memory、Carbon Nanotube Field-Effect Transistor(CNFET) 或混合結構來改良暫存器檔案或其他大容量單晶片儲存的設計。

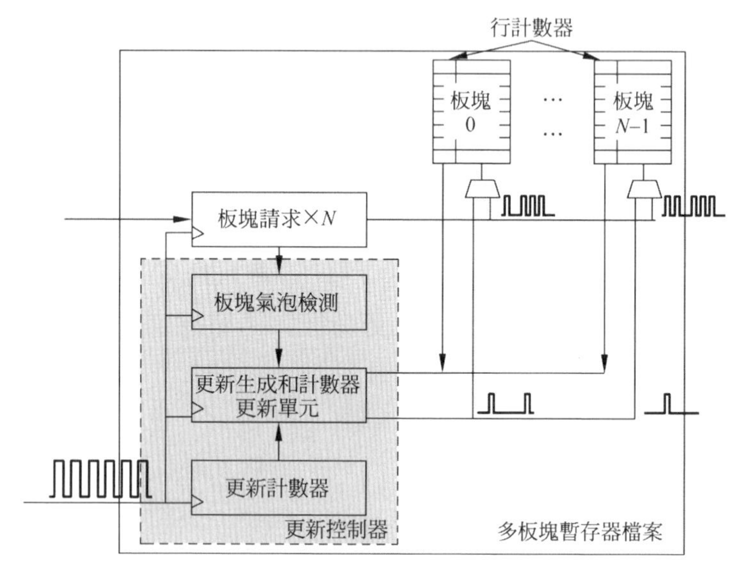

▲ 圖 4-12 利用板塊氣泡進行暫存器檔案的更新操作

3. 利用資料壓縮的暫存器檔案設計

在儲存系統中，採用資料壓縮技術可以降低資料傳輸時的頻寬需求和能量銷耗。能否將壓縮技術應用於 GPGPU 的暫存器檔案呢？文獻 [24] 探索了一種基於執行緒束的暫存器壓縮方案來減小整個暫存器檔案的功耗。

一系列實驗結果表明，相鄰執行緒暫存器數值之間存在很強的「值相似」特性，即一個執行緒束內所有執行緒所讀寫操作數的值差別較小。

尤其當執行緒束執行非分支程式時，這種值相似性就更為突出。GPGPU 中這種相似性源於以下兩個因素。

(1) GPGPU 程式中許多區域變數都是透過執行緒 ID 生成的，而一個執行緒束中連續執行緒的執行緒 ID 僅相差 1，因此用於存放陣列造訪網址的暫存器具有很強的值相似性。
(2) 執行時期輸入資料的動態範圍可能很小，會帶來值相似性。

程式 4-1 顯示了路徑查詢 (pathfinder) 核心函數的程式部分，說明了這種現象存在的原因。其中一些區域變數在所有執行緒中非常相似甚至相同。如第 6 行的 bx 是固定的執行緒區塊 ID，而 tx 是執行緒 ID。還有一些區域變數主要是用常數來計算的，如第 7 行上的 small_block_cols 使用 BLOCKSIZE 和 HALO 常數值計算，iteration 是每次呼叫 pathfinder_kernel 時固定的輸入參數值。pathfinder 的輸入陣列，即第 15~17 行的 prev[] 和第 21 行的 wall[]，都具有非常窄的動態範圍 (0~9)。因此，儲存諸如 left、up、right、short 等變數的暫存器表現出很強的值相似性。經統計，在若干 GPGPU 基準測試中沒有分支的執行時，平均 79% 的執行緒束表現出很強的值相似性，一個執行緒束中所有 32 個執行緒同一暫存器值之間的差值可以用兩位元組表示。而在分支執行的情況下，這種值相似性就會減弱很多。

⬇ 程式 4-1 核心函數 Pathfinder 的程式部分

```
1   #define IN_RANGE(x, min, max) ((x)>=(min) && (x)<=(max))
2
3   __global__ void pathfinder_kernel(int iteration, …)
4   {
5     ……
6     int tx = threadIdx.x; int bx = blockIdx.x;
7     int small_block_cols = BLOCKSIZE-iteration*HALO*2;
8     int blkX = small_block_cols*bx-border;
```

```
9     int xidx = blkX+tx;
10    ……
11    for (int i=0; i<iteration; i++) {
12      computed = false;
13      if (IN_RANGE(tx, i+1, bLOCKSIZE-i-2) && isValid) {
14        computed = true;
15        int left = prev[W];
16        int up = prev[tx];
17        int right = prev[E];
18        int shortest = MIN(left, up);
19        shortest = MIN(shortest, right);
20        int index = cols*(startStep+i) + xidx;
21        result[tx] = shortest + wall[index];
22        ……
23      }
24    }
25  ……
26  }
```

利用這種值相似性，該文獻提出一種低銷耗且實作高效的 Base-Delta-Immediate(BDI) 壓縮方案來實作執行緒束暫存器的壓縮和解壓縮設計。BDI 壓縮方案理論上十分簡單，每次選擇執行緒束中一個執行緒暫存器值作為基值 (base)，計算其他執行緒暫存器相對於這個基值的差值 (delta)，這個小的差值就可以使用更少的位元來表示，從而達到壓縮目的。文中根據資料統計，提出三種壓縮策略：<4,0>、<4,1>、<4,2>。第一個參數表示儲存基值所用位元組數，第二個參數表示儲存差值所用位元組數。因此，每個執行緒束需要一個 2 位元的壓縮指示來表明指定的執行緒束暫存器採用的是哪種壓縮選擇或並未被壓縮。

基於 BDI 壓縮的暫存器檔案整體結構如圖 4-13 所示。當執行單元向暫存器檔案寫回資料時，壓縮單元被啟動執行壓縮；當運算元收集器請求暫存器檔案時，解壓單元被啟動。在 <4,0>、<4,1> 或 <4,2> 三種壓縮選擇下，本來需要 128B 儲存的執行緒束暫存器數值，現在僅分別需要 4、36 或 68B 來儲存。因此透過壓縮暫存器值，每次對執行緒束暫存器的存取都會啟動更少的板塊，將導致動態功耗的降低。因為使用較少的板塊來儲存暫存器內容，所以可以透過對未使用的板塊進行門控來減少洩漏功耗。實驗結果表明，採用該壓縮方案的暫存器檔案在性能損失至多 0.1% 的情況下，平均可以節省 25% 的暫存器檔案存取功耗。

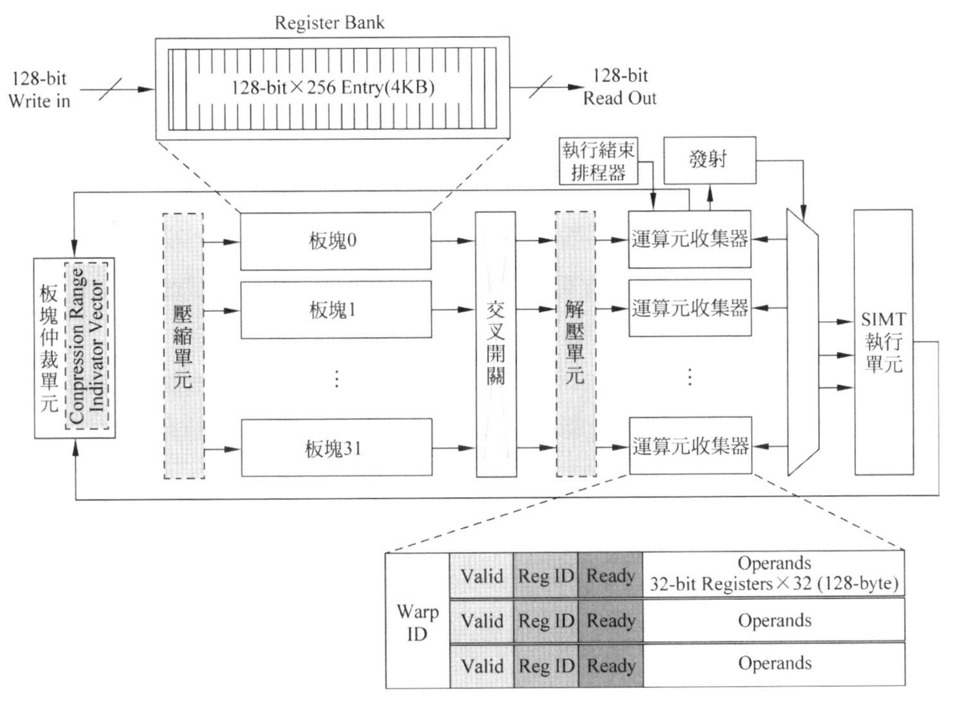

▲ 圖 4-13 基於 BDI 壓縮的暫存器檔案整體結構

4. 編譯資訊輔助的小型化暫存器檔案設計

為進一步降低大型暫存器檔案所帶來的巨大功耗和面積銷耗，文獻 [25] 提出小型化的暫存器檔案設計方案，簡稱 Regless。為達到這一目標，它充分利用編譯器提供的輔助資訊，使執行時期暫存器檔案只需要維護一段程式中所必需的少量暫存器，即可大幅度地縮減物理暫存器容量進而最佳化功耗和面積。

該文獻將 GPGPU 程式中所使用的暫存器分為兩類：中間暫存器和長時間暫存器。核心函數編譯後的指令中存在著大量的中間暫存器。舉例來說，在對某個運算式進行計算時，中間結果所用的暫存器就是一次性暫存器，而另一些中間暫存器則是與程式控制相關的，例如程式中迴圈時所用的暫存器，在迴圈完成後這個暫存器就不再被引用。與之對應，作為數值輸入的暫存器與存放結果的暫存器往往會作為長時間暫存器。這樣的暫存器所佔用的物理資源不能直接被其他暫存器覆載。其實這兩種暫存器的定義與前面的分析類似。

由於存在著大量的中間暫存器，GPGPU 程式中一段時間內活躍使用的暫存器數量便只是整個暫存器用量中有限的一部分。因此，該文獻提出維持一塊小容量的 OSU 單元 (operand staging unit) 代替大容量的暫存器檔案。透過對 GPGPU 程式進行合理的劃分，使得跨程式執行區域的暫存器數量儘量少，區域內所需要的暫存器會被即時地送至 OSU 中。多數的暫存器其實僅在一個區域內有效，當該區域執行完畢後，原先儲存該暫存器的空間可以被直接用來儲存其他暫存器。為此，該文獻提出了自己的編譯器，舉出了其分段演算法與編譯器生成的提示訊息內容，幫助硬體對暫存器完成實際的重複使用與管理。

Regless 設計只維持一小部分邏輯暫存器的分配，存在暫存器換入換出的過程。舉例來說，當執行緒束由某個程式區域 1 執行到區域 2 時，區域 1 中所有的「跨區域」暫存器會被標記為 "evict" 暫存器，被換出至下一級儲存才能被重複使用。區域 2 所需要的暫存器會由區域 2 透過 "preload" 標記將這部分暫存器提前置入物理暫存器中。針對區域內的一次性暫存器，可直接寫入使用。如果某個暫存器在區域 1 執行完成後不再被後續的所有區域引用，它會被編譯器註釋 "erase" 資訊，指示這個暫存器不用再被保留。為了使得換入換出時頻寬更低，Regless 還引入了資料壓縮單元。

對比 Regless 和文獻 [18] ，可以認為 Regless 所提出的設計是由編譯資訊輔助的 RFC，或是暫存器檔案的共享記憶體，因為共享記憶體就是由程式設計人員顯性管理的快取。合理的區域劃分、編譯資訊標注和預先存取等技術，可以確保執行時期各個區域所需要的暫存器總是保留在 OSU 中，從而省去暫存器檔案。相對複雜的資料管理，在不損失性能的同時，可以達到降低功耗和面積銷耗的設計目標。

4.3 可程式化多處理器內的儲存系統

由 2.5.1 節對 PTX 指令的介紹可知，PTX 指令採用精簡指令集設計，在 GPGPU 存取暫存器之前，需要將資料從記憶體讀取到暫存器中，該操作需要一行載入指令來實作。當運算完成後，最終的結果將被寫回到全域記憶體中，該操作通常由一行儲存指令來完成。這些指令透過 GPGPU 的儲存系統完成。

本節將圍繞這些指令的資料通路，按照從核心到週邊的順序展開，介紹 GPGPU 從內部暫存器到外部記憶體之間的整筆資料通路是執行原理的。

4.3.1 資料通路概述

雖然 GPGPU 的每個可程式化多處理器中都配備了大容量暫存器檔案，透過執行緒束的零銷耗切換來掩藏存取記憶體長延遲時間，但是在通用計算背景下，GPGPU 仍然需要借助快取記憶體來進一步降低存取記憶體延遲時間，減少對外部記憶體的存取次數，因此快取記憶體對 GPGPU 的處理性能也有著十分重要的影響。事實上，NVIDIA 從 Fermi 架構全面支援 CUDA 開始，快取記憶體就被引入可程式化多處理器的架構中，成為整個儲存系統中重要的組成部分。

與此同時，GPGPU 架構的特點使得快取記憶體的設計不同於傳統 CPU。在 GPGPU 中，快取根據其所處的層次分為可程式化多處理器內區域的資料快取，如 L1 資料快取和可程式化多處理器外共享的資料快取，如 L2 快取。L1 資料快取的容量相對較小，但其存取速度很快；L2 快取作為低一級的存放裝置，為了「捕捉」更多的存取記憶體請求，其容量較 L1 快取大很多。L1 資料快取的顯著特點是它可以與共享記憶體 (CUDA 中稱為 shared memory，OpenCL 中稱為 local memory) 共享一區塊儲存區域。舉例來說，在 NVIDIA V100 中，L1 資料快取與共享記憶體共享 128KB 快取容量，可以透過專門的 API 函數，如 cudaFuncSetAttribute()，對給定的核心函數設定可以使用的共享記憶體容量為 0、8、16、32、64 或 96KB，此時 L1 資料快取的容量為 128KB 減去共享記憶體大小的餘量。此外，GPGPU 中還有紋理快取 (texture cache) 和常數快取 (constant cache)。

共享記憶體是可程式化多處理器內部特有的一區塊儲存空間。程式設計人員以 SIMT 模式進行程式設計時，執行緒針對自己所擁有的資料獨立地進行運算。如果執行緒之間需要進行資料互動或協作，可以透過所有執行緒可見的全域記憶體來完成，不過這會極大地降低指令吞吐量。因此，共享記憶體首要解決的問題就是為執行緒區塊中所有執行緒提供一塊公共的高速讀寫的區域，以便執行緒間進行資料互動或協作。這區塊儲存區域由程式設計人員顯性管理，以避免硬體的透明化操作。比如進行資料精簡運算時，如果沒有共享記憶體，執行緒間資料互動只能借助全域記憶體，會增加很多時間和性能上的銷耗。當加入共享記憶體後，執行緒無須將資料寫入全域記憶體，只需要以較低的代價把資料寫入共享記憶體即可。共享記憶體提供的高速存取能力還提高了執行緒間資料通信的頻寬。當進行矩陣分塊乘法運算時，執行緒間可以重複使用同一區塊資料，從而有效節省了頻寬。從某種意義上來講，共享記憶體像是一種可程式化的 L1 快取或便簽式記憶體 (scratchpad memory)，為程式設計人員提供了一種可以控制資料何時暫存在可程式化多處理器內的方法。由此看來，共享記憶體和 L1 資料快取在硬體上共享同一塊儲存空間是合理的。

從硬體架構角度分析，L1 資料快取 / 共享記憶體由多板塊 SRAM 陣列組成，其中每個板塊具有自己的讀寫通訊埠，因此 L1 資料快取可以方便地與共享記憶體共享一塊硬體結構。圖 4-14 展示了 NVIDIA GPGPU 中 L1 資料快取 / 共享記憶體統一的結構和資料通路。

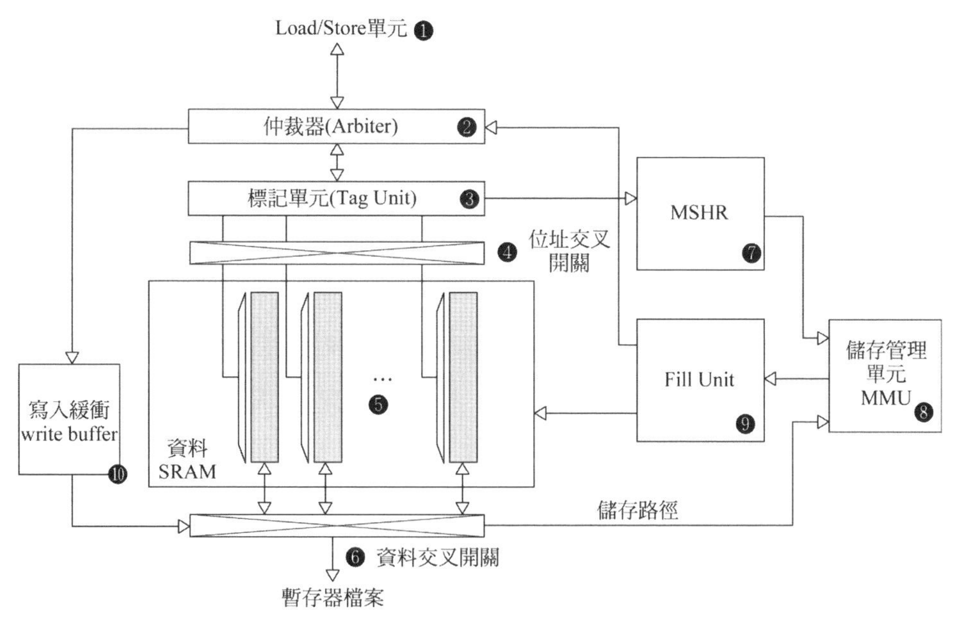

▲ 圖 4-14 L1 資料快取和共享記憶體的統一結構和資料通路

圖 4-14 中元件❺為二者共享的 SRAM 陣列，根據控制邏輯進行設定，可以實作一部分是資料快取，另一部分是共享記憶體的存取方式。在文獻 [9] 的研究中，SRAM 陣列由 32 個板塊組成，每個板塊的資料位元寬為 32 位元，支援一讀一寫入操作。此外，各板塊內配備了位址解碼器，允許 32 個板塊獨立地進行存取。對 Fermi、Kepler、Maxwell 等架構的 GPGPU 進行分析和研究表明，L1 資料快取多為 4 路組相聯結構。現代 GPGPU 中 L1 資料快取設計與 CPU 基本類似，其基本結構和術語在文獻 [10] 中有詳細的介紹，這裡不再贅述。

4.3.2 共享記憶體存取

為便於理解共享記憶體的工作原理，本節將以共享記憶體讀取指令 LDS Rdst，[addr] 為例，分析共享記憶體的工作過程。在該指令中，32 個執行緒根據各自的位址從共享記憶體載入資料到對應的執行緒暫存器中，其中 [addr] 是每個執行緒要存取的共享記憶體位址。

1. 位址合併規則

圖 4-15 展示了資料是如何儲存在共享記憶體中的。一組包含 128 個整數 (4B/ 整數) 資料的向量依次儲存在 32 個板塊中，這表示同一行內相鄰板塊間的位址是連續的，符合共享記憶體的設計初衷。大部分的情況下，相鄰執行緒一次讀寫的資料在空間上也是臨近的，位址在板塊間的這種分佈方式允許一個執行緒束的 32 個執行緒一次讀寫所需的全部資料，充分利用了 32 個板塊提供的存取平行度。

在共享記憶體位址分佈的基礎上，考慮到 "LDS Rdst，[addr]" 指令中每個執行緒的 [addr] 都是獨立計算的，那麼 32 個執行緒在存取 32 個板塊時就會產生 32 個位址。這些位址可能是規則的線性位址，也可能是無規則的隨機地址，複習起來包括以下兩種可能。

(1) 32 個執行緒的位址可能分散在 32 個板塊上，也可能指向同一個板塊的相同位置。

(2) 32 個執行緒的位址分別指向同一個板塊的不同位置。

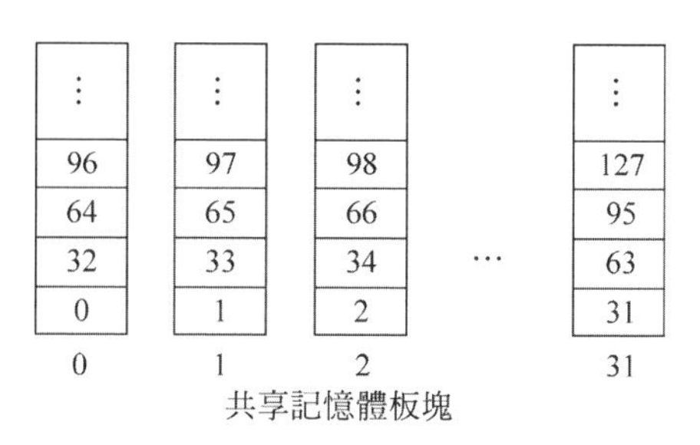

▲ 圖 4-15 一組包含 128 個整數型態資料的向量在共享記憶體中的分佈

前者在存取記憶體中利用了不同板塊的存取平行性，故稱為無板塊衝突存取；後者的請求都落在了同一個板塊上，因此稱為有衝突存取，具體情況如圖 4-16 所示。

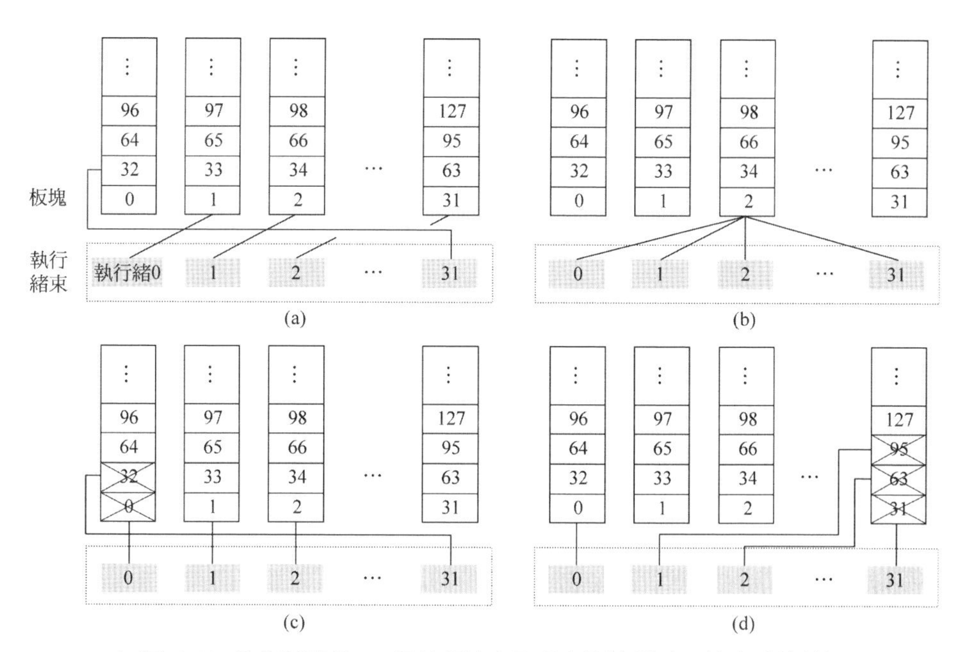

▲ 圖 4-16 執行緒束的 32 個執行緒存取共享記憶體時可能出現的情況

圖 4-16 舉出的三種情況分別是：圖 4-16(a) 執行緒束中 32 執行緒依次存取 32 個不同的板塊；圖 4-16(b) 執行緒束中 32 個執行緒存取同一個板塊的同一行；圖 4-16(c) 和 (d) 執行緒束中 32 個執行緒存取的目的位址中，有若干執行緒存取了相同板塊的不同行。顯然，前兩種是最理想的情況。因為對於圖 4-16(a) 表示 32 個板塊可以一次完成所有 32 個執行緒的存取；圖 4-16(b) 表示透過廣播操作可以一次性滿足所有執行緒的存取；對於圖 4-16(c) 和 (d)，因為每個板塊只有一個讀寫通訊埠，落在相同板塊不同位置的 k 個執行緒需要對該板塊進行 k 次串列存取，顯著增加了指令的存取延遲，產生了有衝突存取。

接下來，先介紹無衝突存取的過程，再介紹有衝突存取是如何處理的。

2. 無板塊衝突的共享記憶體讀寫

首先，無論是何種存取記憶體指令，都是從指令管線的 Load/Store 單元❶開始的。共享記憶體指令從發射到 Load/Store 單元❶開始執行，該指令實際上是一個執行緒束內 32 個執行緒的存取記憶體指令集合，主要包含操作類型、運算元類型和 32 個執行緒指定的一系列位址等資訊。

其次，Load/Store 單元會辨識請求和位址資訊。如果根據指令類型辨識出它是共享記憶體的存取請求後，Load/Store 單元會判斷獨立的執行緒位址之間是否會引起共享記憶體的板塊衝突。如果不會引起板塊衝突，那麼仲裁器會接受並處理這部分存取記憶體請求，並控制位址交叉開關的打開與關閉。如果引起板塊衝突，則會觸發額外的衝突處理機制。

然後，共享記憶體的存取請求會繞過標記單元 (tag unit) ❸中的 tag 查詢過程，因為共享記憶體的位址實際上是直接映射的，而且是由程式設計人員顯性控制的。與此同時，Load/Store 單元會為暫存器檔案排程一個寫回操作，因為在不發生板塊衝突的情況下，固定管線週期後 Load/

Store 單元就會佔用暫存器檔案的寫入通訊埠。

最後，SRAM 陣列❺會根據位址交叉開關❹傳遞過來的位址，打開被請求的板塊來服務給定位址的資料請求。由於每個板塊都有各自獨立的位址解碼器，所以理論上 32 個板塊可以獨立存取。如果是讀取請求，則對應板塊傳回請求的資料，經由資料交叉開關❻寫回到每個執行緒的目標暫存器中；而如果是寫入請求，共享記憶體的寫入指令會將待寫入的資料暫存在寫入緩衝區❿中。經過仲裁器的仲裁，控制對應資料通路將資料透過資料交叉開關❻寫入 SRAM 陣列❺中。

3. 有板塊衝突的共享記憶體讀寫

對共享記憶體的讀寫可能會產生板塊衝突，因此 GPGPU 設計了基於重播 (replay) 機制的共享記憶體讀寫策略，具體機制如下。

當仲裁器辨識到存取記憶體行為存在板塊衝突時，仲裁器會對請求進行拆分，如圖 4-16(c) 所示，拆分的結果是將執行緒請求分為兩個部分：第一部分是不含板塊衝突的請求子集，本例中為前 31 個執行緒的請求；第二部分包括了其餘的請求，本例中為最後一個執行緒的請求。第一部分的請求可以按照無板塊衝突過程正常完成，第二部分的請求，一種方式是退回指令管線要求稍後重新發射，類似於一種重播。需要重播的指令可以儲存在管線內的指令快取中。這樣做的優點是重複使用了指令快取，缺點在於佔用了指令快取，也可能還需要重新計算位址等。另一種方式可以在 Load/Store 單元中設定一塊小的快取空間來暫存這些指令，沒有佔滿就可以接管這些發生衝突的請求進行重播。如圖 4-16(d) 所示，對共享記憶體的存取請求會在某個板塊產生兩個以上的同時存取請求，即第二部分中的存取記憶體請求中仍然包含板塊衝突，那麼會再度利用重播機制進行處理。

由此看出，發生板塊衝突時，共享記憶體的存取操作會被序列化。有研究針對 NVIDIA 不同的 GPGPU 共享記憶體的存取延遲時間進行了測試分析。如圖 4-17 所示，共享記憶體的存取時間可能會隨不同 GPGPU 架構而變化，但整體趨勢是隨著衝突情況的加劇而顯著增加，影響 GPGPU 的性能。由於共享記憶體是由程式設計人員顯性管理的，所以要求程式設計人員充分了解共享記憶體的存取特點和銷耗，並利用錯位存放 \ 讀取等程式設計手段消除或緩解板塊衝突對性能帶來的不利影響。

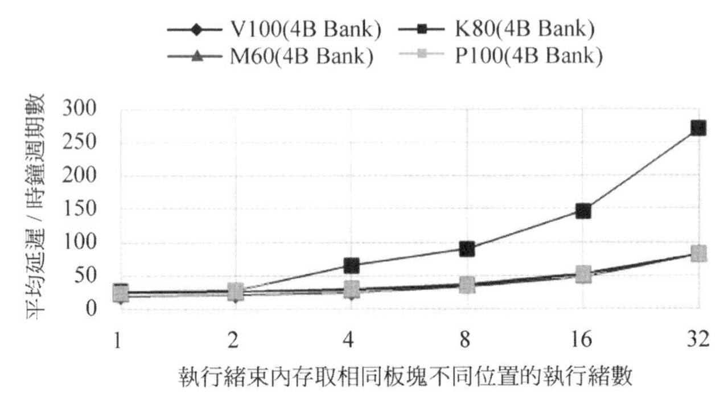

▲ 圖 4-17 共享記憶體存取延遲時間隨板塊衝突情況的變化

4. 共享記憶體的資料通路

雖然共享記憶體為執行緒區塊內部執行緒提供了資料交換的便捷方式，但是共享記憶體初始資料的載入通路在一些 GPGPU 架構中並不便捷。舉例來說，在 NVIDIA 前幾代 GPGPU 架構中，程式設計人員為了使用共享記憶體，首先需要宣告諸如 __shared__ A[] 陣列，接著將全域記憶體的資料顯性複製到 A 陣列中，最後 CUDA 程式中的執行緒才可以存取 A。這個過程看似簡單，但從資料通路上看則跨越了多個儲存層次。從編譯出的指令來看，還需要下面兩行指令的配合才能完成 A 中資料的載入：

```
1   LDG Rx，[addr]     /* 從全域位址 addr 讀取資料到暫存器 Rx 中 */
2   STS[addr]，Rx      /* 從暫存器 Rx 讀取資料寫入共享記憶體位址 addr 中 */
```

此過程需要利用暫存器 Rx 作為媒介才能完成。從硬體上看，這個過程更加漫長。如圖 4-18 左側所示，LDG 指令需要從全域記憶體開始讀取資料，經歷 L2 快取、L1 快取等多個儲存層次，最終寫入暫存器中來完成 LDG 指令。接著，STS 指令從暫存器中讀出剛才的資料，再寫入共享記憶體中。後續執行緒需要共享記憶體進行計算時，再次從共享記憶體讀取到暫存器中，A 陣列才可參與計算。這個過程共計跨越 4 個儲存層級，中間需要多次讀取操作和寫入操作來完成共享記憶體的載入。同時，由於共享記憶體需要透過暫存器作為媒介，而快取記憶體一般都會採用包含性的設計，部分資料可能還會留存在 L1 快取記憶體中，浪費了寶貴的單晶片儲存空間。在某些頻寬和延遲時間要求比較高的場景中，例如使用張量核心單元進行矩陣乘法運算時，會降低整體的吞吐效率。

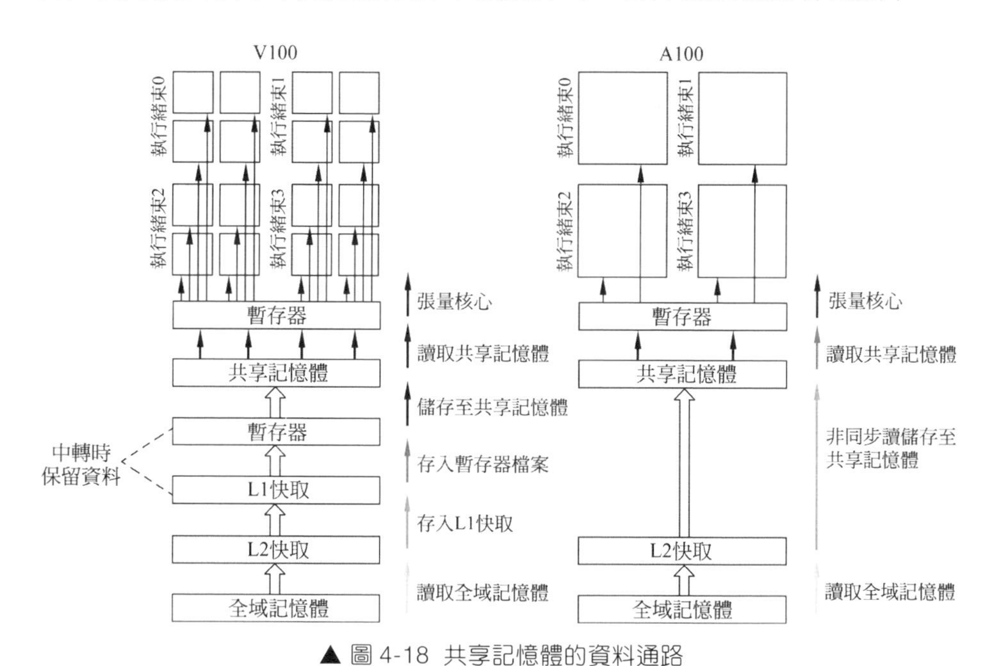

▲ 圖 4-18 共享記憶體的資料通路

NVIDIA 的 Ampere 架構對這一路徑進行了最佳化，重新設計了全域記憶體到共享記憶體的通路。如圖 4-18 右側所示，採用新的共享記憶體載入指令：

```
LDGSTS.E [dst][src] /* 從全域位址 src 讀取到共享記憶體位址 dst 中 */
```

直接從全域記憶體載入資料，只需要 1 行指令即可完成，不需要暫存器作為仲介，跳過了 L1 快取，大大節省了共享記憶體的載入銷耗。當然，如同原有的共享記憶體載入需要執行緒同步指令一樣，新的共享記憶體複製也需要專門對執行緒區塊中的執行緒進行顯性的同步，直到所有的執行緒束都將資料載入到共享記憶體之後再進行計算。

4.3.3 L1 快取記憶體存取

本節將重點介紹可程式化多處理器如何透過 L1 資料快取完成對全域記憶體的存取。

1. L1 資料快取的讀取操作

在 GPGPU 的可程式化多處理器中，L1 資料快取行的大小通常被設定為 128 位元組。這個大小剛好與共享記憶體的存取寬度相匹配，即圖 4-14 的 SRAM 陣列❺一行的寬度，為與共享記憶體共享統一結構提供了便利。

分析讀取指令 LDG Rx，[addr] 執行過程中對 L1 資料快取的存取。首先，L1 資料快取的存取從指令發射到 Load/Store 單元❶，Load/Store 單元對位址進行計算，把整個執行緒束的全域存取記憶體請求拆分成符合位址合併規則的或多個存取記憶體請求交給仲裁器。接著，仲裁器可能會接受這些請求進行處理，也可能因為處理資源不足而拒絕這些請求。舉例來說，當 MSHR 單元❼沒有足夠的空間或快取資源被佔用時，Load/Store 單元會等待，直到仲裁器空閒下來處理這個請求。如果有足夠的資源去處理該存取記憶體指令，仲裁器會在指令管線中排程產生一個向暫存器檔案的寫回事件，表示在未來會佔用暫存器檔案的寫入通訊埠。

同時，仲裁器會要求標記單元 (tag unit) 檢查快取是否命中。如果命中，則會將資料陣列中所需要的資料從所有板塊中取出，稍後寫回暫存器檔案。如果未命中，仲裁器可以採用重播策略，告知 Load/Store 單元保留該指令。這種情況下，仲裁器會將存取記憶體請求寫入 MSHR 單元，讓 MSHR 進一步處理與下一級儲存層次的互動。如果快取空間不足，未命中的讀取請求需要進行替換操作。如果被替換資料為無效資料，還需要先將無效資料寫回。這一過程與傳統 CPU 快取的讀取缺失操作類似，這裡不再贅述。

GPGPU 中 MSHR 的功能與 CPU 類似，支援缺失期間命中 (hit under miss) 或缺失期間缺失 (miss under miss) 操作，實作了非阻塞快取功能。在沒有 MSHR 的管線中，如果發生快取缺失，Load/Store 單元向下一級儲存發出資料請求，在下一級資料傳回、寫入快取、置位等操作過程中管線都會被阻塞，直到重播指令在其請求資料獲得命中，管線才能繼續執行。MSHR 則提供了非阻塞式處理快取缺失的處理機制和結構。它透過額外的硬體資源記錄並追蹤發生的快取缺失資訊，記錄所請求的位址、字的位置、目的暫存器編號等。利用 MSHR 機制和結構還可以實作位址合併，減少對下一級儲存層次的重複請求等。MSHR 最佳化了管線中對快取缺失的處理，獲得存取記憶體操作的平行化。

經過 MSHR 處理後的外部存取記憶體請求被發送至記憶體管理單元 (Memory Manage Unit，MMU) ❽，進行虛真實位址轉換產生真實位址，透過網路傳遞給對應的記憶體分區單元 (memory partition unit) 來完成資料讀取並且傳回。

資料從下一個儲存層次傳回可程式化多處理器時仍然經過 MMU ❽ 處理，根據 MSHR ❼ 中預留的資訊，如等待資料的指令、待寫回的暫存器編號等，告知 Load/Store 單元重播剛才存取缺失的指令，同時傳回的資料透過 Fill Unit ❾回填到 SRAM 陣列❺中，完成快取的更新操作，並鎖定這一行不能被替換，直到它被讀取，從而保證剛剛重播的指令一定會命中。

2. L1 資料快取的寫入操作

L1 資料快取的寫入操作，如 STS[addr]，Rx 指令，會比讀取操作更為複雜一些。區別主要有以下幾點。

(1) 寫入指令首先將要寫入全域記憶體的資料放置在寫入資料緩衝器❿中。

(2) 經由資料交叉開關❻將需要寫入的資料寫入 SRAM 陣列。

(3) 寫入指令會要求 L1 資料快取能夠處理非完全合併或部分遮罩的寫入請求。這些請求是指 32 個執行緒的寫入請求中，只有部分執行緒會產生有效的寫入操作和位址，所以為保證正確性，對於非完全合併的寫入請求或當其中某些執行緒被遮罩時，L1 資料快取只能寫入快取行的一部分。

原則上，L1 資料快取可以用來快取全域記憶體和區域記憶體中讀取寫入的資料，但不同架構的寫入策略也有所不同。由於 GPGPU 中 L1 資料快取一般不支援一致性，所以在寫入操作上會有一些特殊的設計。針對寫入命中而言，根據被快取資料屬於哪個儲存空間會採用不同的寫入策略。舉例來說，對於區域記憶體的資料，可能是溢位的暫存器，也可能是執行緒的陣列。由於都是執行緒私有的資料，寫入操作一般不會引起一致性問題，因此可以採用寫回 (write-back) 策略，充分利用程式中的區域性減少對全域記憶體的存取。對於全域記憶體的資料，L1 資料快取可以採用寫入逐出 (write-evict) 策略，將更新的資料寫入共享 L2 快取的同時將 L1 資料快取中對應的快取行置為無效 (invalidation)。由於很多

GPGPU 程式採用了串流處理的方式來計算，全域記憶體的資料可能本身也不具備良好的區域性可以利用，所以這種寫入逐出的策略保證了資料一致性，讓更新的資料在全域儲存空間可見。針對寫入缺失而言，L1 資料快取可以採用寫入不分配 (write no-allocation) 策略，與寫入逐出策略相搭配，在本來就不充裕的 L1 資料快取中減少不必要快取的資料。

另外，L1 資料快取的寫入操作策略可以根據 GPGPU 整體架構設計的需求而設計成不同的策略。例如 NVIDIA 對不同運算能力的 GPGPU 架構，其 L1 資料快取的設計也有所不同。這說明 GPGPU 儲存層次的設計仍舊在不斷演變，對 L1 資料快取策略的選擇也不是一成不變的。

3. L1 快取的資料通路

前面的內容對 GPGPU 指令管線中讀寫請求在 L1 資料快取中的處理流程進行了闡述。但是 L1 資料快取究竟能對哪些儲存空間的資料進行快取呢？這個問題很難一概而論，因為不同廠商、不同架構的 GPGPU 中單晶片儲存的設計都會發生變化。

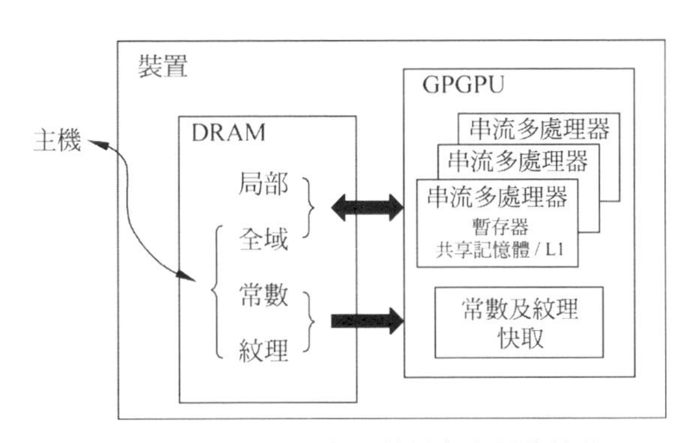

▲ 圖 4-19 CUDA 裝置端儲存空間的抽象

舉例來說，NVIDIA 的 CUDA 模型，一般認為其裝置端儲存空間可以抽象為如圖 4-19 的形式，多個儲存空間如全域、區域、常數和紋理的資料會保留在裝置端記憶體中，並且主機端可以存取除區域記憶體之外的資料。可程式化多處理器 (SM) 可以存取全域和區域記憶體的資料，可能會透過 L1 資料快取或共享記憶體載入到暫存器中。同時，多個 SM 形成的叢集可以包含常數及紋理快取，來快取常數記憶體和紋理記憶體中的資料。

不同裝置端儲存空間在不同運算能力架構下的快取設定呈現出多種差異。表 4-1 列舉了 CUDA 裝置中不同儲存空間對快取策略的基本設定。舉例來說，L1 快取在較低運算能力的裝置上被設計為不對全域記憶體資料進行快取。這種差異化的設計一方面是由於 GPGPU 架構需要兼顧圖形影像、通用計算、人工智慧等不同領域的計算，所以不得不將不同特性和功能的儲存空間整合在一塊晶片中，並區別對待。另一方面也說明 GPGPU 的架構仍然在快速演變，現有的架構尤其是儲存空間的設計也仍在不斷最佳化中。

表 4-1 CUDA 裝置端不同儲存空間對快取策略的設定

存儲空間	晶片上 / 晶片外	是否快取記憶體	存取
暫存器	晶片上	\	讀寫
區域儲存	晶片外	是 *	讀寫
共享儲存	晶片上	\	讀寫
全域儲存	晶片外	**	讀寫
常數儲存	晶片外	是	唯讀
紋理儲存	晶片外	是	唯讀

*： 除運算能力 5.x 的裝置外，預設快取於 L1 和 L2 快取；運算能力 5.x 的裝置只快取於 L2 快取。

**： 在運算能力 6.0 與 7.x 的裝置上預設快取於 L1 和 L2 快取；在更低運算能力的裝置上預設快取於 L2 快取，但有些情況下允許編譯成功選項選擇快取於 L1 中。

整體而言，L1 快取的設計可能會遵循這樣的原則：盡可能地快取那些不會導致儲存一致性問題的資料，即

(1) L1 快取可以快取所有只讀取資料，包括紋理資料、常數資料、唯讀的全域記憶體資料，對應紋理快取、常數快取和 L1 資料快取等 L1 快取資源；

(2) L1 快取可以快取不影響一致性的資料，一般只包括每個執行緒獨有的區域記憶體資料。

可以注意到，無論在哪一代 GPGPU 產品或架構中，常數和紋理快取都是作為單獨的快取資源存在的。為表示其層次，會稱它們為 L1 常數快取、L1 紋理快取與 L1 資料快取。不同於 L1 快取的多樣性和複雜性，L2 對這些資料全部進行快取。

另外，GPGPU 的快取還支援細微性的管理，透過 load 和 store 指令，可以對每一個全域記憶體的存取指定其快取與否。舉例來説，NVIDIA 從 SM3.5 後開放了對讀取寫入全域記憶體的 L1 快取選項，透過內聯 PTX 組合語言與 NVCC 編譯選項的結合，可以控制 GPGPU 對所需要的全域記憶體存取進行快取。

4.3.4 紋理快取

在通用計算導向的 GPGPU 架構中，紋理記憶體並不是一個常用的資源，因為它原本是服務於 GPU 繪製時紋理記憶體的儲存空間。紋理記憶體中儲存了物體紋理的 2D 影像，具有良好的空間區域性，其空間區域性的模式也相對固定。針對這樣的特性，GPU 為了節省繪製時紋理讀取的頻寬，在可程式化多處理器內部也設計了紋理快取，稱作 L1 紋理快取 (L1 texture cache)。

紋理快取的結構大體如圖 4-20 所示。根據應用目的的不同，紋理快取與 L1 資料快取有較大區別。紋理快取內部有專門的位址計算單元，需要對空間座標點進行計算轉換、解壓縮及資料格式轉換，因為紋理資料本身的資料特性，其壓縮比可以非常高，在傳輸紋理時通常會經過壓縮，或紋理本身就是經過壓縮的，需要在可程式化多處理器內線上解壓。此外，紋理資料可能會有資料格式的轉換，所以格式轉換單元也是需要的。

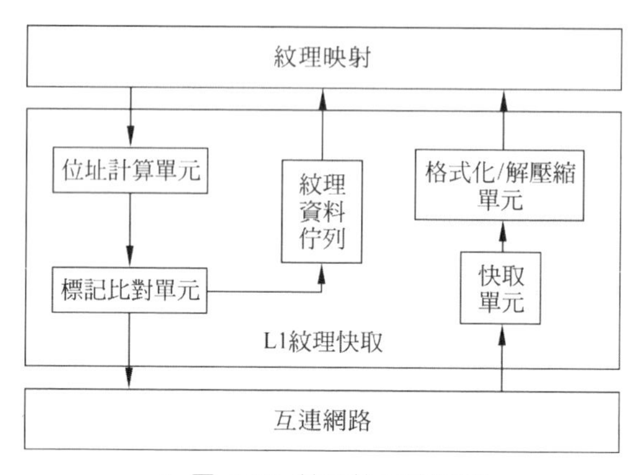

▲ 圖 4-20 紋理快取的結構

此外，CUDA 程式設計模型提供了利用紋理記憶體和快取操作的介面，通用計算可以利用紋理記憶體和快取進行最佳化。舉例來說，由於紋理記憶體通常比常數記憶體要大，所以可以利用紋理記憶體實作影像處理和查閱資料表等操作。

4.3.5 擴充討論：單晶片儲存系統的最佳化設計

1. 快取記憶體的最佳化設計

無論是在 CPU 還是 GPGPU 中，單晶片快取記憶體都對性能有著直接的影響，提高快取命中率，降低缺失代價一直都是快取設計的目標。傳統 CPU 快取記憶體的 3C 模型對於 GPGPU 的快取設計依然有著指導意義。對於 GPGPU 內並存執行的大量執行緒而言，可程式化多處理器內的 L1 快取可能出現更為嚴重的競爭衝突反而降低執行性能。

針對這一問題，除了在第 3 章提到的限流技術之外，文獻 [26] 還提出利用快取旁路 (cache bypassing) 的方式來管理 GPGPU 的 L1 快取。事實上，這一技術在 CPU 上也存在。如圖 4-21(a) 所示，由於 CPU 中的 L1 快取通常具有較高的命中率，儲存請求會在 L1 快取中先進行查詢，只是對最後一級快取 (LLC) 進行旁路，通常在資料分配階段進行。GPGPU 上的 L1 快取由於競爭嚴重，其命中率普遍較低，在 GPGPU 的 L1 快取上實施旁路就是一個很好的選擇。如圖 4-21(b) 所示，儲存請求可以選擇繞過 L1 快取，傳回的資料也將直接轉發到暫存器或運算單元中而無須經過 L1 快取。另外，較高的缺失率還會帶來的諸如 MSHR 等資源壅塞而帶來的管線停頓。透過將一些記憶體請求直接轉發到 L2 快取，快取旁路也可能有助減少資源壅塞。

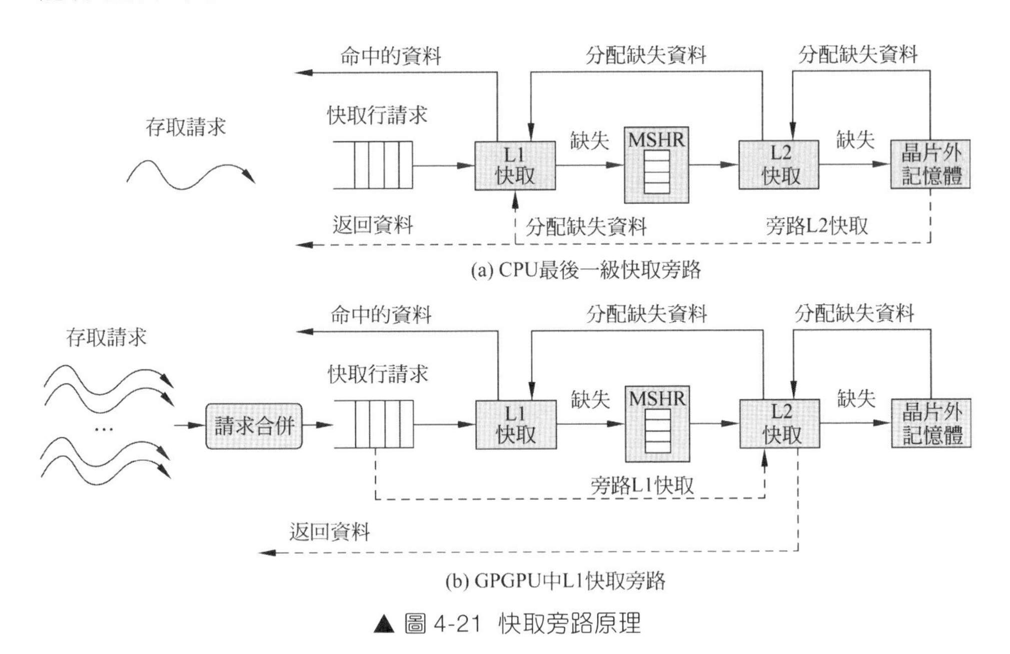

▲ 圖 4-21 快取旁路原理

事實上，NVIDIA 在 Fermi 及後續架構上已經支援了快取旁路的資料通路實作，透過在指令中引入快取行為的標記位元專門用來指示該行指令作用的快取層級。舉例來說，在 PTX2.0 及以上指令集中，讀寫記憶體的指令可以指定快取操作的標記，如 ca 指示在所有層級上 (L1、L2) 進行快取，cg 指示在全域層級上進行快取 (L2)，cv 指示不在任何層級上進行快取。基於這個想法，文獻 [27] 提出在全域記憶體載入指令中新增標記位元來進行更細緻的指示。具體控制方式如表 4-2 所示，透過對 PTX 指令 ld.global 新增全域載入標記 (Global Load Tag) 和區塊標記 (Block Tag) 來實作對每個執行緒區塊的每筆 load 指令分別進行快取旁路的控制。首先判斷其 Global Load Tag 位元，若為 ca 則表示該指令在所有執行緒區塊下都無條件地需要快取；若為 cg 則表示該指令在所有執行緒區塊下都無條件地進行旁路；若為 cm 則表示該指令需要根據各個執行緒區塊的情況動態地確定是否需要旁路，即根據執行緒區塊的標記位元來動態決定。

表 4-2 新增兩個標記位元的控制方式

全域載入標記	區塊標記	快取或旁路
ca	ba	快取
	bg	快取
cg	ba	旁路
	bg	旁路
cm	ba	快取
	bg	旁路

在解決了資料通路的基礎上，如何對每一行 load 指令做出是否需要旁路的決定則是另一個重要的問題。該文獻提出的方法整體上包含兩個步驟：①編譯時建構 load 指令控制圖，進一步對程式進行程式分析，根據結果靜態地確定是否開啟快取旁路；②程式執行時期進行動態判斷，

決定是否再對某些執行緒區塊進行快取旁路。這兩個新引入的標記位元也正對應了這兩個步驟，即編譯成功時分析與程式動態分析得到每筆 ld.global 指令的 Global Load Tag 位元，再根據程式執行時期的統計動態地分配具體的 Block Tag 給某些執行緒區塊內的 ld.global 指令。最終這些標記將決定每個 ld.global 指令是否開啟快取旁路。

2. 共享記憶體的最佳化設計

共享記憶體的板塊衝突可能對性能有著顯著的影響，在使用共享記憶體時應當儘量避免可能出現的板塊衝突。雖然一些靜態的程式設計手法可以消除一些板塊衝突問題，但對於在執行時期才能發現的板塊衝突，是否有辦法降低其對性能的影響呢？

一般來說，在架構設計中如果不能消除某個問題，可以試圖透過掩藏來降低問題帶來的影響。文獻 [28] 提出了一種方法，試圖掩藏共享記憶體中板塊衝突對管線帶來的影響。圖 4-22(a) 首先舉出了一個共享記憶體發生板塊衝突的典型例子。假設 W_i 指令在 MEM0 階段（t_{i+3} 週期）存取共享記憶體並發生板塊衝突，導致下一行指令無法進入 MEM0 步驟而使整個管線停滯。當然，並不是每筆 GPGPU 指令都會有存取記憶體階段，可以將共享記憶體存取記憶體階段分拆成兩個獨立的通路，即存取記憶體的 MEM 通路和無存取記憶體的 NOMEM 通路。考慮圖 4-22(b) 中的例子，假設 W_i 和 W_{i+1} 分別是存取記憶體指令和無存取記憶體指令，W_i 引起一次板塊衝突，導致 MEM0 階段產生 1 個週期氣泡，而 W_{i+1} 透過 NOMEM 通路並沒有受到 Wi 的影響，它們仍然可能會在寫回階段產生衝突。此時，管線不得不插入一個空週期以解決兩個指令同時寫回的問題，使得它與圖 4-22(a) 中的情況在性能上沒有顯著區別。說明簡單地將存取記憶體階段拆分成兩個獨立通路是不足以改善板塊衝突帶來的性能損失。

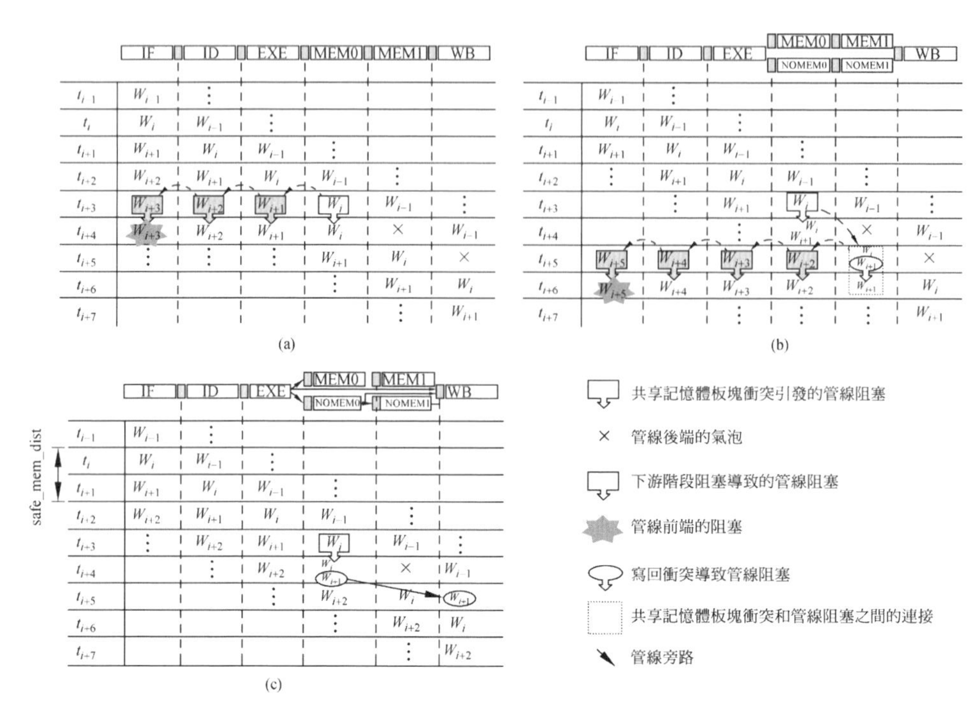

▲ 圖 4-22 GPGPU 指令管線遭遇共享記憶體中的板塊衝突的例子及兩種解決方法

基於圖 4-22(b) 的思想該文獻提出，對非存取記憶體指令來說，如果能夠直接將其寫回而不經歷 NOMEM 階段，能夠避免管線因板塊衝突而產生的停頓，具體如圖 4-22(c) 所示。假設 W_i 和 W_{i+1} 是一行存取記憶體指令和一行非存取記憶體指令，W_i 指令由於板塊衝突在 MEM0 停頓在 t_{i+4}，這時 W_{i+1} 正常完成了執行時，進入 NOMEM0 階段。在 t_{i+5} 週期，W_i 正常進入 MEM1 階段，而 W_{i+1} 經過旁路直接進入寫回，先於 W_i 完成指令提交結束指令。結果是，W_i 指令雖然引起了管線停頓，但在這個例子中被 W_{i+1} 的搶先提交給隱藏住了。進一步分析可以看到，板塊衝突的掩藏如果能夠奏效需要兩個先決條件。

(1) 指令的亂數提交不會有正確性的問題。

(2) 板塊衝突指令及後續指令 (如 W_i 和 W_{i+1}) 分屬不同類型指令。舉例來說，如果一行存取記憶體指令發生 2 路板塊衝突，則需要一行不存取記憶體指令實施對兩行存取記憶體指令的安全隔離；如果發生 32 路板塊衝突，則需要 31 行不存取記憶體指令實施隔離。

一般來講，考慮到 GPGPU 通常採用輪詢排程及其變種，相鄰指令往往來自不同執行緒束，因此第 1 個條件中亂數提交一般不會造成問題。但相鄰指令也可能來自相同的執行緒束，亂數提交的正確性保證則需要額外的支援。所以可以基於輪詢排程策略，透過動態地記錄每筆前序共享記憶體存取指令的安全距離，指導指令發射排程單元去有選擇地排程非存取記憶體指令來隱藏板塊衝突。對應的策略和硬體設計可以參見該文獻的詳細介紹。

4.4 可程式化多處理器外的儲存系統

GPGPU 的 SIMT 計算模型要求可程式化多處理器外的儲存系統是高度平行的，能夠實作大規模平行線程執行時的存取頻寬需求。為了達到這一目標，可程式化多處理器間共享的儲存系統被設計成多個記憶體分區 (memory partition unit) 的形式。本節將以 NVIDIA GPGPU 架構為例，從這個記憶體分區單元開始對可程式化多處理器間的儲存系統介紹。

4.4.1 記憶體分區單元

圖 4-23 為 GPGPU 中一個記憶體分區單元的組成方塊圖。其中，每個記憶體分區單元都包含一個獨立的 L2 快取 (作為整個 L2 快取空間的一部分)。與之連接的是影格緩衝區 (Frame Buffer，FB) 和光柵化單元 (Raster Operation Unit，ROP)。它們的主要功能如下。

(1) L2 快取。緩衝圖形管線中的資料和通用計算中的資料。從前面的介紹可以看到，L2 快取對 L1 快取中的各種快取都統一進行快取。

(2) 影格緩衝區。對全域記憶體存取請求進行重排序，以減少存取次數和銷耗，達到類似儲存存取排程器的作用。

(3) 光柵化單元。主要在圖形管線中發揮作用，它對紋理資料的壓縮提供支援，完成影像繪製中的步驟等。同時，ROP 單元也能完成 CUDA 程式中的不可部分執行操作命令等。

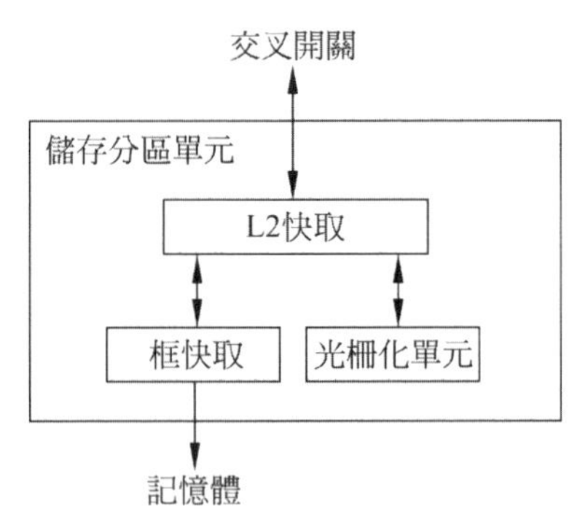

▲ 圖 4-23 記憶體分區單元的組成

為提供 GPGPU 中多個計算核心所需的大量儲存頻寬，記憶體分區單元一側會透過一個單晶片互連網路連接到各個可程式化多處理器，在另外一側，每個記憶體分區還配備一個或多個獨立的 GDDR 裝置，作為整個全域儲存空間的一部分，為每個分區獨自所有。為達到最好的負載平衡並接近多分區的理論性能，位址是細微性交織的，均勻地分佈在所有的記憶體分區中。典型的分區交織步幅是一個由幾百位元組組成的區塊。舉例來說，為了分散存取記憶體請求，可以採用 6 個記憶體分區單元，透過 256B 的步幅實作位址交織。合理地設計記憶體分區的數量可以平衡處理器和儲存請求的數量。

4.4.2 L2 快取

GPGPU 中的 L1 資料快取是可程式化多處理器私有的，而 L2 資料快取是可程式化多處理器共享的。它一邊透過單晶片互連網路連接所有可程式化多處理器單元，另一邊透過 FB 連接全域儲存，因此也稱為 GPGPU 的最後一級快取 (Last Level Cache，LLC)。

為了提高 GPGPU 儲存系統的整體輸送量，L2 快取的設計採用了多種最佳化方法。舉例來說，根據 NVIDIA 發表的專利，每個記憶體分區單元內的 L2 快取由兩個片 (slice) 組成。每個片包含單獨的標籤 tag 單元和資料的 SRAM 陣列，依序處理傳入的存取請求。為了與外部 GDDR5 的最小傳輸單位，即 32B 長度相匹配，每個晶片內的快取行都由四組 32 位元組長度組成，這同時也匹配了 L1 快取行的長度。

L2 快取對讀取請求的處理方式與傳統快取的處理方式類似，對寫入請求的處理方式則採取了一些與 L1 類似的最佳化策略。舉例來說，向外部的寫入請求通常是完全合併的 (整個快取行的四個 32B 區域都被覆載)。處理這樣的合併寫入請求時，即使這段資料在 L2 快取中不存在 (寫入缺失)，GPGPU 也不會從全域記憶體中讀取資料，即採用寫入不分配的策略。對於非合併的寫入請求，可以有兩種直觀的解決方案。比如，可以利用位元組級的有效位元指示具體的寫入處理，或完全旁路繞過 L2 快取直接寫回外部記憶體。

4.4.3 影格緩衝區單元

記憶體分區單元中的影格緩衝區單元事實上有著儲存存取排程器的作用，目的是減少 DRAM 的行切換操作，降低讀取串流資料時的延遲時間。結合 L2 快取的結構，一種簡單的設計方式就是為 L2 快取中的每一個片配備一個排程單元，來處理 L2 快取發出的讀取請求和寫入請求。

舉例來說，針對讀取操作，為了充分利用行緩衝中的資料，應盡可能地將讀取操作合併來讀取 DRAM 中同一個板塊的同一行。為此，排程器裡存放了兩個表。第一個表叫作「讀取請求排序表」(read request sorter)，它利用一個組相聯的結構將所有請求 DRAM 中某個板塊同一行的讀取請求合併映射至一個讀取指標上。第二個表叫作「讀取請求儲存表」(read request store)，存放第一個表中的指標和每個指標所對應的一系列的讀取操作請求。事實上，該結構類似於 MSHR 的讀取操作合併功能，目的都是盡可能讀取 DRAM 的同一行資料，減少耗時的行反覆開啟操作，提高存取的效率。

4.4.4 全域記憶體

1. 圖形儲存元件

為兼顧儲存容量與儲存頻寬，GPGPU 採用了特殊的動態隨機存取記憶體，即圖形記憶體 GDDR 作為全域記憶體。GDDR 是一種特殊類型的 DRAM，以 SDRAM 設計為基礎。舉例來說，較早的 GDDR 以 DDR2 為基礎，GDDR5 以 DDR3 為基礎。為滿足 GPGPU 的高頻寬和高平行度 GDDR 進行了訂製，主要有以下不同。

(1) GDDR 區塊的介面更寬，為 32 位元，而 DDR 的設計多為 4、8 或 16 位元。

(2) GDDR 資料管腳的時鐘頻率更高。為了減少訊號在傳輸中的各種完整性問題並提高傳輸速率，GDDDR 通常直接焊接在電路板上與 GPU 直接相連，而傳統的 DDR 透過 DIMM 插槽進行擴充。

以上特性使得 GDDR 每塊 DRAM 的頻寬更高，從而更進一步地服務於 GPGPU 的存取需求。但 GDDR 本質上仍然是一種 DRAM，它保留了傳統 DRAM 的缺點，包括預充電和啟動操作的長延遲，以及因此帶來的行切換延遲。因為 DRAM 將單一位元儲存在一個小儲存電容中，為了完成讀取操作，連接單一儲存電容的位元線 (bitlines) 及其自身的電容必須首先預充電 (precharge) 到 0 和電源電壓之間的中間電壓。所以，在啟動 (activation) 操作期間，電容透過打開的存取電晶體連接合格線，位元線的電壓根據儲存電容中的電流流出或流入而輕微拉高或下降。位元線上的靈敏放大器將這種輕微的變化放大，直到標準電位的邏輯 0 或 1 被讀取到。當從這些電容中讀取設定值時，會按照行為單位，將一行資料讀取到行緩衝區的結構中，並更新儲存的值，而預充電和啟動操作也會導致延遲，在此期間都不能對 DRAM 陣列進行存取。為減輕這些銷耗，DRAM 中包含多個板塊，每個板塊都擁有自己的行緩衝區。即使擁有多個板塊的平行存取，在存取資料時也不能完全隱藏行切換時的延遲。

GPGPU 的儲存系統必須考慮 DRAM 獨有的結構和特性。舉例來說，啟動 DRAM 的一行常常需要數十個時鐘週期。一旦啟動，由於行緩衝區結構的存在，所以保持同一行的連續存取 (不同的列位址) 的延遲時間就很小。DRAM 的這一特點對 GPGPU 大量平行的資料請求來說是一個機遇也是挑戰，因為很多應用中大量執行緒存取資料的靜態位址具有一定的連續性，但在實際執行時期，由於執行緒區塊的獨立性，可程式化多處理器內獨立執行的執行緒區塊和多個可程式化多處理器可能並沒有同步在一起執行，所以會發出各自的請求。從儲存系統的角度來看，可能會看到這些大量無關的請求交織在一起，與 DRAM 高效的存取模式是不匹配的。

現代 GPGPU 借助更複雜的儲存存取排程，例如透過重新排序儲存存取請求，以減少資料在行緩衝區和 DRAM 陣列之間反覆移動的次數。儲存控制器會為發送到不同 DRAM 儲存區的請求建立不同的存取通道或佇列，如同前面介紹的 FB 影格緩衝區單元。這個佇列會等待對某個 DRAM 行的存取聚集了足夠多的請求，再啟動該行並一次性地傳輸所有需要的資料，而避免零星的存取對同一行的反覆開啟。這種聚集的方法雖然利用了區域性原理，提高了存取的效率，卻需要花費額外的時間等待同一行其他請求的到來，導致了更長的存取延遲時間。設計中常會控制一個等待的限度，防止有些請求等待的時間過長，導致處理單元由於延遲不能得到資料而空閒。

另外，多記憶體分區將儲存空間劃分成獨立平行的不同分區，借助位址交織等技術來提高存取的平行度，同樣對全域儲存的存取效率造成積極的提升效果。

2. 全域記憶體的存取方式

考慮到全域儲存元件的結構和存取特點，GPGPU 架構也做了專門的考慮，從請求合併和位址對齊等角度舉出了全域記憶體的存取規則，提升存取效率。

所謂請求合併，是將一個執行緒束多個執行緒存取記憶體請求中屬於同一個「位址部分」的請求盡可能合併，發給全域記憶體，並充分利用全域記憶體存取的細微性，減少全域存取的次數。此請求合併的原理與共享記憶體的衝突判斷原理類似。但全域記憶體的位址合併要求位址在 DRAM 中是連續的，方便一次 DRAM 讀寫就可以完成。因為共享記憶體中每個板塊有自己獨立的位址解碼器，所以共享記憶體的請求合併只要求執行緒的請求分屬於不同的板塊，並不要求不同板塊所存取的位置是統一的。

所謂位址對齊，是要求存取請求從儲存空間中的特定位址開始才能獲得連續存取，而非隨意任何位址都能獲得最高的存取效率。雖然現代處理器儲存空間是按照位元組劃分的，理論上對任何資料型態的存取都可以從任何位元組位址開始，但在特定的硬體平台上會要求資料盡可能從特定位址開始存取，來獲得更高的存取效率。舉例來說，ARM 處理器會要求存取按字 (即 4B) 對齊。

GPGPU 架構中增加了專門的硬體元件，稱為合併單元，來對 32 個執行緒發出的全域記憶體的請求進行合併操作。合併後的請求通常會更少，但並沒有強制要求位址對齊。對齊的請求只需要 1 次存取就可將所需要的資料取出，而非對齊的請求存取記憶體效率會視具體情況而變化。圖 4-24 舉出了兩種情況，左側是線性的全域位址空間示意圖，右側是不同情況下產生的存取請求數量和起始位址。首先假設 32 個執行緒各自產生的請求可以合併成一個 128B 的請求，圖 4-24(a) 展示了這 32 個執行緒位址對齊存取產生的實際請求，圖 4-24(b) 展示了這些位址非對齊時產生的實際請求，其中各自又分為經 L1 快取後 (cached，灰色) 和未快取 (uncached，黑色) 兩種情況。

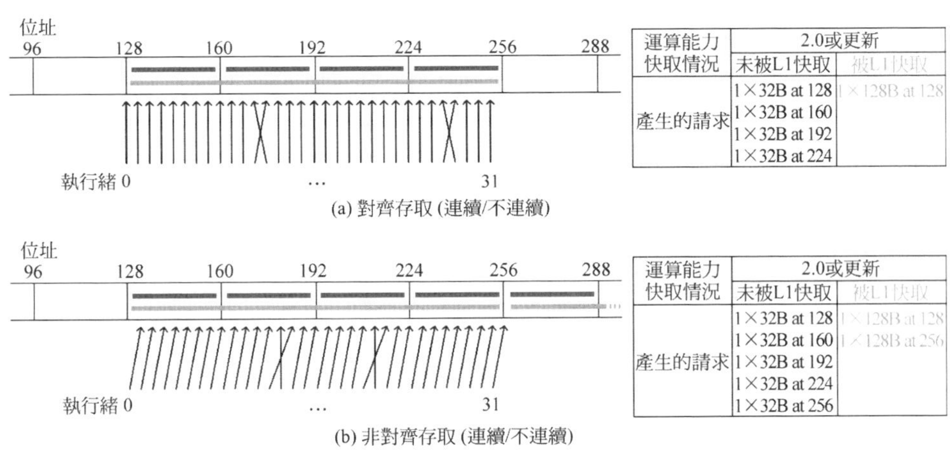

▲ 圖 4-24　全域記憶體存取的請求合併和位址對齊範例

(1) 對齊且 cached 請求，指合併後的存取請求可以被 L1 快取。L1 快取的存取寬度與執行緒束存取寬度相匹配是 128B。只要位址按照 128 對齊，可以產生 1 次 128B 的請求，如圖 4-24(a) 中 1 段灰色長線條所示。uncached 請求指沒有在 L1 層級快取。由於所有資料都會在 L2 快取且 L2 按照 32B 劃分，所以 32 個執行緒合併後會產生 4 個不同的請求，每個請求 32B，並分別從位址 128、160、192 和 224 開始，如圖 4-24(a) 中 4 段黑色短線條所示。此時存取記憶體效率都達到了 100%。

(2) 非對齊的請求假設從位址 129 開始。對於 cached 請求，由於存取細微性是 128B，那麼就會產生 2 次 128B 的請求，分別從位址 128 和 256 開始，位址 128 和 257~383 都是不需要的資料，如圖 4-24(b) 中 2 段灰色線條所示。此時的存取記憶體效率只有 128/256=50%。對 uncached 請求，由於存取細微性是 32B，會產生 5 個 32B 的請求，分別從位址 128、160、192、224 和 256 開始，如圖 4-24(b) 中 5 段黑色線條所示。雖然位址 128 和 257~287 是不需要的資料，但此時的存取效率提升為 128/160=80%。得益於更小的細微性，所以浪費的頻寬也更少一些。

4.5 儲存架構的最佳化設計

由於 GPGPU 大規模的平行線程需要大量的資料，因此儲存系統對 GPGPU 性能有著十分重要的影響。本章前面對 GPGPU 儲存系統進行了介紹，接下來將進一步透過更加前端的角度量化地分析和檢查 GPGPU 儲存系統，從中發現設計最佳化的可能。

4.5.1 單晶片儲存資源融合

GPGPU 單晶片儲存與 CPU 顯著不同，呈現明顯的「倒三角」結構，這為 GPGPU 單晶片儲存設計的最佳化帶來了新的想法與可能性。GPGPU 中每個可程式化多處理器單晶片儲存主要包括暫存器檔案、共享

記憶體 /L1 資料快取。按照以往的設計，三者在邏輯上是相互獨立的元件，在物理上暫存器會與後兩者享有獨立的物理儲存空間，同時三者的容量一般也是在硬體設計時就已經確定了。由於 GPGPU 的執行緒平行度會由多種因素共同決定，這種確定化的設計在面對多種多樣的 GPGPU 程式時很容易造成資源浪費的現象。為此，很多研究基於 GPGPU 單晶片儲存特有的倒三角結構，提出利用不同儲存資源之間的互補性進行全新單晶片儲存結構的融合設計思想。這些方法大多利用原有的暫存器檔案、共享記憶體和 L1 快取的儲存資源作為載體，透過不同的更為細微性的管理策略，試圖在面對資源需求靈活多變的 GPGPU 程式時能夠充分地利用各種儲存資源，達到更高的性能目標。

1. 暫存器檔案、共享記憶體和 L1 快取的靜態融合設計

針對可程式化多處理器內的單晶片儲存資源，文獻 [29] 提出了一種合併的設計方案。雖然該研究針對的是當時 NVIDIA GPGPU 單晶片儲存架構，但是其思想和方法對於當代的 GPGPU 架構仍然具有參考意義。

該文獻首先分析了不同 CUDA 程式對單晶片儲存的需求，發現不同程式對暫存器檔案和共享記憶體的需求差別很大。一方面，對特定的核心函數來說，如果是暫存器受限型 (register limited)，會浪費共享記憶體的容量，如果是共享記憶體受限型 (shared memory limited)，會浪費暫存器檔案的容量。另一方面，L1 資料快取的容量明顯不足。模擬模擬顯示，當調節執行緒區塊大小和暫存器、共享記憶體的容量時，核心函數的性能會發生明顯的變動。這表示按照最大平行度所分配的資源並不能夠滿足特定核心函數的需求。針對這一問題，該文獻提出將暫存器檔案、共享記憶體和 L1 資料快取進行合併。這種合併是靜態的，即在每次核心函數載入之前由程式設計人員或編譯器決定暫存器檔案和共享記憶體的空間分配方式。編譯器計算最少的暫存器數量和共享記憶體使用量，剩餘的空間則統一分配給 L1 快取。由於暫存器檔案和共享記憶體兩者的分配

總會有剩餘，所以這種方式相當於無形中擴大了 L1 快取的容量，同時在執行時期保證活躍的執行緒束數量，以控制暫存器不發生溢位。

為了實作這一靜態融合結構，該文獻對每個可程式化多處理器的單晶片儲存結構進行了改造。靜態融合結構的設計如圖 4-25 所示。圖 4-25(a) 首先舉出了一個原有結構的簡單抽象。對於每個可程式化多處理器，除了運算資源，還主要包括主暫存器檔案 (MRF)、運算元暫存器檔案 (Operand Register File / Last Register File，ORF/LRF)、共享記憶體 / L1 資料快取等。其中，ORF/LRF 是為了減少對 MRF 讀寫次數和頻寬壓力而設計的暫存器快取結構，類似於 4.2.4 節的 RFC。假設每個可程式化多處理器提供 256KB 的 MRF 容量，原本劃分為 8 個 Cluster，每個 Cluster 包含 4 個板塊，每個板塊可以滿足 4 個暫存器同時存取。因此，每個板塊是 16 位元組，每 4 個位元組分配給不同執行緒下的名稱相同暫存器。暫存器交錯排列，從而提高暫存器存取的平行度，大幅減少暫存器板塊衝突。每個可程式化多處理器還包含 64KB 的 L1 資料快取和共享記憶體，兩者均由 32 個板塊組成，每個板塊支援每週期 4B 的存取，這一基本結構與 4.2 節的介紹相符。

靜態合併後，每個可程式化多處理器單晶片儲存可以達到 320KB 的總容量。在不改變總儲存容量的情況下，仍然採用 8 個 Cluster 的劃分方式。每個 Cluster 中含有一塊合併的儲存區單元 (unified memory unit)，仍由 4 個板塊組成，每個板塊提供 16B 的存取寬度。每個週期透過 4 選 1 的多路選擇器舉出一個板塊的資料，所以 8 個 Cluster 提供與原先等同的 128B 的存取頻寬。這 8 個 Cluster 透過原有的交叉網路實作儲存區單元與 ALU 單元的連接。對於共享記憶體和 L1 快取，由於已經與暫存器檔案統一合併，所以也被均勻地分配到 8 個 Cluster 中。因此，每次讀寫時需要用到 8 個 Cluster 中各自同一個板塊可滿足原先 128B 的存取頻寬需求。融合後的結構和位址映射關係如圖 4-25(b) 所示。

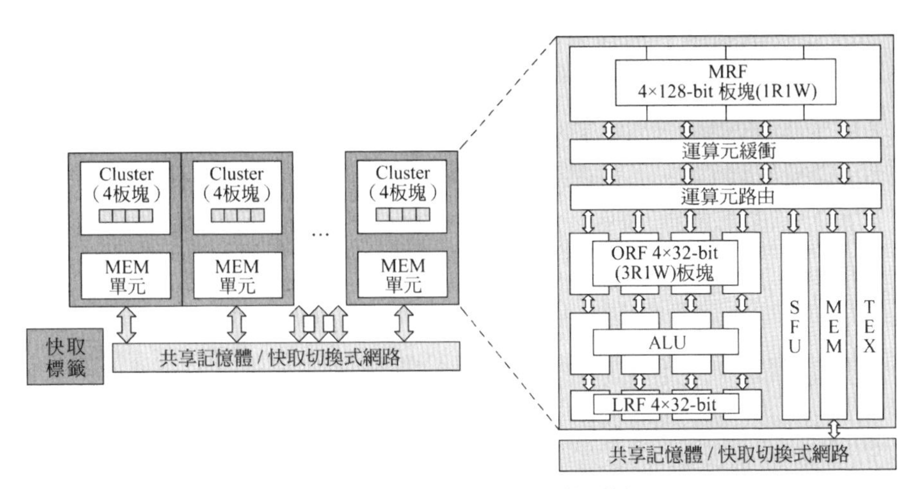

(a) NVIDIA中可程式化多處理器SM結構的簡單抽象

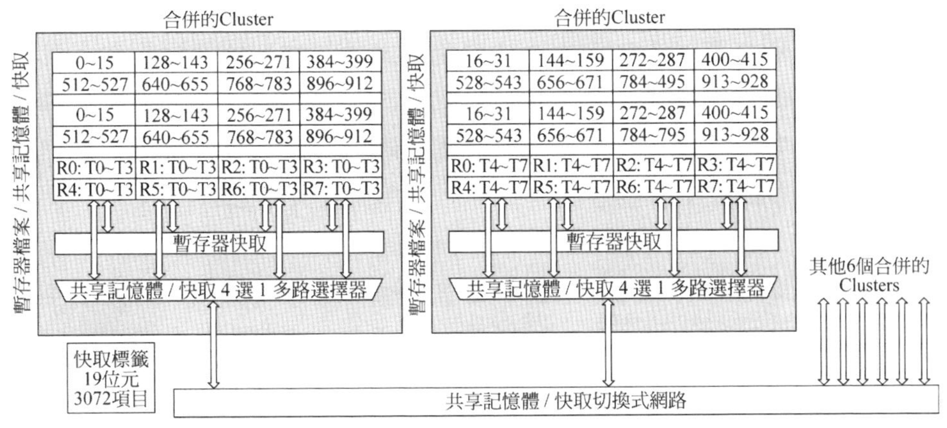

(b) 片上資源靜態合併的設計

▲ 圖 4-25 靜態融合結構的設計

在每次核心函數執行之前，這種合併的設計可以透過合理分配暫存器檔案和共享記憶體的大小，實作更為合理的執行緒平行度，從而間接提高 L1 快取的容量，最終對性能的提升產生積極作用。物理上採用融合的記憶體單元結構，會增加暫存器存取和共享記憶體存取衝突的可能性。合併後記憶體單元容量比原來的儲存單元更大，也會帶來存取功耗的增加。考慮到 SM 中還有 ORF/LRF 的層次，理論上只有少部分的資料需要從 MRF 中讀取，因此實際對合併儲存區單元的存取衝突並不會顯著增加。此外，由於合併設計，共享記憶體要符合暫存器檔案的結構，由原來的 32 個 32 位元的板塊變成 8 個 128 位元的板塊，實際上降低了板塊平行度，增加了板塊衝突的風險。但如果能夠極佳地利用執行緒間存取合併，共享記憶體板塊衝突的情況可能未必會增加。從改變最終性能收益看，整體上性能的提升還是值得的。

2. 暫存器檔案和 L1 快取的動態融合設計

文獻 [29] 所採用的合併架構透過提升單晶片儲存空間的使用率提升性能，採用的是靜態劃分的方式，只能在每個核心函數開始執行之前進行調整。但它對「倒三角」結構中的主要資源，即暫存器檔案的粗放管理方式並沒有改善，並會在執行時期產生大量的暫存器資源浪費，有時甚至會非常嚴重。根據文獻 [30] 的統計分析，GPGPU 的暫存器在執行時期除使用中的活躍暫存器外，還會產生靜態空洞和動態空洞，其中靜態空洞指核心函數中未被分配的暫存器，類似於文獻 [29] 中可以被劃分出去的部分，而動態空洞指雖然暫存器中含有資料，其實已經在暫存器所定義的生命週期之外，等待覆載而不會被再次存取的資料。如圖 4-26 所示，根據文獻 [29] 的統計，兩種暫存器空洞所浪費的總容量很有可能超過原有 L1 快取的總容量。如果能將這部分資源有效利用，將大幅增加 L1 快取的有效容量，從而可提升性能。

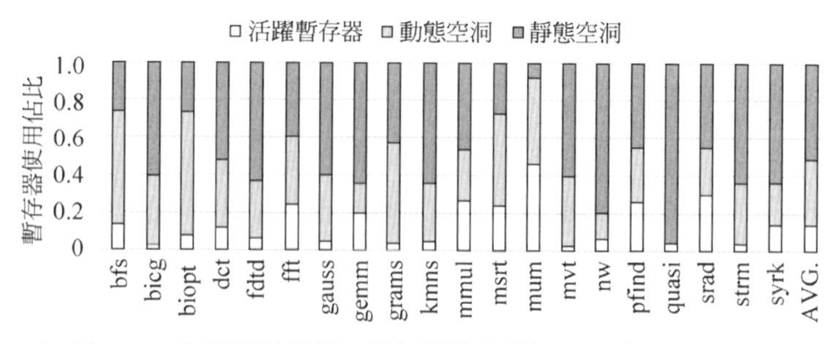

▲ 圖 4-26 典型測試案例下暫存器檔案執行時期的使用情況統計

針對這一問題，文獻 [30] 進一步提出了一種在執行時期對暫存器檔案和 L1 快取進行動態融合的結構，透過對暫存器生命週期更為細緻的管理實作了對暫存器空洞的即時回收和利用，彌補 L1 快取容量的不足，以更進一步地適應不同程式在不同時刻的儲存需求。然而，如何辨識暫存器空洞，並在執行時期能夠靈活地分配暫存器和快取資源實作共享，則是實作動態融合設計的困難。為此，該文獻巧妙地提出了一種將暫存器空間與 L1 快取空間相融合的結構，並採用索引方式統一管理暫存器的存取，解決了空洞辨識和回收利用的難題，用簡單的結構實作了這樣的動態儲存裝置融合，其微結構設計如圖 4-27 所示。

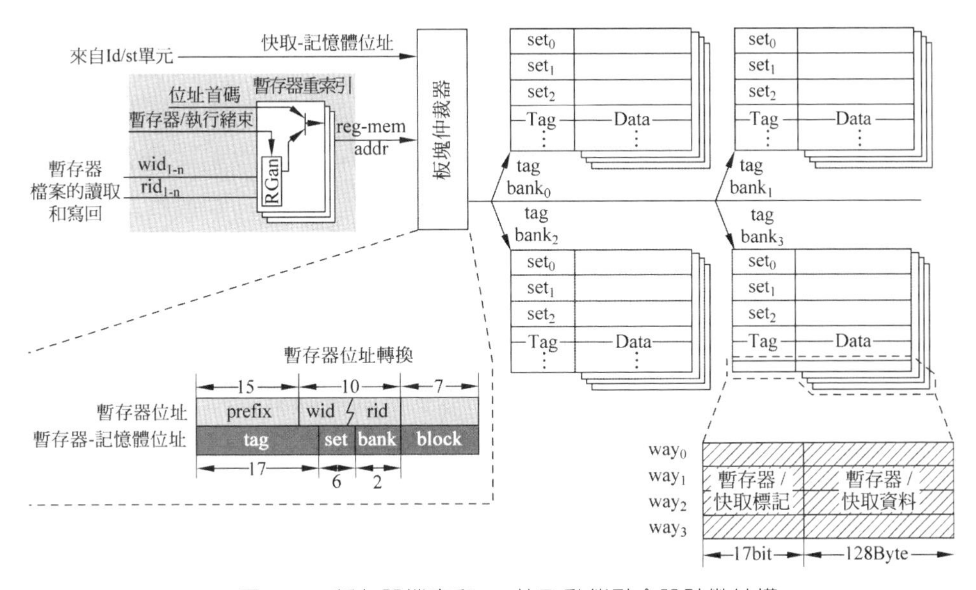

▲ 圖 4-27 暫存器檔案和 L1 快取動態融合設計微結構

直觀上，單晶片儲存的 SRAM 陣列仍然採用 8 個 Cluster，每個 Cluster 中含有 4 個板塊，每個板塊 128B 的結構，這與前面介紹的暫存器檔案結構設計是相容的。每個 Cluster 中的 4 個板塊以 4 路組相聯的方式實施組織和管理，天然地實作了 L1 快取組相聯的資料管理策略。為了在這一物理結構上相容暫存器的存取模式，該文獻提出對暫存器進行重新映射，讓暫存器的存取能夠高效率地在 4 個板塊中定位。具體來講，根據暫存器所在的執行緒束和暫存器

編號組成執行時期的全域位址，借助圖 4-27 中 register address translation 單元對這一全域位址進行簡單欄位劃分操作，從而定位暫存器在 SRAM 陣列中的具體位置，實作快取模擬的暫存器存取過程。這樣的設計方式完全維持了原先的每個執行緒束對暫存器的頻寬需求與讀取方式，利於暫存器空洞的回收和再利用。

在上述微架構的支持下，該文獻進一步提出如何利用編譯器的資訊來辨識暫存器空洞，並在快取發生替換時如何區分暫存器資料和快取資料，保證暫存器資料不會被頻繁溢位。事實上，透過編譯器輔助分析暫存器的 def-use 鏈獲得暫存器的活性資訊 (liveness)，可以精確地完成暫存器分配 (第一次寫入某個暫存器) 和暫存器回收 (最後一次讀取某個暫存器) 的動作，有效地避免了暫存器空洞的發生。透過在每行指令的來源暫存器和目的暫存器上標注這一活性資訊，可以將活性資訊傳遞到硬體執行過程中，借助指令串管線的過程實作暫存器全生命週期的管理。利用圖 4-28 的有限狀態機，可以在執行過程中區分每個項目究竟是暫存器還是快取狀態，並獲知各個暫存器是否失活而需要釋放其所佔用的項目，以及無效資料是否需要寫回，從而實作對暫存器和快取多種狀態的全生命週期統一管理，確保程式的正確執行和性能。

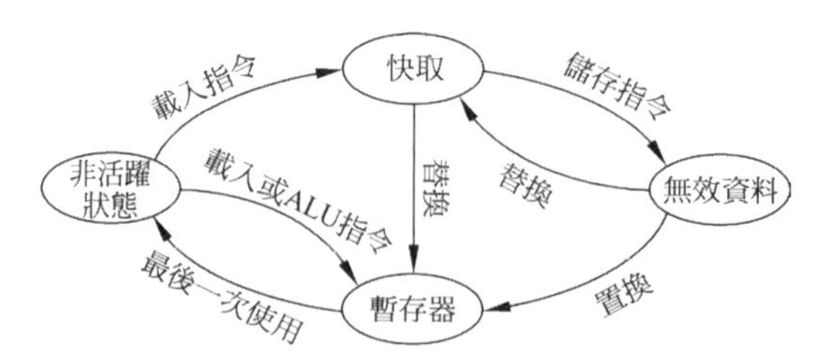

▲ 圖 4-28 有限狀態機辨識暫存器和快取資料

該文獻所提出的動態融合結構實作了對暫存器和 L1 快取的有效動態管理，間接地增加了 L1 快取的容量，實作性能提升。由於暫存器空洞在 GPGPU 程式中普遍存在，該文獻發現，甚至可以在完全省去 L1 快取空間 (64KB) 的情況下，透過動態地利用暫存器空洞所提供的資源，獲得比原有暫存器檔案和 L1 快取分立結構更高的性能，同時獲得性能、功耗和面積的收益。更重要的是，該文獻所揭示的暫存器空洞現象和軟硬體協作的暫存器活性分析手段在後續研究中被廣泛關注，成為暫存器資源利用、暫存器虛擬化等目標的重要手段之一。

3. 利用執行緒限流的暫存器檔案增大 L1 快取容量

GPGPU 中 L1 快取容量不足是影響一些應用性能的重要因素之一。文獻 [30] 的研究提出利用暫存器的空閒資源來彌補 L1 快取容量不足的想法。為了獲取更多的空閒暫存器資源，文獻 [31] 進一步提出利用限流的方法製造出更多的空洞，提供更充足的 L1 快取資源，以平行度換取區域性，獲得性能的進一步提升。具體來講，限流通過在執行時期限制啟動的執行緒數量來減少實際暫存器的用量，並將這些閒置的暫存器作為 L1 快取的補充，讓當前被啟動的執行緒能夠獲得更為充足的快取空間，減少區域性資料被反覆替換的可能，換取性能提升。但限流的方式會降低執行緒平行度，與 GPGPU 的設計初衷有所背離。因此，需要在兩者之間尋找到更合理的平衡，讓區域性良好的資料得以保留在快取中以減少存取延遲時間，同時保留足夠的執行緒平行度來掩藏長延遲時間操作。

基於這樣的目標，文獻 [31] 在限流的基礎上提出了一套方法來實作動態平衡，稱為 Linebacker。它的工作流程可以由圖 4-29 來概括 (其中 P0 之前為區域性監測時間段)。

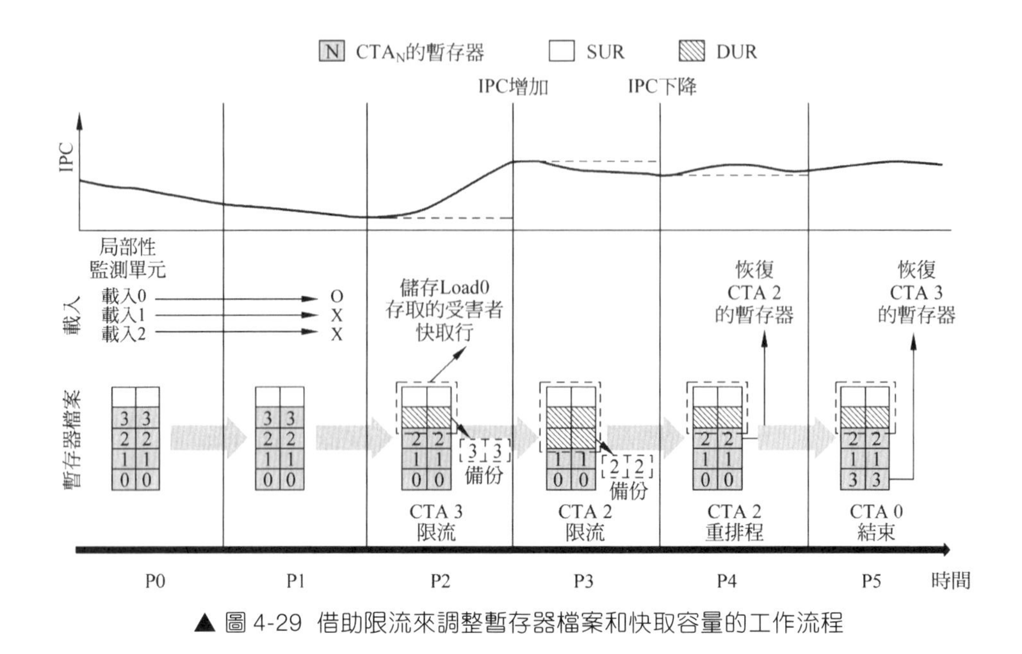

▲ 圖 4-29 借助限流來調整暫存器檔案和快取容量的工作流程

首先，Linebacker 引入一個稱為區域性監控器 (locality monitoring) 的元件，它會在核心函數執行初期執行，獲取各個執行緒區塊內 load 指令的區域性資訊，辨識出具有更高資料區域性的執行緒區塊。當找到至少一個種子執行緒區塊時，Linebacker 會啟動執行緒區塊限流來阻塞其他的執行緒區塊，並將該執行緒區塊原先所有的暫存器內容儲存至全域記憶體中凍結。這部分被騰出的暫存器就會被用作 L1 快取的補充資源。Linebacker 會在每個時鐘視窗開始時嘗試進行執行緒區塊凍結，並採用一種直接檢測的方法來平衡暫存器用量和 L1 快取的容量，即當因執行緒區塊凍結使得 IPC 下降時，Linebacker 會在下個時鐘視窗開始時啟動一個先前凍結的執行緒區塊，恢復之前的執行方式，提高 IPC 水準。

為了支撐這樣的工作模式，Linebacker 需要對指令發射、讀取和 MEM 執行等階段進行一系列的修改和增強。硬體的銷耗和支援能力是限制這種方法應用範圍的比較重要的因素。與文獻 [30] 的研究相比，

Linebacker 可以認為是利用限流技術主動地製造暫存器空洞來換取 L1 快取空間的方法。具體的實作細節可以參考文獻 [31] 中的內容。

4.5.2 技術對比與小結

對比本節提出的各種最佳化方法可以發現，單晶片儲存在 GPGPU 進行通用處理中的重要性。多年來，大量的研究都是針對暫存器檔案和以 L1 快取為主的單晶片儲存架構設計開展的。除了本節中提到的方法和設計，還有很多工作，如 Register Aware Prefetching、Register File Virtualization、COAF 等。

圖 4-30 複習和對比了可程式化多處理器內部單晶片儲存設計原理。

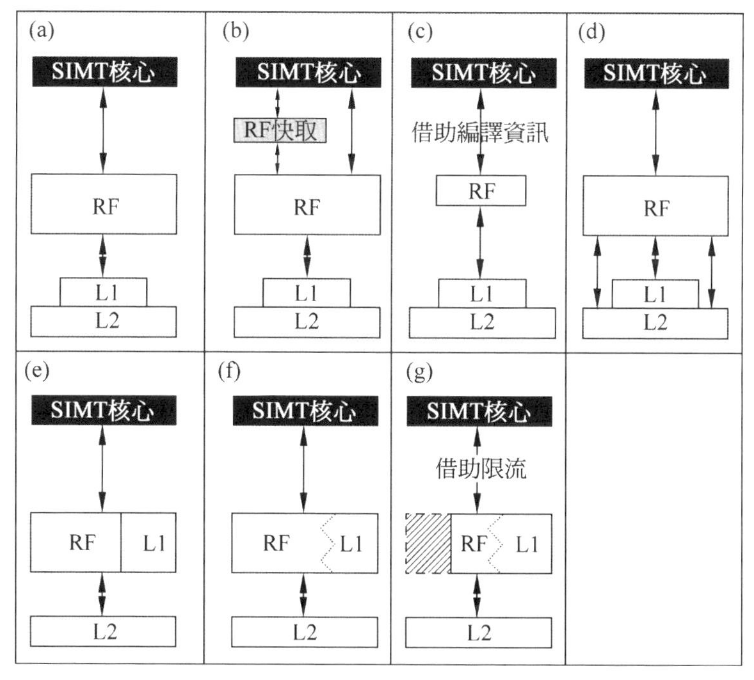

▲ 圖 4-30 可程式化多處理器內部單晶片儲存設計原理

圖 4-30(a) 是最基本的方案，採用了暫存器檔案和 L1 快取的分立設計。

圖 4-30(b) 是 4.2.4 節介紹的前置暫存器檔案快取的方案。它主要暫存器檔案導向的最佳化。根據資料的區域性特點，增加了 RFC 單元，重塑了可程式化多處理器內部的單晶片儲存層次，降低了大容量暫存器檔案的讀寫銷耗。

圖 4-30(c) 是 4.2.4 節介紹的 Regless 的方案。它同樣暫存器檔案導向的最佳化。可以認為 Regless 是由編譯資訊輔助的 RFC 或說是暫存器檔案的共享記憶體，它借助程式劃分、編譯輔助等手段主動辨識暫存器活性，降低活躍暫存器容量。

圖 4-30(d) 是 4.3.5 節介紹的快取旁路的方案。它 L1 快取導向的最佳化，利用快取旁路區分對待 L1 快取中的資料，辨識更為重要的區域性資料進行快取，減輕 L1 快取的衝突壓力。

圖 4-30(e) 是 4.5.1 節介紹的暫存器檔案、共享記憶體、L1 快取靜態合併的方案。它 L1 快取導向的最佳化，利用三者容量的靜態互補性提出了一種統一化的設計，但對於不同資源各自的管理方式並沒有最佳化。

圖 4-30(f) 是 4.5.1 節介紹的暫存器檔案、L1 快取動態融合的方案。它同樣 L1 快取導向的最佳化，提出了一種細微性的單晶片資源管理策略，更為智慧地實作了暫存器檔案和 L1 快取的動態融合。

圖 4-30(g) 是 4.5.1 節介紹的限流方案。它也面向 L1 快取最佳化，在 (f) 基礎上利用限流製造更多 L1 快取可利用的空間，以執行緒平行度換取資料區域性獲得性能收益。

此外，本節還介紹了利用新型儲存元件來實作更大容量、更小面積和更高能效的暫存器檔案及其他單晶片儲存的設計方案，從資料壓縮的角度提升給定儲存資源的儲存效率。這些方法之間相輔相成，可以相互補充和參考。

以上設計都透過單晶片儲存資源的最佳化管理，改進了暫存器檔案和 L1 快取的架構設計，為未來 GPGPU 架構的單晶片儲存設計提供了新的想法和參考。

參考文獻

[1] Intel Corporation. Intel® CoreTM i9-10980XE Extreme Edition Processor (24.75M Cache，3.00 GHz)[EB/OL].(2019-10-02)[2021-08-12].https://www.intel.com/content/www/us/en/products/sku/198017/intel-core-i910980xe-extreme-edition-processor-24-75m-cache-3-00-ghz/specifications.html.

[2] Nvidia.NVIDIA Tegra X1 NVIDIA'S New Mobile Superchip[EB/OL].(2020-05-14)[2021-08-12].https://images.nvidia.com/aem-dam/en-zz/Solutions/data-center/nvidia-ampere-architecture-whitepaper.pdf.

[3] JEDEC Committee.Graphics Double Data Rate(GDDR5) SGRAM Standard:JESD212C: 2016[S/OL].[2021-08-12].https://www.jedec.org/standards-documents/docs/jesd212c.

[4] JEDEC Committee.Graphics Double Data Rate 6(GDDR6) SGRAM Standard: JESD250C: 2021[S/OL].[2021-08-12].https://www.jedec.org/standards-documents/docs/jesd250c.

[5] JEDEC Committee.High Bandwidth Memory(HBM) DRAM:JESD235A: 2013[S/OL].[2021-08-12].https://www.jedec.org/standards-documents/docs/jesd235a.

[6] JEDEC Committee.High Bandwidth Memory(HBM) DRAM:JESD235D: 2021[S/OL].[2021-08-12].https://www.jedec.org/document_search?search_api_views_fulltext=jesd235.

[7] Sadrosadati M，Mirhosseini A，Hajiabadi A，et al.Highly concurrent latency-tolerant register files for gpus[J].ACM Transactions on Computer System(TOCS).IEEE，2021，31(1-4)： 1-36.

[8] Aamodt T M,Fung W,Rogers T G .General-Purpose Graphics Processor Architectures[J].Synthesis Lectures on Computer Architecture，2018，13(JUN.):35-40.

[9] Mei X，Chu X.Dissecting GPU memory hierarchy through microbench marking.IEEE Trans Parallel Distrib Syst 28(1):72-86.

[10] Hennessy J L，Patterson D A.Computer architecture: a quantitative approach[M].Elsevier，2011.

[11] Singh I，Shriraman A，Fung W W L，et al.Cache coherence for GPU architectures[C].2013 IEEE 19th International Symposium on High Performance Computer Architecture(HPCA).IEEE，2013: 578-590.

[12] Mahmoud Khairy，Zhesheng Shen，Tor M.Aamodt，et al.Accel-Sim：an extensible simulation framework for validated GPU modeling[C].47th IEEE/ACM International Symposium on Computer Architecture(ISCA). IEEE，2020： 473-486.

[13] Jia Z，Maggioni M，Staiger B，et al.Dissecting the NVIDIA volta GPU architecture via microbenchmarking[J].arXiv preprint arXiv:1804.06826，2018.

[14] Nvidia.Guide D. CUDA C Best Practices Guide version 9.0[Z/OL].(2018-06-01)[2021-08-12].https://docs.nvidia.com/cuda/archive/9.0/pdf/CUDA_C_Best_Practices_Guide.pdf.

[15] Doggett M.Texture caches[J].IEEE Micro，2012，32(3): 136-141.

[16] Edmondson J H，Van Dyke J M.Memory addressing scheme using partition strides: U.S.Patent 7,872,657[P].2011-1-18.

[17] Leng J，Hetherington T，ElTantawy A，et al.GPUWattch： Enabling energy optimizations in GPGPUs[C].40th Annual International Symposium on Computer Architecture(ISCA).IEEE，2013： 487-498.

[18] Gebhart M ，Johnson D R ，D Tarjan，et al.Energy-efficient mechanisms for managing thread context in throughput processors[C].38th Annual International Symposium on Computer Architecture(ISCA).IEEE，2011： 235-246.

[19] Jing N，Shen Y，Lu Y，et al.An energy-efficient and scalable eDRAM-based register file architecture for GPGPU[C].40th Annual International Symposium on Computer Architecture(ISCA).IEEE，2013： 344-355.

[20] Jing N，Jiang L，Zhang T，et al.Energy-efficient eDRAM-based on-chip storage architecture for GPGPUs[J].IEEE Transactions on Computers，2015，65(1): 122-135.

[21] Li G，Chen X，Sun G，et al.A STT-RAM-based low-power hybrid register file for GPGPUs[C].Proceedings of the 52nd Annual Design Automation Conference.2015: 1-6.

[22] Mao M，Wen W，Zhang Y，et al.An energy-efficient GPGPU register file architecture using racetrack memory[J].IEEE Transactions on Computers，2017，66(9): 1478-1490.

[23] Li T，Jiang L，Jing N，et al.CNFET-based high throughput register file architecture[C].2016 IEEE 34th International Conference on Computer Design(ICCD).IEEE，2016: 662-669.

[24] Lee S，Kim K，Koo G，et al.Warped-compression： Enabling power efficient GPUs through register compression[C].42nd Annual International Symposium on Computer Architecture(ISCA).IEEE，2015： 502-514.

[25] Kloosterman J，Beaumont J，Jamshidi D A，et al.Regless: Just-in-time operand staging for GPUs[C].2017 50th Annual IEEE/ACM International Symposium on Microarchitecture(MICRO).IEEE，2017: 151-164.

[26] Xie X，Liang Y，Wang Y，et al.Coordinated static and dynamic cache bypassing for GPUs[C].2015 IEEE 21st International Symposium on High Performance Computer Architecture(HPCA).IEEE，2015: 76-88.

[27] Nvidia.Parallel Thread Execution ISA Application Guide version 7.4[Z/OL].(2021-08-02)[2021-08-12].http://docs.nvidia.com/cuda/parallel-thread-execution/index.html.

[28] Gou C，Gaydadjiev G N.Elastic pipeline: addressing GPU on-chip shared memory bank conflicts[C].Proceedings of the 8th ACM international conference on computing frontiers.2011: 1-11.

[29] Gebhart M，Keckler S W，Khailany B，et al.Unifying primary cache，scratch，and register file memories in a throughput processor[C].2012 45th Annual IEEE/ACM International Symposium on Microarchitecture(MICRO).IEEE，2012: 96-106.

[30] Jing N，Wang J，Fan F，et al.Cache-emulated register file: an integrated on-chip memory architecture for high performance GPGPUs[C].2016 49th Annual IEEE/ACM International Symposium on Microarchitecture(MICRO).IEEE，2016: 1-12.

[31] Oh Y，Koo G，Annavaram M，et al.Linebacker: preserving victim cache lines in idle register files of GPUs[C].2019 ACM/IEEE 46th Annual International Symposium on Computer Architecture(ISCA).IEEE，2019: 183-196.

[32] Lakshminarayana N B，Kim H.Spare register aware prefetching for graph algorithms on GPUs[C].2014 IEEE 20th International Symposium on High Performance Computer Architecture(HPCA).IEEE，2014: 614-625.

[33] Jeon H，Ravi G S，Kim N S，et al.GPU register file virtualization [C].Proceedings of the 48th International Symposium on Microarchitecture(MICRO).2015: 420-432.

[34] Asghari Esfeden H，Khorasani F，Jeon H，et al.CORF: Coalescing operand register file for GPUs[C].Proceedings of the 24th International Conference on Architectural Support for Programming Languages and Operating Systems(ASPLOS).2019: 701-714.

[35] Nvidia.CUDA C++ Best Practices Guide Design Guide version 11.4.1 [Z/OL].(2021-08-02)[2021-08-12].https://docs.nvidia.com/cuda/cuda-c-best-practices-guide/index.html.

Chapter 05

GPGPU 運算單元架構

GPGPU 的巨大算力源於內部大量的硬體運算單元。這些運算單元可分為多種類型，例如在 NVIDIA 的 GPGPU 中，存在為通用運算服務的 CUDA 核心單元 (CUDA core)、特殊功能單元 (Special Function Unit，SFU)、雙精度單元 (Double Precision Unit，DPU) 和張量核心單元 (tensor core)。數量巨大、類型多樣的運算單元成為 GPGPU 架構不同於 CPU 的顯著特點。GPGPU 以可程式化多處理器為劃分細微性，將各種類型的運算單元按照一定比例分組並組織在一起，從而支援通用計算、科學計算和神經網路計算等各種場景下多種多樣的資料處理需求。

本章將介紹 GPGPU 運算單元架構，包括支援的資料型態及多種運算單元的基本結構和組織方式。

5.1 數值的表示

以電晶體的開關特性為基礎，絕大部分處理器都以二進位的方式儲存和處理資料。資料根據是否有小數點可分為整數和小數，在電腦中採用整數 (integer number) 和浮點數 (Floating Point number，FP) 來表示。本節將介紹常用的整數和浮點數表示方法，並在此基礎上討論近年來新出現的一些浮點數表示方法。

5.1.1 整數型態資料

整數型態資料是不包含小數部分的數值型態資料，採用二進位的形式表達。

由於計算和儲存硬體的限制，電腦只能以有限的位元數原生地表示資料，這表示可表示的整數型態資料範圍是有限的。舉例來說，使用 8 位元能表達的範圍為 $0000\ 0000_2$~$1111\ 1111_2$，即十進位中 0~255[1]。如果需要表達的整數型態資料超過這一範圍，就會存在偏差，這就是有限位元組長度效應。有限位元組長度效應不僅表現在計算上，而且資料的儲存和傳輸都會受到限制。

無號整數型態資料在電腦上表達的方式較為簡單，將十進位整數型態資料直接轉化為二進位資料即可。但在大部分情況下，整數型態資料存在正數和負數之分，整數型態資料的計算也需要符號位的參與，因此表示有號的整數型態資料非常重要。整數型態資料的編碼方式主要有三種：原碼、反碼和補數。

1 完整表示應為 0_{10}~255_{10}。為簡化表述，後文對十進位數字的表示如非必要不再增加下標。

原碼的編碼方式為符號位加真值的絕對值，即第一位元表示符號，其餘位元表示絕對值。一般情況下，第一位元為 0 代表正數，為 1 代表負數。舉例來說，對於 8 位元的二進位表達形式，+1 的原碼為 $0000\ 0001_2$，-1 的原碼為 $1000\ 0001_2$，表示範圍為 [$1111\ 1111_2$，$0111\ 1111_2$]，即十進位的 [-127, 127]。雖然原碼的編碼方式非常符合人的直覺，但並不適用於電腦。由於在電腦中，加減法是最基本的運算，人們希望透過重複使用加法電路也能計算減法，省去額外的減法器電路。為實作這一計算方式，就要求編碼的符號位也參與計算。如果想要計算 1-1，電腦的等價計算為 1+(-1)，採用原碼計算就是 $0000\ 0001_2 + 1000\ 0001_2 = 1000\ 0010_2 = -1000\ 0010_2 = -2_{10}$，這顯然是錯誤的。

為了解決原碼有號計算的問題，出現了反碼的編碼方式。反碼表達正數與原碼一致，例如 +1 的反碼仍為 $0000\ 0001_2$。表達負數時，在原碼的基礎上要求除符號位外逐位元反轉，例如 -1 的反碼為 $1111\ 1110_2$。因此，8 位元反碼的二進位表示範圍為 [$1000\ 0000_2$，$0111\ 1111_2$]，即十進位 [-127, 127]。反碼的符號可以直接參與運算，如果想要計算 1-1，按照反碼方式，電腦需要計算 $0000\ 0001_2 + 1111\ 1110_2 = 1111\ 1111_2 = -0_{10}$。雖然反碼的符號位參與計算仍然可以得到正確的結果，但會產生新的問題。在反碼中，$1111\ 1111_2$ 表示 -0，$0000\ 0000_2$ 表示 +0，這表示 0 的表示出現了容錯。

為了解決容錯問題，人們又提出了補數的編碼方式。補數表達正數與原碼和反碼一致，表達負數則要求在反碼的基礎上加 1。舉例來說，-1 的補數形式為 $1111\ 1111_2$。相比於原碼和反碼，同位元寬情況下補數表示的範圍更大。舉例來說，8 位元補數的二進位表示範圍為 [$1000\ 0000_2$, $0111\ 1111_2$]，即十進位 [-128, 127]。補數的符號同樣可以參與運算，如果想要計算 1-1，按照補數方式，電腦需要運算 $0000\ 0001_2 + 1111\ 1111_2 = 0000\ 0000_2 = 0_{10}$。補數把原先反碼中 $1000\ 0000_2$ 的容錯消除，並且可以表示為十進位 -128，因此表示範圍相比反碼更大。

上面的例子透過三種編碼方式的比較解釋了電腦選擇補數的原因，現代電腦中普遍採用補數形式表示整數型態資料。

5.1.2 浮點資料

在電腦科學中，浮點數是一種對實數數值的近似表示。由於實數是稠密的，電腦的資料受到有限位元組長度的限制，因此浮點數也無法完全表示所有的實數，只能是一種有限精度的近似。

IEEE 二進位浮點數算術標準 (IEEE 754) 是自 20 世紀 80 年代以來使用最廣泛的浮點數標準，它規定了浮點數的格式、特殊數值的表示、浮點運算準則、捨入規則及例外情況的處理方式。經過後續不斷地完善和補充，IEEE 754 目前主要規定了半精度浮點 (16 位元，FP16)、單精度浮點 (32 位元，FP32) 和雙精度浮點 (64 位元，FP64) 等不同長度浮點數的標準。IEEE 754 標準浮點數被廣泛應用於各類浮點計算過程中，其中 FP16、FP32 及 FP64 分別在人工智慧、通用計算和科學計算中應用最為廣泛。

1. 浮點數的格式

IEEE 754 標準浮點數的格式如圖 5-1 所示。所有精度的浮點數表示都被分為三個部分：符號位 (sign, s)，指數位 (exponent, e) 和尾數位 (fraction, f)。借助這三個欄位，二進位浮點數均可以表示成 $(-1)^s \times 1.f \times 2^{e-b}$ 的形式。

(1) 符號位 s 表示一個浮點數的符號，當 s 為 0 時表示正數，否則為負數。

(2) 指數位 e 表示以 2 為基 (帶偏移的) 的冪指數。在 IEEE 754 標準中，e 並不直接表示冪指數，需要減去一個偏移量 (bias, b)。b 的

選取與 e 的位元寬有關，即 $b=2^{len(e)-1}-1$。這是由於直接以 2 為基的二進位數字表示冪指數可能為負值，代表小於 1 的浮點數，所以在增加偏移量 b 後，e 可以用無號整數表示浮點數所有的冪指數，使得浮點數之間的大小比較更加便利。e 為 0 或全 1 時，表示特殊值或非規格化的浮點數。

(3) 尾數 f 表示浮點數中的有效資料。它捨棄了最高位元的 1，而僅記錄首個 1 後面的資料，從而可以多表示一位元有效資料。

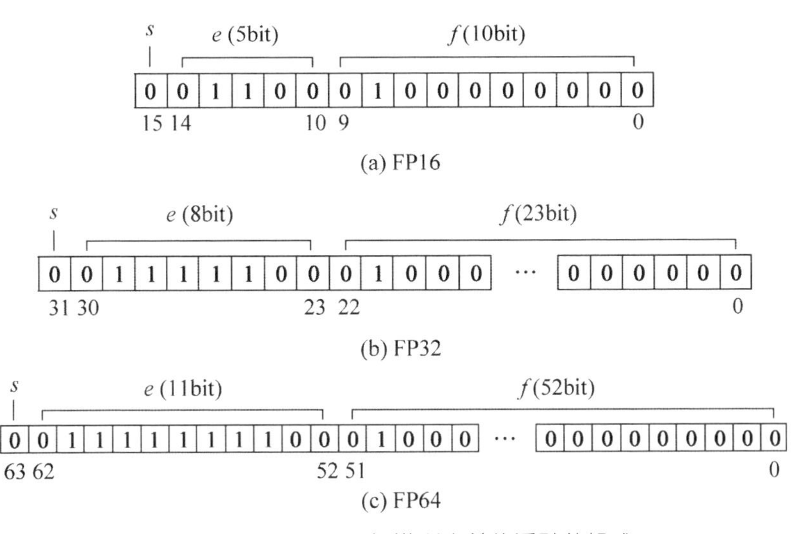

▲ 圖 5-1 IEEE 754 標準所定義的浮點數格式

不同精度浮點數的差異在於指數位和尾數位欄位的位數。FP16、FP32 和 FP64 就是這三個欄位的不同組合。

(1) FP16 包含 1 位元標識位元，5 位元指數位，10 位元尾數，指數偏移量為 15。如圖 5-1(a) 中例子所示，其表達的浮點數真值為 $1.01_2 \times 2^{0\,1100-15} = 0.15625_{10}$。

(2) FP32 包含 1 位元標識位元，8 位元指數位，23 位元尾數，指數偏移量為 127。如圖 5-1(b) 中例子所示，其表達的浮點數真值為 $1.01_2 \times 2^{0111\ 1100-127} = 0.15625^{10}$。

(3) FP64 包含 1 位元標識位元，11 位元指數位，52 位元尾數，指數偏移量為 1023。如圖 5-1(c) 中例子所示，其表達的浮點數真值為 $1.01_2 \times 2^{011\ 1111\ 1100-1023} = 0.15625_{10}$。

2. 特殊數值的表示

除上述規格化數外，IEEE 754 浮點數標準利用指數位的不同數值，還可以表示四種類型的特殊資料，具體如表 5-1 所示。

表 5-1 IEEE 754 浮點數表示

形式	指數	小數部分
零	0	0
非規格化形式	0	非 0
規格化形式	$1 \sim 2^e-2$	任意
無窮 (∞)	2^e-1 (全 1)	0
NaN	2^e-1 (全 1)	非 0

(1) 當指數位為 0 時，如果尾數為 0，則表示浮點數為 0。由於符號位可能為 0 或 1，IEEE 754 浮點數可以表示正 0 或負 0。

(2) 對於規格化浮點數，其指數偏移量最小為 1。以 FP32 為例，其指數的最小值為 -126。這表示規格化浮點數的絕對值 (與零點的距離) 最小為 1.0×2^{-126}，那麼為了表示 0 與 1.0×2^{-126} 之間的數值，可以採用非規格化浮點數。IEEE 754 標準規定非規格化浮點數指數位為 0，表示非規格化浮點數值為 $(-1)^s \times 0.f \times 2^{-126}$。

(3) 當指數位為全 1，如果尾數部分為 0，則表示無窮 (∞)。根據符號位的不同，可以表示為正無限大和負無限大。

(4) 當指數位為全 1，若尾數非 0，則表示為非合法數 (Not a Number, NaN)。

3. 捨入和溢位方式

由於浮點數能表示的數值是有限的，它往往是一個無法表示的數值的近似。為了能夠舉出最接近實際數值的浮點表示，IEEE 754 規定了四種捨入模式，為程式設計人員提供合適的近似策略，如表 5-2 所示。

表 5-2 IEEE 754 的捨入規則

舍入模式	捨入前	捨入後	描述
就近捨入	1.100_0111	1.100	即向最接近的數捨入，如果處於兩個最接近的數中間則根據保留位元最低位元捨入。預設捨入方式
	1.100_1011	1.101	
	1.100_1000	1.100	
	1.011_1000	1.100	
向 0 捨入	1.100_1011	1.100	直接捨棄低位元
	-1.100_1001	-1.100	
向正無限大捨入	1.100_1011	1.101	正浮點數進位，負浮點數捨棄低位元
	-1.100_1011	-1.100	
向負無限大捨入	1.100_1011	1.100	正浮點數捨棄低位元，負浮點數進位
	-1.100_1011	-1.101	

(1) 就近捨入。如果就近的值唯一，則向其最接近的值捨入。如果處於兩個最接近的數中間，則需要捨入到偶數。一般可以透過三個位元來判斷捨入情況，即保護位元 (guard bit，G)，捨入位

元 (round bit，R) 和黏著位元 (sticky bit，S)。G 是捨入後的最後一位元，R 則是被捨棄的第一位元，S 一般情況下代表 R 後面被捨棄的部分。對就近捨入而言，如果 R 為 0 則全部捨棄；如果 R 為 1 且 S 不為 0，則進位。如表 5-2 所示，假設捨入底線後 4 位元，由於 1.100_0111 的 R 為 0，則捨去低位元尾數。而 1.100_1011 的 R 為 1，S 不為 0，則需要進位。如果就近的值不唯一，即 R 為 1，S 為 0，那麼要看捨入後結果 G 是否是偶數。如果是偶數則直接捨去後面的數不進位，如果是奇數則進位後再捨去後面的數。舉例來說，1.100_1000 的 G 為偶數，則直接捨入為 1.100。1.011_1000 的 G 為奇數，則需要先進位，再進行捨入，結果為 1.100。

(2) 向 0 捨入。本質上為將低位元全部捨去。這種捨入方法無論正負，捨去低位元尾數即可。舉例來說，1.100_1011 和 -1.100_1001 均需要捨去低位元尾數。

(3) 向正無限大捨入。即使得捨入後的浮點數比捨入前大，表現為正浮點數進位，負浮點數捨棄低位元。舉例來說，1.100_1011 需要進位，-1.100_1011 需要捨棄尾數。

(4) 向負無限大捨入。即使得捨入後的浮點數比捨入前小，表現為正浮點數捨棄低位元，負浮點數進位。舉例來說，1.100_1011 需要捨棄尾數，-1.100_1011 需要進位。

捨入通常發生在尾數計算操作之後。舉例來說，在執行浮點數加法時，指數較小的浮點數需要進行右移，這樣尾數相加後得到的位元數會超過最終需要的位元數，從而需要進行捨入。在捨入時，尾數部分的低位元有可能就會遺失，從而產生誤差。

溢位通常發生在指數運算完成後，兩個浮點數相加或相減可能會導致尾數上溢位或下溢位。由於只能用有限的位元組長度表示一個浮點數，因此對一個過大或過小的浮點數則無法表示。舉例來說，包含規格化浮點數在內的 FP32 表示範圍為 $\pm 2^{-149} \sim \pm(2-2^{-23}) \times 2^{127}$，約等於十進位中 $\pm 1.4 \times 10^{-45} \sim \pm 3.4 \times 10^{38}$。當超過這個範圍的上限，浮點數會發生上溢位(正上溢和負上溢)，導致指數偏移量全為 1，那麼只能表示成無窮或 NaN。非規格化數在一定程度上可以處理浮點數的下溢位(正下溢和負下溢)，因為其指數偏移量全為 0。如果浮點數過小，那麼只能表示為 0。對於上溢位，IEEE 754 規定如果指數超過最大值，傳回 + ∞或 - ∞。如果發生下溢位，會傳回一個小於等於該數量級中最小正規格化數的數。

5.1.3 擴充討論：多樣的浮點資料表示

IEEE 754 規範了浮點數的表示方法，但並不是唯一的標準。近年來，隨著深度神經網路的發展和普及，人們發現 IEEE 754 標準浮點數並不完全適合用於神經網路計算。為此，許多公司如 NVIDIA、Google 和 Intel 透過對 IEEE 754 標準浮點數進行修改，提出了新的浮點數表示方法，在減小硬體銷耗和儲存空間的同時，不會給神經網路計算帶來明顯的精度損失，從而最佳化推理和訓練的時間。

1. BF16 格式

在 IEEE 754 標準中，FP16 只有 5 位元指數位，動態範圍太窄。為此，Google 公司在 2018 年提出了 BFLOAT16(BF16) 試圖解決這一問題。BF16 採用 8 位元指數位，提供了與 FP32 相同的動態範圍。如圖 5-2 所示，相比於 FP32，BF16 截去尾數至 7 位元，其餘保持不變。

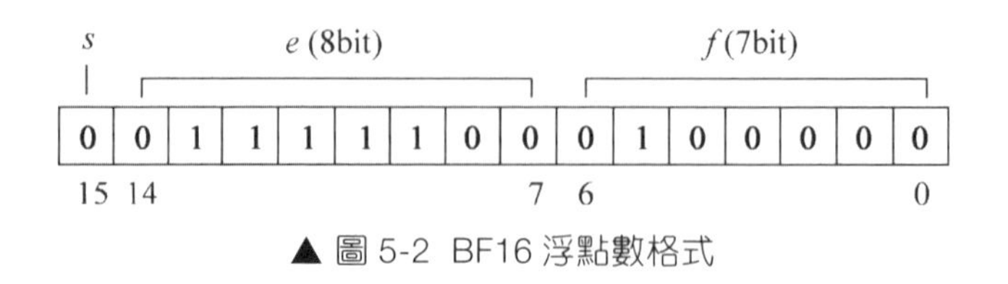

▲ 圖 5-2 BF16 浮點數格式

BF16 計算浮點數真值的過程與 IEEE 754 標準一致，例如圖 5-2 中的例子表達的浮點數真值為 1.01×2^{-3}。BF16 的格式可以快速地與 FP32 進行轉換。在 FP32 轉為 BF16 格式時，FP32 的指數位被保留，而尾數截斷至 7 位元。在 BF16 轉化為 FP32 格式時，由於兩者標識位元和指數位相同，直接在尾數後補充 0 直到 23 位元即可。

BF16 首先被應用於張量處理器 (Tensor Processing Unit，TPU) 中。Google 公司認為，在神經網路計算中，浮點數指數位比尾數更加重要，因此 BF16 的性能相比於 FP16 更好，在 TPU 神經網路計算中逐漸取代 FP16。這是由於在神經網路訓練過程中，啟動和權重的張量資料大體在 FP16 數值表示的範圍內，而權重更新很有可能小於 FP16 的表示精度，造成下溢位。為了解決這一問題，可以將訓練損失乘以比例因數，即透過損耗縮放技術成比例放大梯度，緩解 FP16 的下溢出問題。BF16 其表示的範圍和 FP32 相同，在訓練和執行深度神經網路時幾乎是 FP32 的替代品，將大大緩解 FP16 的溢出問題。

從 Ampere 架構開始，NVIDIA GPGPU 的 Tensor Core 支援 BF16。

2. TF32 格式

BF16 雖然在 FP16 的基礎上增大了浮點數的表示範圍，但由於它和 FP16 均採用 16 位元表示，不得不犧牲尾數的精度。這表示相比於 FP16，BF16 在相同指數的情況下，表達二進位浮點數的精度更低。針對這一問題，NVIDIA 公司提出了另一種新的浮點數表示格式，稱為 TensorFloat32(TF32)。如圖 5-3 所示，它採用 19 位元來表示浮點數。

TF32 與 FP32 有相同的 8 位元指數，與 FP16 有相同的 10 位元尾數。

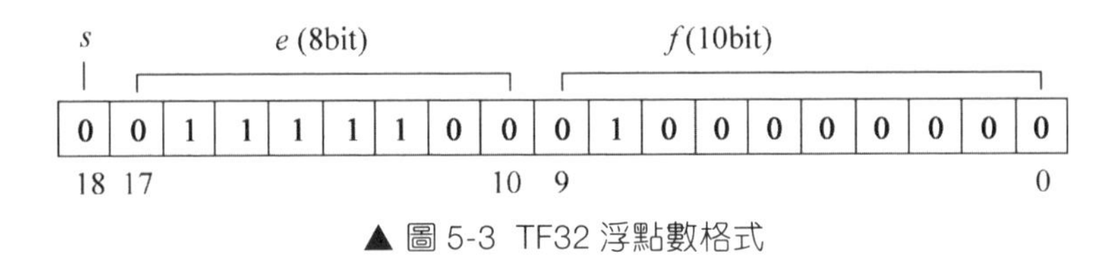

▲ 圖 5-3 TF32 浮點數格式

TF32 計算浮點數真值的過程與 IEEE 754 標準浮點數一致，例如圖 5-3 中的例子表達的浮點數真值為 1.01×2^{-3}。FP32 格式轉為 TF32 格式時，需要將尾數的低 13 位元截去。而 TF32 格式轉化為 FP32 格式時需要將尾數低位元補 0 直到 23 位元。

NVIDIA 公司的 GPGPU 從 Ampere 架構開始在張量核心上支援 TF32。支援 TF32 的張量核心借助 NVIDIA 函數庫函數可以將 A100 單精度訓練峰值算力提升至 156 TFLOPS，達到 V100 FP32 的 10 倍。A100 還可使用 FP16/BF16 自動混合精度 (AMP) 訓練，透過微量的程式修改，使得 TF32 性能再提高 2 倍，達到 312 TFLOPS。

3. FlexPoint 格式

神經網路以張量為基礎進行運算，這些運算包含大量的張量乘和張量加，操作的資料格式大部分為 FP16 或 FP32。然而，這些資料格式可能並不適合大規模神經網路計算，因為大量的張量資料之間存在著較多容錯資訊，對硬體面積、功耗、運算速度及儲存空間佔用來說都有不利的影響。

透過修改資料格式，文獻 [4] 認為容錯資訊的問題可以得到緩解。透過對基於 CIFAR-10 資料集訓練 ResNet 過程中共計 164 個 epoch 的權重、特徵圖及權重更新數值的分佈統計發現，這些數值有著較為集中的動態分佈範圍。如圖 5-4 所示，epoch 0 和 epoch 164 的大部分權重數值

都分佈在 2^{-8}~2^{0}，大部分的特徵圖 (啟動) 數值都分佈在 2^{-7}~2^{1}。而 epoch 0 的大部分權重更新數值都分佈在 2^{-20}~2^{-12}，epoch 164 的大部分權重更新數值分佈在 2^{-24}~2^{-16}。集中的動態範圍表示相似的指數。換句話說，如果固定每個張量的指數，可以透過 16 位元的尾數來表示張量中每個數的精確值。因此，可以利用一種稱為 FlexPoint 的新的資料格式來最佳化浮點資料的表示。

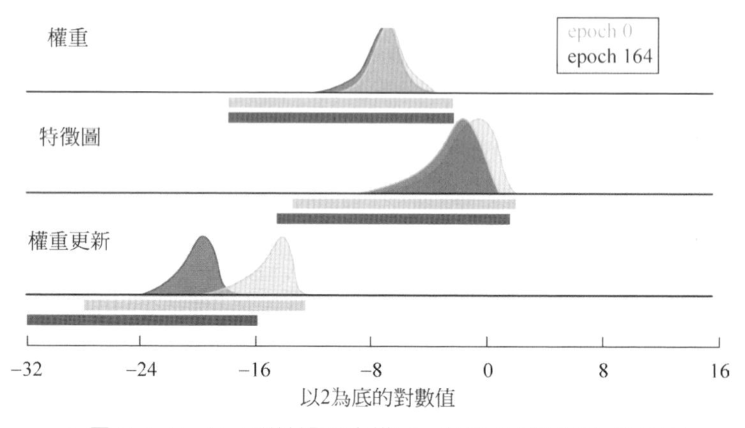

▲ 圖 5-4 ResNet 訓練過程中權重、特徵及權重更新的分佈

FlexPoint 具有 *m* 位尾數和 *n* 位指數。在一個張量中，每個資料都具有自己的 *m* 位尾數儲存於裝置端，而整個張量具有共同的 *n* 位元指數儲存於主機端。這種資料格式稱為 FlexPoint *m*+*n*。圖 5-5 舉出了尾數為 16 而指數為 5，即 FlexPoint 16+5 的資料格式。可以看到，這種格式有兩個優點。

(1) 張量內部各個資料之間求和與定點數求和一致，不需要考慮指數的影響，避免了浮點數求和中複雜的指數對齊過程。

(2) 張量之間乘積與浮點數乘積相同，這種乘積方式較為簡單。

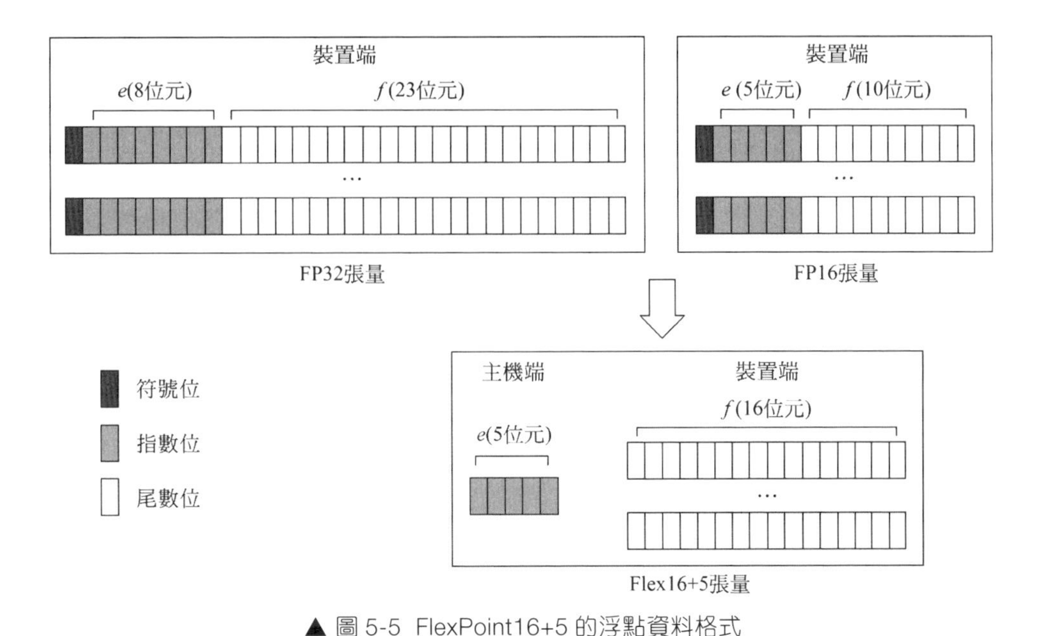

▲ 圖 5-5 FlexPoint16+5 的浮點資料格式

FlexPoint 也存在一定缺點。舉例來說，要在硬體中有效地實作 FlexPoint，必須在兩個張量運算之前確定輸出張量的指數，否則就需要儲存高精度的中間結果，這會增加硬體的銷耗。為了解決這一問題，該文獻還提出一種指數管理演算法 Autoflex。Autoflex 針對迭代最佳化演算法，比如隨機梯度下降演算法，透過統計每次迭代中張量資料的指數變化來最佳化輸出張量的指數。具體而言，對於輸出張量 T，Autoflex 會將 T 最近迭代產生的最大尾數存放於佇列中。首先，判斷佇列中絕對值的最大值 a，如果 a 有上升趨勢或向上越界，則直接增加整個張量 T 的指數。反之，如果 a 有下降趨勢或向下越界，則減少指數的數值。其次，統計佇列中所有尾數的標準差，根據標準差和最大值預測其增長趨勢，並且預測下一次迭代中張量 T 可能出現的最大結果。最後，預測得到的最大結果轉化為下一次迭代輸出張量 T 整體的指數。FlexPoint 的假設基於神經網路訓練中數值變化的過程較為緩慢。基於這種假設，Autoflex 透過張量變化的歷史來預測未來輸出張量的指數也是合理的。

5.2 GPGPU 的運算單元

運算單元是 GPGPU 實施計算操作的核心。在硬體上，NVIDIA 公司的 GPGPU 提供了 CUDA 核心單元、雙精度單元、特殊功能單元及張量核心單元，解決不同場景的計算問題。CUDA 核心單元主要通用運算，如定點數導向的基本運算和浮點數的基本運算；特殊功能單元面向超越函數計算；張量核心單元矩陣運算，以應對大量導向的神經網路計算需求。本節將重點介紹除張量核心單元之外的運算單元結構。

5.2.1 整數運算單元

整數運算中應用較多的是算術加法、乘法和邏輯運算。

1. 整數加法

在電腦中，正整數以原碼方式儲存，負整數多以二進位補數的方式儲存。因此，透過整數加法可以直接帶著二進位補數的符號進行運算，得到正確的結果。

對於兩個整數 X 和 Y，其二進位加法的一般步驟如下：

(1) 逐位元相加。從 X 和 Y 的低位元開始逐位相加，低位元得到的進位參與高位元的相加，逐漸傳遞進位。

(2) 判斷溢位。由於位數的限制，整數只能表示一定範圍的數值。如果加法運算的結果超過這一範圍，則會導致溢位。

(3) 溢位處理，輸入結果。不同的語言和編譯器會採用不同的方式處理溢位。在 C/C++ 語言中，通常會採用取餘運算以保證結果非溢位。

根據整數加法的原理，一個簡單的整數加法器可以由全加器 (Full Adder，FA) 串聯得到。舉例來說，4 位元整數加法器可以由 4 個全加器計算得到。一個全加器的輸入為 a、b 兩個加數對應的兩個位元 ax 和 bx 及進位輸入 c_x，輸出為三者相加得到的結果 s_x 和進位輸出 c_{x+1}。透過串列求解輸入位元的和並傳遞進位，可以完成所有位元的計算。

這種簡單的加法器稱為行波進位加法器，原理簡單，但由於串列進位導致速度較慢。為了提高加法的計算速度，需要更快的進位鏈傳播，也由此產生了多種不同類型的加法器結構設計，如進位選擇加法器、超前進位加法器等快速加法器結構。具體可參見文獻 [5] 中關於加法器設計的介紹。

計算結果需要判斷是否溢位。一般情況下，加法器透過最高位元進位和次高位元進位的互斥結果進行判斷。舉例來說，對於 k 位整數相加，會判斷其 c_{k-1} 和 c_k。如果 c_{k-1} 為 1 而 c_k 為 0，則產生正溢，即超過了整數表示範圍的最大值。若 c_{k-1} 為 0 而 c_k 為 1，則會產生負溢，即超過了整數表示範圍的最小值。兩種溢位情況下，c_{k-1} 和 c_k 互斥運算的結果均為 1。判斷溢位後，進行溢位處理。如果運算結果有效，有些處理器還會檢測其是否為負數或 0，並設定處理器中對應的狀態標識位元。

2. 整數乘法

整數乘法器實際上就是一個複雜的加法器陣列，因此乘法器代價很高並且速度更慢。但由於許多場景下的計算問題常常都是由乘法運算速度決定的，因此現代處理器都會將整個乘法單元整合到資料通路中。

對於一個二進位數字乘法，假設乘數是 m 位元和 n 位元的無號數，且 $m \leq n$。最簡單的方法是採用一個兩輸入的加法器，透過不斷地移位和相加，把 m 個部分累積加在一起。每個部分積是 n 位元被乘數與 m 位乘數中的一位相乘的結果，這個過程實際上就是一個「與」操作，然後將結果移位到乘數的對應位置進行累加。這種方法原理簡單，但迭代計算時間長，無法應用在高性能處理器中提供快速的乘法計算。

實際的快速乘法器則採用類似於手工計算的方式。利用硬體的平行性同時產生所有的部分積並組成一個陣列，透過將多個部分積快速累積得到最終的結果。這種方式比較容易映射到硬體的陣列結構上，因此也稱為陣列乘法器。它一般整合了三個步驟：部分積產生、部分累積加和相加。

(1) 部分積產生。部分積的個數取決於 m 位乘數中 1 的個數，可能有 m 個，也可能是 0 個。因此部分積產生一般會採用 Booth 編碼，將部分積的數量減少一半。Booth 編碼只需要一些簡單的邏輯門，但可以顯著地降低延遲時間和面積。

(2) 部分累積加。部分積產生之後，需要將它們全部相加。陣列加法器實際上採用了多運算元的加法，銷耗比較大的面積。更為最佳化的做法是以樹結構的方式完成加法。利用全加器和半加器，透過反覆地覆蓋部分積中的點，把部分積的陣列結構轉化成為一個 Wallace 樹結構，同時減少關鍵路徑的長度和所需要的加法器數目。

(3) 相加。這是乘法的最後一個步驟，加法器的選擇取決於部分累積加樹的結構和延遲時間。加法器對於乘法的計算速度有直接的影響。

綜合利用以上技術，結合細緻的時序分析和版圖設計可以實作高性能的乘法器，滿足現代處理器的計算需求。

3. 邏輯與移位單元

除了算數運算，GPGPU 還提供基本的邏輯和移位運算。邏輯運算包括了二進位之間基本的與 (and)、或 (or)、互斥 (xor)、非 (not) 等運算，以及 C/C++ 中應用較為廣泛的邏輯非 (cnot)。邏輯非可透過判斷來源運算元是否為零來對目的運算元進行 0/1 給予值。移位運算包括拼接移位運算 (shf)、左移 (shl)、右移 (shr) 等。

5.2.2 浮點運算單元

浮點數運算單元能夠根據 IEEE 754 標準處理單精度浮點數和雙精度浮點數的算數運算，包括加法、乘法和融合乘加運算。

1. 浮點數加法單元

假設兩個浮點數 X 和 Y，按照 IEEE 754 標準表示為 $X=1.f_x \times 2^x, Y=1.f_y \times 2^y$。假設 $x \geqslant y$，那麼兩個數加法運算的步驟如下。

(1) 求階差：$x-y$。

(2) 對階：$Y=1.f_y \times 2^{y-x} \times 2^x$，使兩個數的指數相同。一般會將較小的那個數的小數點左移，避免移動較大數帶來的有效數字遺失。

(3) 尾數相加：$f_x+1.f_y \times 2^{y-x}$。

(4) 結果規格化並判斷溢位：$X+Y=1.(f_x+1.f_y \times 2^{y-x}) \times 2^x$。得出的結果可能不符合規格化的要求，需要轉為規格化浮點數。之後，還需要對指數進行判斷，可能出現溢位的情況導致浮點數出現特殊值。

(5) 捨入：如果尾數比規定位數長，則捨入。

(6) 再次規格化：捨入後可能會導致資料不符合規格化浮點數的標準，舉例來説，1.111_1100_2 捨入後得到 10.000_2，這並不符合規格化浮點數的標準，所以需要再次規格化為 1.000×2^1。

圖 5-6 顯示了浮點數加法器的結構方塊圖。與浮點數加法步驟第一步相對應，浮點數加法器硬體首先需要將輸入的運算元 x 和 y 進行拆分。在拆分的過程中，硬體會檢測輸入浮點數的特殊值情況，如果其中存在 0、NaN 或無窮，那麼可以直接輸出另外一個運算元作為結果、輸出 NaN 或無窮。

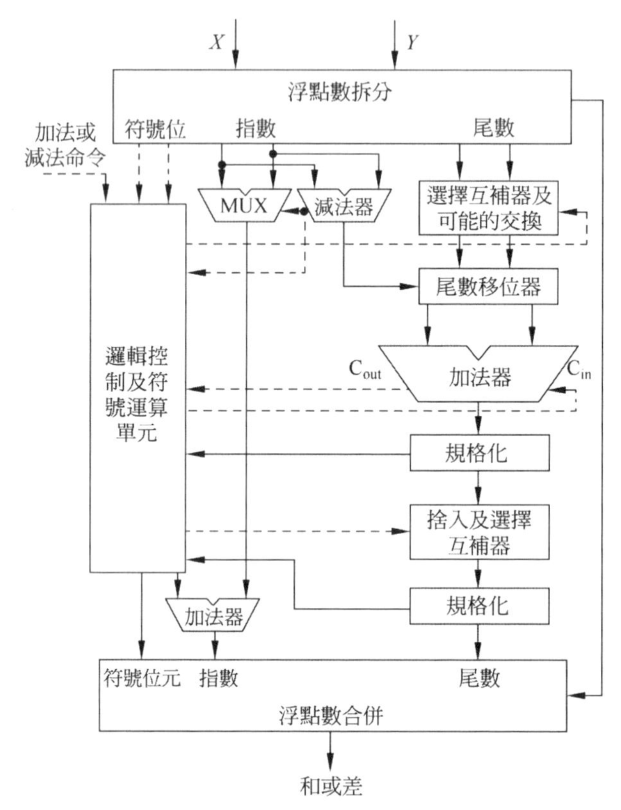

▲ 圖 5-6 浮點數加法器的結構方塊圖

拆分後的符號位會作為邏輯控制及符號運算單元的輸入。符號位、指數偏移位比較和尾數計算過程中產生的結果會影響最終結果的標識位元。指數偏移位比較大小，偏移位較大的會直接進入結果前的加法器中，與尾數計算中產生的進位相加，得到最終的指數偏移位結果。

尾數的計算比較複雜。兩個尾數首先會進入選擇互補器中，由於可能會出現不同符號數相加 / 減，根據控制邏輯選擇互補器可能會將其中一個尾數轉為補數。在設計選擇互補器的過程中，為了減少硬體銷耗，一般只支援一個數進行補數操作，此時有可能需要兩個尾數進行交換，完成指定尾數轉換補數操作。根據尾數偏移位的減法結果在尾數移位器中進行對階操作。對階完成後，兩個尾數可以直接在補數加法器中完成加法操作，得到的進位需要輸入控制邏輯，用於最終結果的指數偏移位計算。

補數加法器得到的結果需要規格化，因為計算得到的結果可能出現進位，因此需要右移一位。也可能得到的結果很小，在補數中表現為有超過兩個的 0 或 1 存在於尾數的高位元上，此時需要左移多位。

規格化結束後需要對尾數根據 IEEE 754 捨入標準進行捨入，大部分的情況下是就近捨入。具體可參見表 5-2 的說明。捨入後的結果也可能需要進行補數運算和規格化過程，並最後輸入成為結果的尾數。

最終，浮點數加 / 減法器需要將輸出的符號位、指數位移位和尾數位重新打包，並且判斷結果是否存在溢位或出現了非規格化值情況。硬體加法器處理非歸約浮點數的運算比較困難，很多情況下都需要軟體方案的輔助。

2. 浮點數乘法單元

相比於浮點數加法，浮點數乘法的計算過程較為簡單。這裡依然以浮點數 $X=1.f_x\times2^x$ 和浮點數 $Y=1.f_y\times2^y$ 為例，介紹浮點數的乘法運算過程。

(1) **階碼相加**：$x+y$。

(2) **尾數相乘**：$1.f_x\times1.f_y$。

(3) **結果規格化並判斷溢位**：$X \times Y = 1.f_x \times 1.f_y \times 2^{x+y}$。結果計算完畢後，計算結果可能不符合規格化浮點數的要求，或計算結果可能直接溢位。

(4) **捨入**：如果尾數比規定位數長，則捨入。

(5) **再次規格化**：與浮點數加法相似，捨入後可能會導致資料不符合規格化浮點數的標準，需要再次規格化。

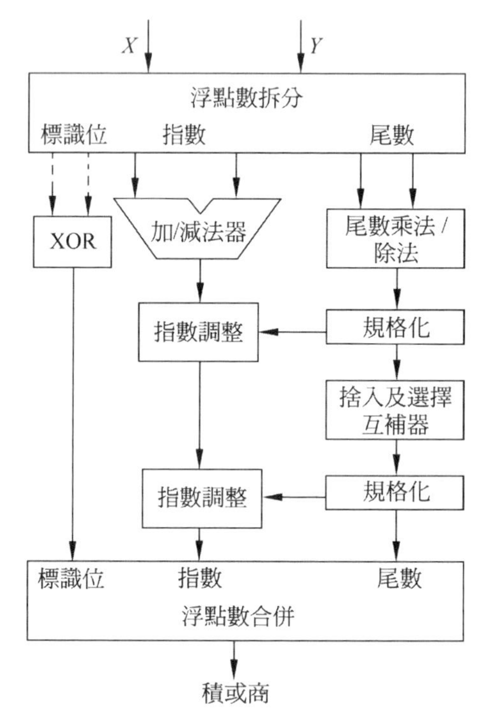

▲ 圖 5-7 浮點數乘法器的結構方塊圖

浮點數乘法單元的運算過程也與浮點數乘法過程類似。如圖 5-7 所示，浮點數運算元首先根據 IEEE 754 標準進行拆解和特殊數值判斷。拆解得到的浮點數符號位會進行互斥操作，得出結果的符號位。指數偏移位會透過定點加法器進行有號加法操作。

兩個尾數會進入一個無號乘法器中進行運算。由於每個有效數都帶有一個隱藏的 1 和小數，尾數乘法單元將是一個無號的 $(l+1)\times(l+1)$ 的乘法器，其中 l 是尾數的長度，通常產生一個 $2l+2$ 位的結果。由於這個結果要在輸出處捨入到 $l+1$ 位，因此在乘法器設計中，可以忽略這個範圍之外的計算。

與加法器類似，尾數乘法器輸出的結果也可能過大或過小，所以需要先進行規格化，再進行捨入，捨入後還需進行規格化。兩次規格化可能會導致指數偏移量的變化，這些變化需要增加到指數偏移量加法器中得到最後的指數偏移量結果。

最後將結果組合，進行溢位判斷並輸出最終結果。

3. 浮點數融合乘加單元

浮點數的融合乘加運算 (Fused Multiply-Add，FMA) 要求完成形如 $c=ax+b$ 的操作，一般會記為兩個操作。一種簡單的方法是按照分離的乘法和加法分別計算。舉例來說，先完成 $a\times x$ 的運算，將其結果數值限定到 N 個位元，然後與 b 的數值相加，再把結果限定到 N 個位元。融合乘加的計算方法則是先完成 $a\times x$ 的運算，在不修剪中間結果的基礎上再進行加法運算，最終得到完整的結果後再限定到 N 個位元。由於減少了數值的修剪次數，融合乘加操作可以提高運算結果的精度。

因此，一種浮點融合乘加單元的簡單設計就是一個浮點乘法器後串聯一個浮點加法器。乘法器需要保留中間結果的所有位元數，之後需要一個 2 倍位元數的浮點數加法器進行累加。但這種方法的延遲時間較長，約為乘法和加法延遲的和。

另一種性能更優的浮點數融合乘加單元則從多個角度進行了設計最佳化。如圖 5-8 所示，輸入 a、x 和 b 的尾數表示為 f_a、f_x 和 f_b，相比於基本的融合乘加單元，具有以下優點。

(1) 使用了預先移位器。根據 a、x 和 b 的指數偏移量，融合乘加單元會將 f_b 左移或右移。移位後的 f_b 將是一個 3 倍位元寬的數，以保留任何方向移出的位。

(2) 在 f_a 和 f_x 乘法的累加樹結構中，將 f_b 作為一個部分積直接與 f_a 和 f_x 的部分積相累加，節省了單獨加法器的步驟，也節省了單獨加法的延遲時間。

(3) 使用連續 0/1 預測器，預測在規格化中需要進行的位移。

透過這些技術的運用和設計，圖 5-8 的融合乘加單元的延遲時間與乘法器相當。

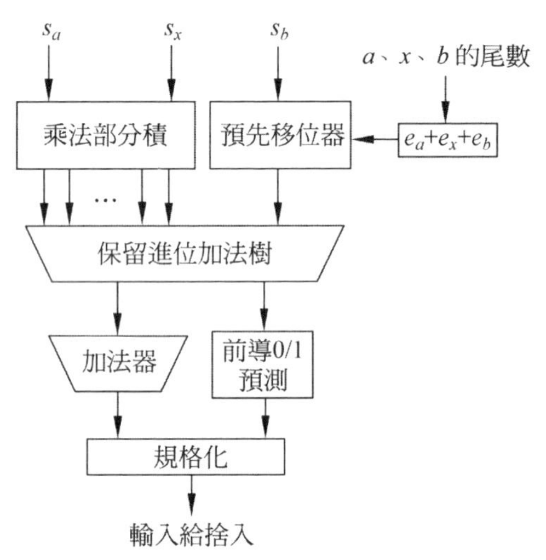

▲ 圖 5-8 浮點數融合乘加運算器的結構方塊圖

4. 雙精度浮點單元

在科學計算導向的 GPGPU 中，還會為雙精度浮點配備對應的雙精度運算單元，以支援符合 IEEE 754 標準中 64 位元雙精度浮點的操作。與單精度浮點單元類似，雙精度浮點單元支援包括以加法、乘法、融合乘加和格式轉化為主的操作。雙精度浮點的融合乘加指令可以在軟體中用來實作更高精度的除法和平方根等運算。

雙精度浮點單元在設計原理上與單精度浮點單元類似，只不過支援的資料格式發生了改變。考慮到雙精度更長的尾數和指數位，電路上的延遲時間會更大，因此設計和實作高性能的雙精度單元難度會更高，同時面積也會對應增加。因此，GPGPU 中雙精度浮點單元的數量相比於單精度浮點單元會更少。

5.2.3 特殊功能單元

為了提高 GPGPU 在科學計算和神經網路計算中的性能表現，GPGPU 還配備了特殊運算單元來提供對一些超越函數的加速操作。在科學計算中，許多數學運算涉及超越函數。在神經網路運算中，許多啟動函數，如 sigmoid、tanh 在引入非線性的同時，也要求 GPGPU 可以快速處理這些啟動函數以避免性能瓶頸。

1. 特殊功能函數及計算方式

特殊功能函數多種多樣。在 NVIDIA 的 GPGPU 設計中，特殊功能函數主要包括在數值計算中常用的超越函數，如正弦 (sine, $\sin(x)$)、餘弦 (cosine, $\cos(x)$)、除法 (division, x/y)、指數 (exponential, e^x)、冪乘 (power, x^y)、對數 (logarithm, $\log(x)$)、倒數 (reciprocal, $1/x$)、平方根 (square-root, $\sqrt{x}$) 和平方根倒數 (reciprocal square-root, $1/\sqrt{x}$) 函數。

在傳統的 CPU 中，直接計算這些超越函數非常困難，一般會透過呼叫專門的數學函數庫函數，借助數學變換和數值方法對它們進行高精度的求解。這種方式計算的結果可以保持很高的精度，但求解速度慢。GPGPU 則提供了兩種計算方式，一是透過類似呼叫數學函數庫函數的方式，利用通用運算單元 (如 NVIDIA 的 CUDA 核心) 來完成高精度的計算，二是利用 GPGPU 提供的特殊功能單元專用硬體，完成快速的近似計算。

針對上述 9 種超越函數，CUDA 數學函數庫提供了精確計算的函數和快速近似計算的函數，如表 5-3 所示。從中可以看到，CUDA 提供了所有 9 個超越函數的精確計算版本供程式設計人員呼叫，只需要宣告 math_functions.h 標頭檔。CUDA 還對應提供了快速近似計算的版本，只需要宣告 device_functions.h 標頭檔。另外，快速近似版本的函數呼叫形式基本上是在精確版本的函數前面加上 "__" 作為首碼。舉例來說，如果程式設計人員需要利用特殊功能單元完成餘弦函數的計算，可以呼叫 __cos(x) 函數並指明 "-ftz=true"，它使得所有的非規格化浮點數均為 0，或透過指明 "-use_fast_math" 這一編譯選項，讓 nvcc 編譯器強制呼叫快速近似版本，利用特殊功能單元實作硬體加速。CUDA 提供的豐富函數類型和呼叫方法使得超越函數的運算在 CUDA 等級上基本就可以完成，同時也為程式設計人員提供了運算精度和速度之間的選擇權。

表 5-3 在 CUDA 核心和特殊功能單元上計算超越函數對比

函數	CUDA 程式		PTX 指令	
	CUDA 核心執行版本	特殊功能單元執行版本	CUDA 核心執行版本	特殊功能單元執行版本
x/y	x/y	__fdividef(x, y) & -ftz=true	div.rn.f32%f3, %f1, %f2	div.approx.ftz.f32%f3, %f1, %f2
$1/x$	$1/x$	__frcp_[rn, rz, ru, rd](x) & -ftz=true	rcp.rn.f32%f2, %f1	rcp.approx.ftz.f32
$\sqrt{x}$	sqrtf(x)	__fsqrt_ [rn, rz, ru, rd](x) & -ftz=true	sqrt.rn.f32 %f2, %f1	sqrt.approx.ftz.f32 %f2, %f1
$1/\sqrt{x}$	1.0/sqrtf(x)	rsqrtf(x) & -ftz=true	sqrt.rn.f32 %f2, %f1 rcp.rn.f32 %f2, %f1	rsqrt.approx.ftz.f32 %f2, %f1

函數	CUDA 程式		PTX 指令	
	CUDA 核心執行版本	特殊功能單元執行版本	CUDA 核心執行版本	特殊功能單元執行版本
x^y	powf(x)	__powf(x, y) & -ftz=true	非常複雜	lg2.approx.ftz.f32 %f3, %f1 mul.ftz.f32 %f4, %f3, %f2 ex2.approx.ftz.f32 %f5, %f4
e^x	expf(x)	__expf(x)& -ftz=true	非常複雜	mul.ftz.f32 %f2, %f1, 0f3FB8AA3B ex2.approx.ftz.f32 %f3, %f
log(x)	ogf(x)	__logf(x) & -ftz=true	非常複雜	lg2.approx.ftz.f32 %f2, %f1 mul.ftz.f32 %f3, %f2, 0f3F317218
sin(x)	inf(x)	__sinf(x) & -ftz=true	非常複雜	sin.approx.ftz.f32 %f2, %f1
cos(x)	cosf(x)	__cosf(x) & -ftz=true	非常複雜	cos.approx.ftz.f32 %f2, %f1

表 5-3 對應舉出了精確計算的 PTX 指令和快速近似計算的 PTX 指令形式。舉例來説，對於 x^y、e^x、log(x)、sin(x) 和 cos(x) 函數，精確計算會將它們轉為一連串複雜的 PTX 程式。如果選擇了帶有 "__" 首碼的快速近似函數或使用了 "-use_fast_math" 的編譯選項，那麼往往只需要少數幾筆 PTX 指令就可以完成所有超越函數的計算。近似計算的 PTX 函數往往具有以下形式：

```
function.approx.ftz.f32 %f3, %f1, %f2;
```

其中，"approx" 表示近似計算，"ftz" 表示對於非規格化數採用近似到 0 的策略，"f32" 表示單精度浮點類型。

上述的超越函數計算主要是針對單精度浮點資料進行的。如果是雙精度浮點的超越函數計算，一般只能採用精確的 CUDA 函數庫函數進行。只有少數的超越函數，如 rcp 和 rsqrt，特殊功能單元提供了近似計算的版本。

另外，特殊功能函數還支援屬性插值及紋理映射和過濾操作。

2. 特殊功能單元的結構

GPGPU 配備了專門的特殊功能單元來對超越函數的快速近似計算提供硬體支援。使用硬體計算超越函數有多種方法。已有研究表明，基於增強的最小逼近的二次插值演算法是硬體實作數值逼近的一種有效的方法，它可以實作快速且近似的超越函數計算。這個演算法主要包括三個主要步驟。

(1) 判斷輸入函數和輸入是否存在特殊值情況。
(2) 根據輸入的高位元組成增強的最小逼近的二次插值演算法的參數。
(3) 根據輸入的低位元計算最終的近似結果。

基於這個演算法，圖 5-9 舉出了一種特殊功能單元的設計方法。具體來說，它的輸入是 n 位元的 X 及對應需要求解的函數 f，輸出是該函數的近似解 $f(X)$。

根據步驟 (1)，針對輸入的參數 X 和函數 f，透過專門的檢查邏輯判斷 X 是否為特定的數值，以確定 X 是否要繼續後續的計算。

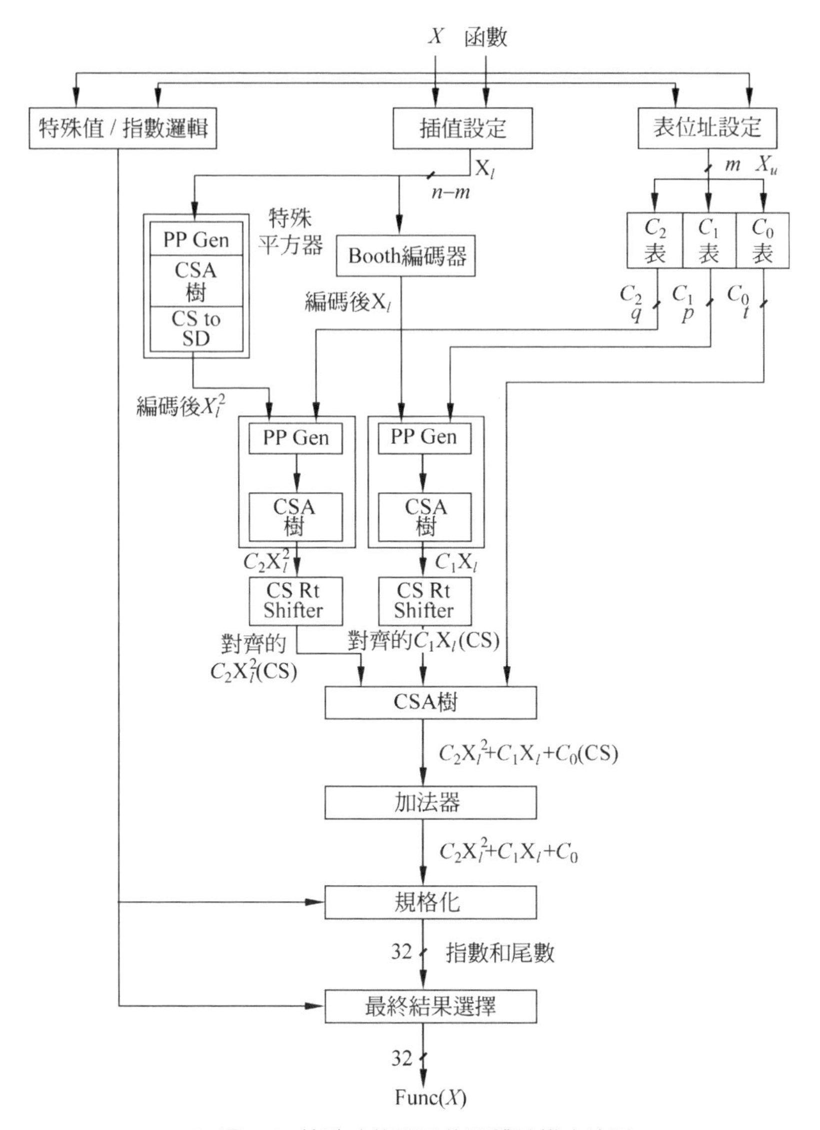

▲ 圖 5-9 特殊功能單元的硬體結構方塊圖

根據步驟 (2)，為了計算近似解 $f(X)$，X 會被分為兩部分，即 m 位元高位元組成的 X_u 及 $n\text{-}m$ 位元低位元組成的 X_l。由於演算法後期會利用 X_l 計算出 $f(X) \approx C_0+C_1X_0+C_2X_l^2$ 來舉出近似的結果，因此為了得到 C_0、C_1 和

C_2 的值，特殊功能單元的設計還包括使用 X_u 作為位址來獲得 C_0、C_1 和 C_2 的查表結構。

根據步驟 (3)，為了計算 $f(X) \approx C_0+C_1X_l+C_2X_l^2$，在查表獲取 C_0、C_1 和 C_2 三個係數的同時，X_l 會進入 Booth 編碼器和專門設計的平方器進行編碼和計算，透過 C_1 和 C_2 硬連線得到 $C_2X_l^2$ 和 C_1X_l 的結果。平方器是經過特殊最佳化的，相比於傳統的乘法器，平方器會更快地處理兩個相同數的乘積。為了最佳化截斷誤差，平方器增加了一個與輸入函數相關的偏差值。在後續求和過程中，為了利用 $C_2X_l^2$ 最佳化後續計算，特殊功能單元還可以將結果進行編碼。

如果特殊功能單元支援多個函數，不同函數的 C_0、C_1 和 C_2 係數並不同。這可以透過查閱資料表中係數的適當排列或根據乘積結果顯性移位器來適應。特殊功能單元還會在求和樹中兼顧特定函數的偏差。該偏差是基於對每個函數的大量資料模擬而預先確定的，其目的是使誤差分佈置中，減少整體誤差的最大值。

將求和的結果規格化，進行合併和選擇之後即可輸出一個近似的 $f(X)$ 結果。具體演算法和數學變換可參見文獻 [8-10]。

3. 精確與近似計算的對比

相比於透過 CUDA 核心執行數學函數庫函數來準確計算超越函數的過程，特殊功能單元的計算更為快速，但是精度較低。然而，對許多 GPGPU 的通用計算場景來說，恪守精度並不是必需的要求，與最末位元損失的精度相比，更高的計算吞吐量則是更為重要的。

表 5-4 顯示了兩者的計算精度對比，其誤差的預設基本單位為 ulp(unit in the last place)。對給定的浮點格式，ulp 是與此浮點數值左右最近的兩個浮點數的距離。舉例來說，對於實數 0.1，如果用 FP32 表示，距離 0.1 最近的兩個數為 $3DCCCCCC_{16}$ 及 $3DCCCCCD_{16}$，其對應的

十進位數字為 0.099999994039536_{10} 及 $0.100000001490 12_{10}$。兩者之間的距離為 0.0000000074507610。因此可以說，0.1 在 FP32 表示下的 1ulp 等於 0.00000000745076。

表 5-4 基於 CUDA 核心的數學函數庫與特殊功能單元計算超越函數的精度對比

數學函數庫函數	CUDA 核心誤差	特殊功能單元函數	特殊功能單元誤差
x/y	0	__fdividef(x,y)	當 y 屬於 $[2^{-126}, 2^{126}]$，最大誤差為 2
1/sqrt(x)	0 (編譯選項增加 -prec-sqrt=true)	rsqrtf(x)	2
expf(x)	2	__expf(x)	最大誤差 2+floor(abs(1.16*x))
exp10f(x)	2	__exp10f(x)	最大誤差 2+floor(abs(2.95*x))
logf(x)	1	__logf(x)	當 x 屬於 [0.5,2]，最大絕對誤差為 $2^{-21.41}$，否則 ulp 誤差大於 3
log2f(x)	1	__log2f(x)	當 x 屬於 [0.5,2]，最大絕對誤差為 2^{-22}，否則 ulp 誤差大於 2
log10f(x)	2	__log10f(x)	當 x 屬於 [0.5,2]，最大絕對誤差為 2^{-24}，否則 ulp 誤差大於 3
sinf(x)	2	__sinf(x)	當 x 屬於 $[-\pi，\pi]$，最大絕對誤差為 $2^{-21.41}$，否則更大
cosf(x)	2__	cosf(x)	當 x 屬於 $[-\pi，\pi]$，最大絕對誤差為 $2^{-21.19}$，否則更大

在計算速度方面，精確計算的超越函數會佔用更多的執行時間。舉例來說，sinf() 和 cosf() 函數可能會達到上百個週期以上。基於特殊功能單元的近似計算，則主要依賴特殊功能單元的電路設計。舉例來說，在 NVIDIA Fermi GT200 GPGPU 中，__sinf() 和 __cosf() 需要 16 個週期，平方根倒數或對數操作需要 32 個或更長。

5.2.4 張量核心單元

NVIDIA 公司在最近幾代 GPGPU(如 Volta、Turing 和 Ampere) 中增加了專門為深度神經網路設計的張量核心 (tensor core)，大幅提升 GPGPU 在低位元寬資料下的矩陣運算算力，並專門設計了支援張量核心單元的程式設計模型和矩陣計算方式。本書第 6 章將專門針對張量核心單元進行詳細的介紹，介紹張量核心的架構設計特點，進而理解現代 GPGPU 對深度神經網路運算的加速方式。

5.3 GPGPU 的運算單元架構

GPGPU 的運算核心包含了不同類型的運算單元，用以實作不同的運算指令，支援不同場景下多種多樣的資料計算。舉例來說，整數運算指令在整數運算單元上執行，單精度浮點運算指令在單精度浮點運算單元上執行，超越函數運算指令在特殊功能單元上執行。

每種類型的運算單元又包含了大量相同的硬體，遵照 SIMT 計算模型的方式組織並執行，因此用較少的控制代價提供了遠高於 CPU 的算力。硬體上大量的運算單元與可程式化多處理器中的執行緒束排程器和指令發射單元相配合，實作了指令管線中段和後段的連接，建構了高效的運算單元架構，為大規模的資料處理提供了底層的硬體支援。

5.3.1 運算單元的組織和峰值算力

算力指運算能力。一般來講，不同的計算平台對算力有不同的衡量方法。GPGPU 注重通用計算場景中單精度浮點運算的能力，所以會採用每秒完成的單精度浮點操作個數，即 FLOPS 來衡量。峰值算力指理想情況下所有運算單元都工作時所能夠提供的運算能力，它往往是硬體能力的一種衡量，並不能代表軟體執行時期的實際性能。對於單精度浮點操作而言，每個 CUDA 核心每週期可以支援一個單獨的加法或乘法操作，還支援浮點融合乘加指令 (FFMA) 同時完成乘加兩個操作，所以一般 GPGPU 的峰值算力是按照 CUDA 核心滿載執行 FFMA 指令的 2 個操作來計算的。其他類型態資料的算力也可以類似計算。

GPGPU 以可程式化多處理器為劃分細微性，將不同類型的大量運算單元分別組織在一起，形成多筆不同的運算通路，實作了以運算為主的運算單元架構。圖 5-10~ 圖 5-12 分別舉出了 NVIDIA 公司歷代主流 GPGPU 架構中可程式化多處理器的幾種典型架構，重點展示了其運算單元架構及它們與其他主要模組的關係。

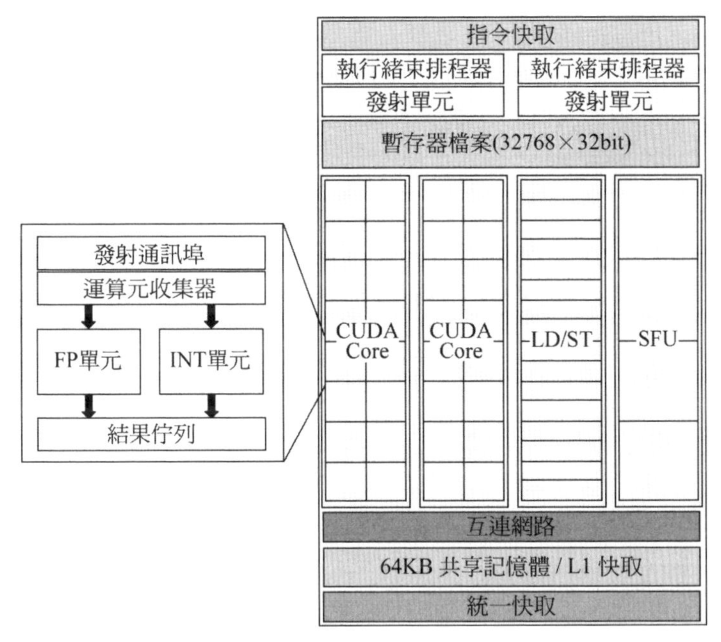

▲ 圖 5-10 Fermi 架構可程式化多處理器結構方塊圖

圖 5-10 展示了早期 Fermi 架構的可程式化多處理器結構方塊圖，主要包括 2 個執行緒束排程器、2 個指令發射單元、128KB 暫存器檔案、32

個 CUDA 核心、16 個 LD/ST 單元、4 個 SFU 和 64KB 的 L1 資料快取 / 共享記憶體等。

圖 5-11 展示了 Kepler 架構的可程式化多處理器結構方塊圖，主要包括 4 個執行緒束排程器、8 個指令發射單元、256KB 暫存器檔案、192 個 CUDA 核心、32 個雙精度浮點單元、32 個 LD/ST 單元、32 個 SFU 和 64KB 的 L1 資料快取 / 共享記憶體。

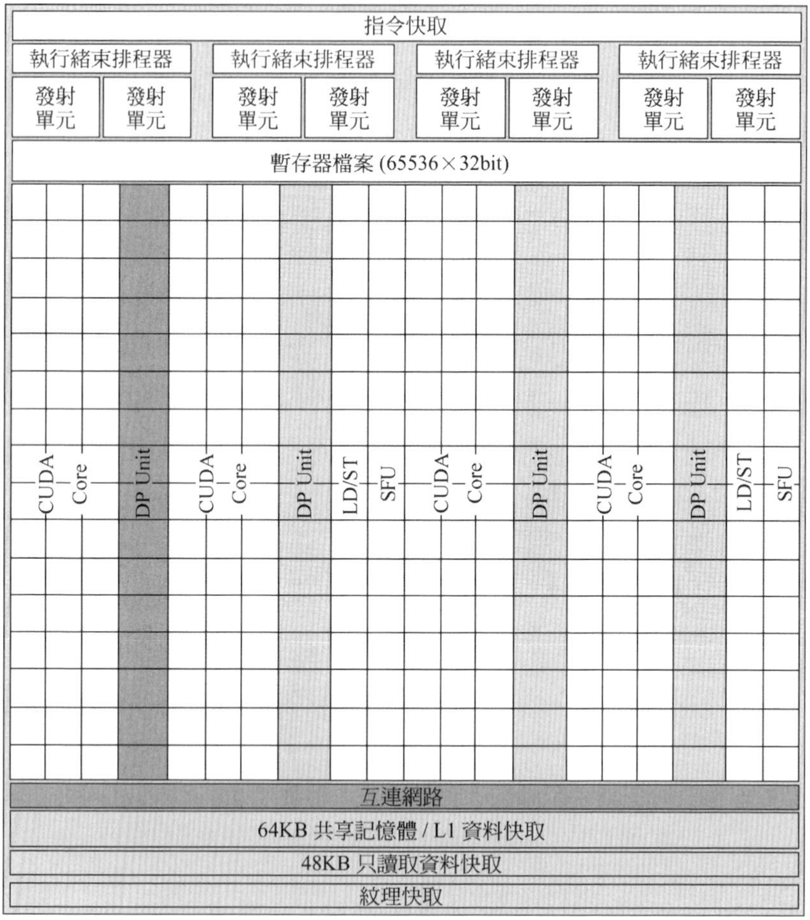

▲ 圖 5-11 Kepler 架構可程式化多處理器結構方塊圖

圖 5-12 展示了 Volta 架構的可程式化多處理器結構方塊圖，主要包括 4 個處理子區塊 (processing block) 及 128KB 的 L1 資料快取 / 共享記憶體。其中，每個處理子區塊又包括 1 個執行緒束排程器、1 個指令發射單元、64KB 暫存器檔案、8 個雙精度浮點單元、16 個整數單元、16 個浮點單元、2 個張量核心、8 個 LD/ST 單元和 4 個 SFU。

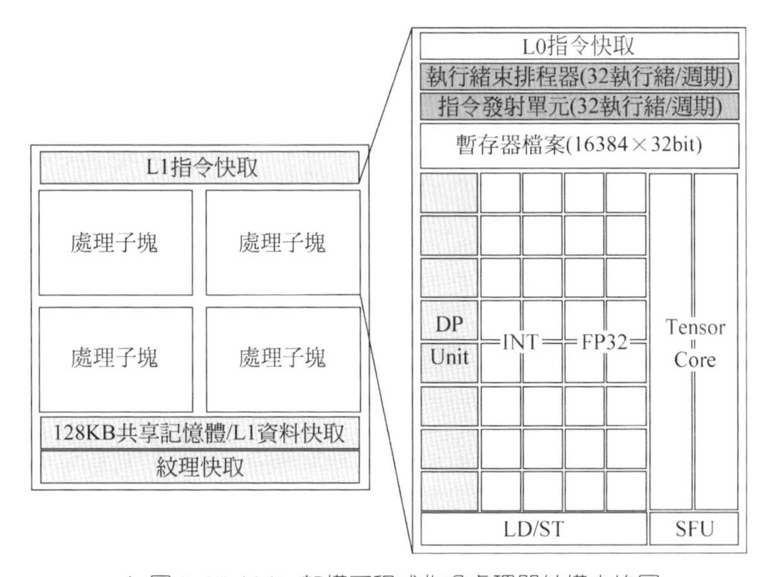

▲ 圖 5-12 Volta 架構可程式化多處理器結構方塊圖

僅從 GPGPU 運算單元架構中獨立的資料通路來看，各種類型的峰值算力可以根據運算單元的個數獨立計算。表 5-5 和表 5-6 分別複習了歷代主流 GPGPU 的核心工作頻率、可程式化多處理器和處理子區塊的個數、CUDA 核心單元、雙精度浮點單元、特殊功能單元的個數和處理能力。從這些資料可以得到不同架構的峰值算力。對於一種資料型態及其精度而言，GPGPU 的峰值運算能力可以使用單一週期執行的運算元量、參與運算的單元數及單元的工作頻率相乘計算得出。

表 5-5 NVIDIA 主流架構 GPGPU 的關鍵硬體參數

架構	核心頻率 /MHz	SM 數量	處理子區塊數量 /SM	CUDA 核心單元	雙精度單元	特殊功能單元
Fermi(GF100)	701	16	N/A	512	N/A	64
Kepler(GK110)	875	15	N/A	2880	960	240
Maxwell(GM200)	1114	24	4	3072	96	768
Pascal(GP100)	1480	56	2	3584	1792	896
Volta(GV100)	1530	80	4	5376	2560	1280
Turing(TU102)	1770	72	4	4608	N/A	1152
Ampere(GA100)	1410	128	4	6912	4096	2048

表 5-6 NVIDIA 主流架構 GPGPU 的峰值算力

單位：TFLOPS

架構	整數	FP32	FP64	FP16
Fermi(GF100)	N/A	1.5	0.768	N/A
Kepler(GK110)	N/A	5.04	1.68	N/A
Maxwell(GM200)	N/A	6.84	0.21	N/A
Pascal(GP100)	N/A	10.6	5.3	21.2
Volta(GV100)	15.7	15.7	7.8	31.4
Turing(TU102)	16.3	16.3	N/A	32.6
Ampere(GA100)	19.5	19.5	9.7	78

以 Ampere 架構為例，單精度浮點 FP32 單元可以在一個週期完成一次全通量的 FFMA 運算，相當於乘法和加法兩個操作。由表 5-5 可知，

A100 配備有 6912 個 FP32 單元，每個單元的工作頻率[2]為 1410 MHz。所以，A100 的 FP32 峰值算力為 2 OPs×6912×1410MHz = 19.5 TFLOPS。

對於雙精度浮點 FP64 單元的峰值性能，同樣可以使用上述計算公式，A100 包含 3456 個 FP64 單元，故 FP64 的峰值算力為 2OPs×3456×1410MHz=9.7TFLOPS。

32 位元整數運算單元與 FP32 單元數量相等，核心工作頻率相等，可以用整數 FMA 指令來評估 A100 的 32 位元整數峰值算力為 2OPs×6912×1410MHz=19.5TFLOPS。

值得注意的是，還可以用 FP32 和 FP64 單元支援 FP16 資料運算。一般認為一個 FP32 核心可以支援 2 個 FP16 資料的運算，因此 Pascal、Volta 和 Turing 架構中非張量核心實作的 FP16 峰值算力為 FP32 峰值算力的 2 倍。在 A100 架構中，除 FP32 單元外，FP64 單元也可能被設計成支持 4 個 FP16 資料的運算，因此 A100 中非張量核心實作的 FP16 峰值算力表示為兩部分峰值算力之和，為 78TFLOPS。

特殊功能單元的計算吞吐量取決於函數的類型，所以很難用峰值算力來衡量。表 5-5 中僅舉出了其在可程式化多處理器中的數量。

另外，NVIDIA GPGPU 的架構耦合了通用計算和圖形處理的功能，但不同的產品有所偏重。自 Fermi 架構以來，每一代計算卡和圖形卡都包含了 FP32 單元，並且將 FP32 單元和 INT32 的 ALU 整合在一個 CUDA 核心中。從 Volta 架構起，計算卡的 FP32 和 INT32 單元分離，而圖形卡依然綁定在一起。但圖形卡中的 FP64 單元往往都會大幅縮水，如表 5-7 所示。這也是兩者不同導向的領域而導致的不同設計。

2 GPGPU 的核心工作頻率分為基頻和睿頻，在計算峰值性能時採用睿頻得到性能的上界。

表 5-7 NVIDIA 主流架構 FP32 和 FP64 的峰值算力

架構	計算卡	圖形卡
Fermi	同圖形卡	GF100，32:0
Kepler	GK110，192:64	GK104，192:0
Maxwell	GM200，128:4	GM204，128:0
Pascal	GP100，64:32	GP104，128:0
Volta	GV100，256:128	只有計算卡
Turing	只有圖形卡	TU102，FP32:FP64 256:0
Ampere	GA100，256:128	GA102，256:0(只計算單獨的 FP32)

5.3.2 實際的指令吞吐量

峰值算力表現的是 GPGPU 的硬體能力，需要每個週期都有指令在執行，這在實際核心函數的執行過程中很難達到。軟體程式的結構 (如條件分支、跳躍等) 及資料的相關性 (如 RAW 相關) 都會影響指令的發射。硬體結構 (如執行緒束排程器和發射單元) 及單晶片儲存的存取頻寬 (如暫存器檔案和共享記憶體) 也會影響指令的發射，使得實際的指令吞吐量很難達到峰值算力。指令吞吐量是指每個時鐘週期發射或完成的平均指令數量，代表了實際應用執行時的效率，是刻畫 GPGPU 性能的重要指標。本節將特別注意執行緒束排程器、發射單元等硬體結構對指令發射吞吐量帶來的影響。

1. 排程器和發射單元的影響

不同的 GPGPU 架構會採用不同的運算單元架構。不僅運算單元的組織方式有所不同 (如 5.3.1 節的介紹)，而且不同架構的指令排程和發射方式也不同，並且與運算單元的數量和組織方式有著密切的關係。

1) Fermi 運算單元架構

圖 5-10 展示了 NVIDIA 公司的 Fermi 架構的運算核心，可程式化多處理器方塊圖主要包括 CUDA 核心、特殊功能單元和 LD/ST 單元。CUDA 核心內主要包括整數運算單元 (INT Unit) 和浮點運算單元 (FP Unit)。整數運算單元採用完全管線化的方式支援 32 位元全位元組長度精度的整數運算指令，也支援 64 位元整數的運算。浮點運算單元主要支援單精度浮點指令，有時也對其他精度的指令提供支援。

圖 5-13 舉出了 Fermi 架構下不同類型運算單元與執行緒束排程器、發射單元的關係。執行緒束排程器負責從活躍執行緒中選擇合適的執行緒束，經過指令發射單元發射到功能單元上。Fermi 架構每個可程式化多處理器包含 2 個執行緒束排程器和對應的發射單元。可以看到，32 個 CUDA 核心被分成了 2 組，與特殊功能單元、LD/ST 單元共享 2 個執行緒束排程器和發射單元。在 Fermi 架構 GPGPU 中，CUDA 核心的頻率是排程單元的兩倍，因此 16 個 CUDA 核心就可以滿足一個執行緒束 32 個執行緒的執行需求。為了讓 32 個 CUDA 核心滿載，Fermi 架構配備了 2 個執行緒束排程器，這樣就可以讓包括 CUDA 核心在內不同類型的運算單元能夠盡可能保持忙碌。但倍頻的設計造成 Fermi 架構功耗偏高，後續設計取消了這種方式，轉而採用其他技術來平衡排程器、發射單元和功能單元的關係。

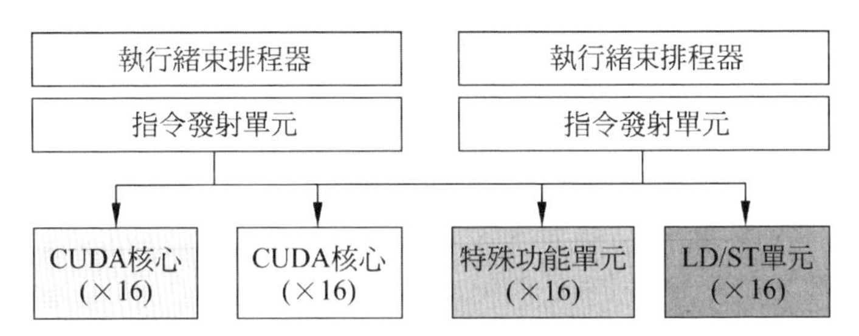

▲ 圖 5-13 Fermi 架構可程式化多處理器中功能單元和執行緒束排程器發射單元的關係

指令發射單元與功能單元也並非一一對應的關係。不同功能的指令可能會共享發射單元，透過競爭來獲得發射機會。Fermi 架構允許兩行整數指令、兩行單精度浮點指令、整數指令 / 單精度浮點指令 /LDST 指令 / SFU 指令的混合同時發射，但雙精度指令只能單獨發射，不能與任何其他指令配對。一方面可能是由於暫存器檔案的頻寬限制，另一方面可能是雙精度浮點單元要重複使用兩組 FP32 的資料線才能滿足資料的頻寬需求。

有些類型的功能單元數量較少，這使得對應類型的指令可能需要多個週期才能完成一個執行緒束 32 個執行緒的執行。舉例來說，在 Fermi 架構中，每個可程式化多處理器只有 4 個特殊功能單元，這表示執行緒束的特殊函數計算指令需要佔用特殊功能單元 8 個週期才能完成執行。同樣的情況也會出現在 LD/ST 單元上。不過，在一個功能單元的多週期執行過程中，執行緒束排程器還可以排程其他類型的指令到空閒的功能單元上，從而讓所有的功能單元都能保持忙碌狀態。

另外，從圖 5-13 中可以看到，CUDA 核心的設計使得整數運算單元和浮點運算單元共享一個指令發射通訊埠，這表示整數運算和浮點運算需要透過競爭來獲得執行機會。一旦其中一類指令獨佔了發射通訊埠，它會阻塞另一類指令進入 CUDA 核心。因此，發射通訊埠的限制導致整數單元和浮點單元不能同時得到指令，降低了執行效率。但考慮到分離的設計會進一步增加排程器的數量，因此這也是一種折衷的方案。

2) Kepler 運算單元架構

對應圖 5-11 展示的 Kepler 運算單元架構，圖 5-14 舉出了一個可程式化多處理器中功能單元和執行緒束排程器、發射單元的關係。

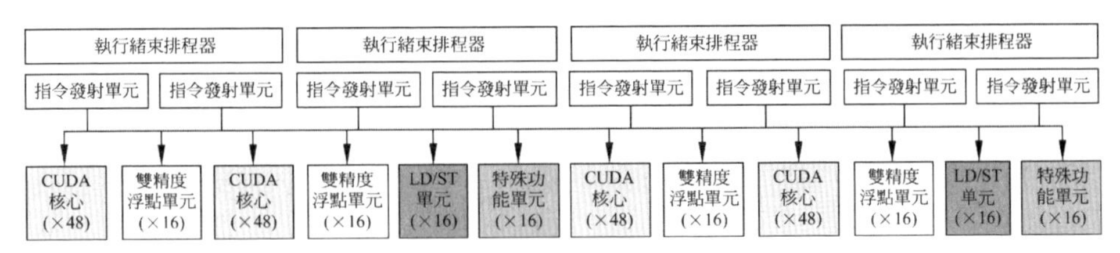

▲ 圖 5-14 Kepler 架構可程式化多處理器中功能單元和執行緒束排程器、發射單元的關係

晶片整合度的提升使得 GPGPU 中運算單元的數量得以持續增長。Fermi 架構之後，Kepler 架構的 CUDA 核心數量增加到 192 個。原則上，這需要 6 個執行緒束指令才能滿載。考慮到還會有其他功能單元，如雙精度單元和 LD/ST 單元，指令數目的需求會更高。然而，由於排程器的硬體複雜性，同時配備這麼多排程器在硬體設計上並不明智。因此，Kepler 架構選擇了 4 個排程器的設計，並增加雙發射單元來彌補排程能力的不足。

雙發射技術允許指令發射單元每個週期從排程器選擇的執行緒束中取出兩筆連續的、不存在資料相關性的指令，同時發射到功能單元上執行。大多數指令都支援雙發射，例如兩行整數指令、兩行單精度浮點指令、整數指令 / 單精度浮點指令 /LDST 指令 /SFU 指令的混合，都可以被同時發射。不過，出於硬體複雜度的考慮，存在相關性的指令或第一行指令為分支跳躍指令的情況還是會被禁止雙發射。實際上，雙發射類似於 CPU 中常見的多發射，也是利用指令之間無相關性來提升 ILP 的技術。

在 Kepler 架構中，排程器有 4 個，採用雙發射技術理論上可以發射 8 行指令來填滿 CUDA 核心和其他功能單元，從而保證峰值算力的需求。由於沒有增加排程器的數量，而後的 Maxwell 和 Pascal 架構也都採用了這種技術來應對運算單元數量的增加。由此可見，排程器和發射單元的數量是由功能單元來決定的，以追求最高的指令吞吐量並降低硬體的複雜性為目標。

3) Volta 運算單元架構

對應圖 5-12 展示的 Volta 運算單元架構，圖 5-15 舉出了 Volta 架構一個處理子區塊中功能單元和執行緒束排程器、發射單元的關係。

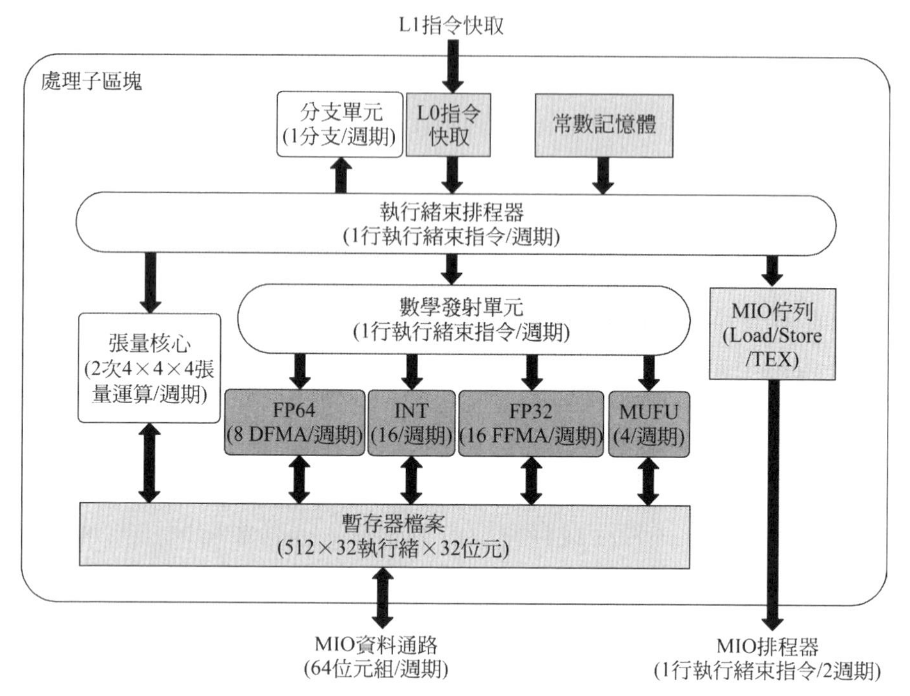

▲ 圖 5-15 Volta 架構一個處理子區塊中功能單元和執行緒束排程器、發射單元的關係

自 Volta 架構起，整數單元和浮點單元從一個 CUDA 核心中分離出來，分屬於不同的執行管線，兩種類型指令的發射也不再需要競爭分發通訊埠，因此二者可以同時以全通量的方式執行 FP32 和 INT32 操作，提高了指令發射的吞吐量。由於許多浮點指令包括一個執行指標算數運算的迴圈，通常位址運算只涉及整數型態資料，因此採用這種分離的設計將改善這類指令執行的效率。記憶體 I/O 管線與 CUDA 核心管線相解耦，使得浮點運算、位址運算和資料載入 / 寫回操作的並存執行成為可能。

Volta 架構的指令發射單元也做了對應調整。整數單元、單精度浮點單元、雙精度浮點單元和特殊功能單元接收來自數學發射單元 (math dispatch unit) 的指令，每類功能單元獨立具有一個發射通訊埠。Volta 架構新引入的張量核心單元、MIO 佇列 (包括 LD/ST 單元、紋理單元) 和分支單元 (BRanch Unit，BRU) 獨立於數學發射單元，允許在張量核心單元、MIO 佇列、分支單元被佔用時發射其他算數運算指令。

同時可以看到，Volta 架構中採用了子區塊結構，將原來 1 個可程式化多處理器拆分成 4 個處理子區塊 (processing block)。由於增加了張量核心單元，對應減少了整數、單精度浮點和雙精度浮點單元的數量，需要同時排程的執行緒束指令數量也減少，因此 Volta 每個處理子區塊中只配備了 1 個執行緒束排程器，也不需要雙發射，簡化了指令排程和發射邏輯的設計。此時，由於每個處理子區塊只有 16 個整數單元、單精度浮點單元，因此需要分 2 個週期才能執行一個完整的執行緒束指令。雙精度浮點單元只有 8 個，所以需要分 4 個週期才能執行一個雙精度浮點指令。在功能單元佔用期間，排程器可以選擇和發射其他類型的指令。這再次說明了排程器和發射單元的數量是由功能單元來決定的，以追求最高的指令吞吐量並降低硬體的複雜性為目標。

4) 小結

不同 GPGPU 架構中運算單元、執行緒束排程器、指令發射單元的數量及比例對指令發射邏輯和指令吞吐量有著重要影響。表 5-8 統計了 NVIDIA 主流 GPGPU 架構中一個可程式化多處理器中與指令發射相關的硬體參數。可以看到，由於 CUDA 核心數量比較多，在 Kepler 到 Pascal 的連續三代架構中都配備了多個排程器並且每個排程器配備 2 個發射單元，動態選擇合適的 CUDA 核心執行，並盡可能滿足包括 CUDA 核心在內的多種功能單元的執行需要。從 Volta 到 Ampere 架構，可程式化多處理器規模並沒有進一步擴大，還引入了處理子區塊的層次，對運算單元進行了明確的分區，使得排程器、發射單元和功能單元的對應關係更為固定。同時，張量單元的引入一定程度上也降低了每個處理子區塊中 CUDA 核心的數量。舉例來說，在 Volta 架構的處理子區塊中，CUDA 核心的數量減少為 16 個，一個執行緒束的執行需要兩個週期，因此也就不需要配備更多的排程器和發射單元。單一執行緒束排程器和發射單元的設定在沒有分支跳躍和資料相關性及儲存頻寬充足的情況下就可以保證功能單元的使用率。

表 5-8 NVIDIA 主流 GPGPU 架構中一個串流多處理器內與指令發射邏輯相關的參數對比

架構名稱	CUDA 核心單元數量	處理子區塊數量 /SM	執行緒束調度器數量	指令發射單元數量
Fermi(GF100)	32	N/A	2	2
Kepler(GK110)	192	N/A	4	8
Maxwell(GM200)	128	4	4	8
Pascal(GP100)	64	2	2	4
Volta(GV100)	64	4	4	4
Turing(TU102)	64	4	4	4
Ampere(GA100)	64	4	4	4

2. 暫存器檔案和共享記憶體的影響

暫存器檔案的存取頻寬是影響指令發射吞吐量的重要因素之一。4.2 節介紹了 GPGPU 的暫存器檔案多採用多板塊設計。如果板塊數目過少，無法滿足多個運算元平行存取的需要。當板塊數目達到 4 個時，結合運算元收集器的設計，對於 FMA 這樣需要讀取三個來源運算元和寫回一個目的運算元的指令，在沒有板塊衝突的情況下，仍然可以在一個週期內取得所主動運算元，同時還可以完成前序指令的寫回。從指令吞吐量的角度看，4 個板塊可以實作 FMA 指令暫存器運算元同時存取。但如果有多個排程器連讀取執行 FMA 指令時，也會由於暫存器頻寬的限制而無法滿足幾行指令多個運算元同時存取的需求。但考慮到多數指令只包含 1 個或 2 個來源運算元，在未發生板塊衝突的情況下，暫存器檔案仍然可以支援 2 行或更多指令來源運算元的平行讀取，讓功能單元保持忙碌狀態。

值得注意的是，暫存器檔案的板塊數目也並非越多越好，文獻 [15] 透過實驗驗證了對於可程式化多處理器內 128KB 的暫存器檔案，將其板塊數量從 16 增加到 32 個，指令的執行性能並沒有獲得顯著提升，反而在功耗和晶片面積上造成了很大的銷耗。另外，多通訊埠的板塊設計也會引入很高的銷耗。因此，平衡暫存器檔案的銷耗和運算元存取的平行度也是影響指令吞吐量的重要問題。

與暫存器檔案類似，共享記憶體的頻寬也會對 GPGPU 的指令發射吞吐量造成影響。如 4.3.2 節介紹的共享記憶體多數採用 32 個板塊，每個板塊的資料位元寬為 32 位元的結構。假設每個執行緒束指令讀取一個共享記憶體資料，則一個週期可以支援 2 個半執行緒束或 1 個完整執行緒束的平行存取。但能否充分利用共享記憶體的板塊級平行還取決於共享記憶體的位址存取方式，不同程度的板塊衝突會導致指令發射吞吐量不同程度的降低。因此，在平行程式設計時需要盡可能避免出現上述情形。

另外，暫存器檔案和共享記憶體的容量也會對指令發射的輸送量造成間接的影響。在 GPGPU 可程式化多處理器中，執行緒平行度受到諸多因素的限制。如果單一執行緒佔用的暫存器數量過多，或需要的共享記憶體容量過大，執行緒束平行度會隨之受到影響。此時，活躍執行緒數量會大幅減少，導致執行緒束排程器無法選擇合適的指令進行發射，也會導致指令的吞吐量降低。

5.3.3 擴充討論：脈動陣列結構

當具備大量運算單元時，硬體架構應該如何組織？ GPGPU 架構借助 SIMT 計算模型將它們組織成多個平行通道，使得資料級平行 (Data-Level Parallelism，DLP) 的計算能夠在各個通道上獨立完成。當然，這不是唯一的方法。大量的運算單元硬體還可以組織成其他形式。舉例來說，近年來隨著神經網路，尤其是卷積神經網路的興起，還可以採用脈動陣列的組織結構，高效率地支援通用矩陣乘法 (GEneral Matrix Multiply，GEMM) 運算。本節將介紹脈動陣列的結構及它如何高效率地支援 GEMM 運算。

1. 脈動陣列的基本結構

脈動陣列最早是由 H. T. Kung 在 1982 年提出的。它利用簡單且規則的硬體結構，支援大規模平行、低功耗、高吞吐量的積分、卷積、資料排序、序列分析和矩陣乘法等運算。2016 年，Google 公司發佈的第一代張量處理器 (Tensor Processing Unit，TPU) 中就基於脈動陣列結構加速卷積計算，使得該架構再次受到人們的廣泛關注。

圖 5-16 展示了傳統計算模型和脈動陣列計算模型的區別。假設一個處理單元與記憶體組成的系統中記憶體的讀寫頻寬為 10MB/s，每次操作需要讀取或寫入 2 位元組的資料，那麼即使處理單元的運算速度再快，該系統的最大運算吞吐量也僅為 5MOPS。如果採用脈動陣列的結構設計，將 6 個處理單元串聯在一起，則在相同的資料讀寫頻寬下，運算吞吐量能提高到 30MOPS，因相鄰處理單元之間可以直接交換資料。一般情況下，由於資料存取記憶體的時間要高於資料處理的時間，系統的性能往往受限於存取記憶體效率。脈動陣列的設計思想就是讓中間資料盡可能在處理單元中流動更長的時間，減少對集中式記憶體不必要的存取，以降低存取記憶體銷耗帶來的影響。舉例來說，第 1 個資料進入第 1 個處理單元，經過運算後被送入下一個處理單元，同時第 2 個資料進入第 1

個處理單元，依此類推，直到第 1 個資料串流出最後一個處理單元，該資料無須多次存取記憶體卻已被處理多次。脈動陣列透過多次重複使用輸入和中間資料，以較小的儲存頻寬銷耗獲得了更高的運算吞吐量。

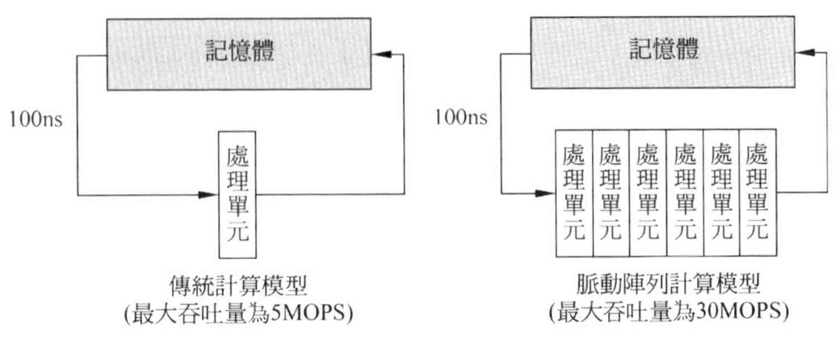

▲ 圖 5-16 傳統計算模型和脈動陣列計算模型對比

在脈動陣列計算模型的基礎上，脈動陣列的結構往往被設計成為由若干資料處理單元組成的矩陣形式。如圖 5-17 所示，處於相同行和相同列的處理單元之間設定有單向的資料通路，輸入資料和大量的中間資料在固定的行、列方向上流過陣列，降低了存取記憶體操作成為瓶頸的可能性，從而實作更高的處理效率。以 GEMM 運算為例，脈動陣列接收矩陣 A 和 B 作為輸入資料，存放在陣列左側和頂部的緩衝區中。根據不同的脈動方式，控制訊號會選擇一側或兩側緩衝區中的資料，按照固定的節奏發射到陣列中，觸發陣列單元的計算。水平的緩衝區之間也支援相鄰或跨越多行的資料互傳，為資料的跨行重複使用提供了一種更加靈活便捷的途徑。

當參與 GEMM 計算的矩陣過大或通道過多時，如果把所有通道的資料都拼接在一列上，則很可能造成脈動陣列溢位。由於過大規模的陣列不僅不利於電路實作，還會造成效率和資源使用率的下降，因此可以採用分塊計算、末端累加的方式來解決這個問題。把大規模的矩陣分割成幾個部分，每個部分都能夠適合脈動陣列的大小，然後依次對每個部分的子矩陣進行脈動計算，計算完成的中間結果會臨時存放在如圖 5-17 所示的底部 SRAM 中。當下一組資料完成計算並將部分和矩陣輸出時，從 SRAM 中讀取合適位置的部分和結果並累加，實作對兩次分塊運算結果的整合。直到所有分塊都經歷了乘加運算，且累加器完成了對所有中間結果的累加後，SRAM 可以輸出最終的運算結果。整個資料串流的控制由控制單元完成。

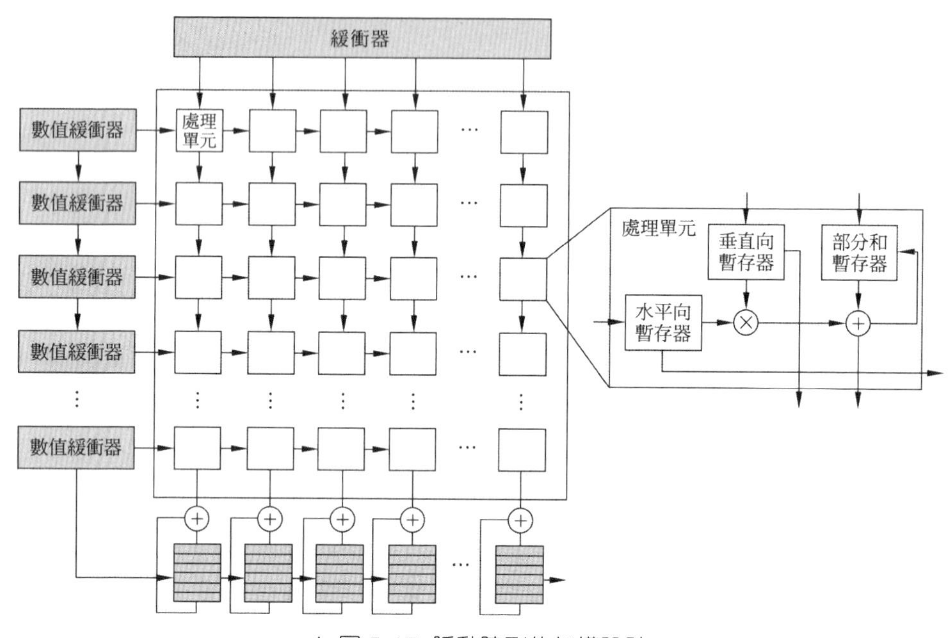

▲ 圖 5-17 脈動陣列的架構設計

在支援 GEMM 的脈動陣列中，每個處理單元專注於執行乘加運算，其結構如圖 5-17 右側所示，其中包括以下內容。

(1) 1 個水平向暫存器，用於儲存水平輸入的元素。該暫存器接收來自左側相鄰處理單元的資料，也可以接收來自水平緩衝區中的資料，實際上取決於當前處理單元在脈動陣列中的位置。水平向暫存器有兩個輸出通路，其中一條通路可以將輸入元素送入乘法單元進行計算，以生成當前處理單元的計算結果，另一條通路則允許將輸入元素直接傳遞給右側相鄰的處理單元，實作資料在行維度的滑動。

(2) 1 個垂直向暫存器，用於儲存另一個輸入矩陣的元素。該暫存器可以接收來自上方相鄰處理單元的資料，也可以直接接收來自頂部緩衝區的資料，取決於當前處理單元在脈動陣列中的位置。與水平向暫存器的資料通路類似，垂直向暫存器也存在兩筆資料通路，將輸入資料送入乘法單元或直接傳遞出去，實作資料在列維度的滑動。

(3) 部分和暫存器。根據不同的脈動方式，可能還需要部分和暫存器，用於接收來自上方相鄰單元或當前單元產生的部分和，並將該資料送入加法電路中執行累加運算。

(4) 乘加電路，對來自水平和垂直方向的輸入元素執行乘法運算，然後將結果送入加法電路與來自部分和暫存器的資料進行累加，產生新的部分和。根據脈動的方式，更新部分和暫存器，或將該資料送入下方相鄰單元的單元或暫存器內。

(5) 控制器，圖 5-17 並未顯性畫出控制器的位置及佈線方式。控制器接收和儲存控制訊號，以決定啟用水平向暫存器和垂直向暫存器的資料通路。此外，控制器也存在一條連接相鄰處理單元中控制器的訊號通路，以實作控制訊號的傳遞和共享。

脈動陣列的計算模型決定了脈動陣列結構的方式相對固定，因此雖然能夠為 GEMM、積分、卷積、資料排序、序列分析等運算提供比較高的計算效率，降低對存取記憶體和暫存器檔案的存取，但能夠支援的計算類型也比較單一，結構和控制方式也比較固定，在通用性和可程式化性方面有所不足。

2. GEMM 的脈動計算方式

由於 GEMM 是科學計算、影像和訊號處理等應用的核心運算元，加速 GEMM 運算將顯著改善這些應用的執行效率。自從 H. T. Kung 提出脈動陣列的概念後，許多基於脈動陣列的 GEMM 演算法和脈動陣列的改進型結構如「雨後春筍」般湧現出來。

1) 經典脈動陣列結構

在經典脈動陣列架構中，若干資料處理單元被組織成二維矩形結構，相同行列內處理單元之間存在單向資料通路，資料只能在水平或垂直方向內移動。由於每個資料處理單元內設定有暫存器，可以暫存運算所需的資料，因此一些可重複使用的資料可以被預先載入到脈動陣列並常駐其中，然後其他資料串流動起來，便可以形成不同的 GEMM 演算法。具體來講，假設有兩個 3×3 的矩陣 A 和 B 進行以下的 GEMM 運算。根據預載入資料的類型，可以分為 2 種 GEMM 演算法的變形：①固定矩陣 C，使矩陣 A 和 B 分別從左側和頂端流入脈動陣列；②固定矩陣 A(或 B)，使矩陣 B(或 A) 和 C 分別從左側和頂端流入脈動陣列。接下來分別以這兩種 GEMM 演算法的變形為例，分析經典脈動陣列結構執行一個 3×3 矩陣乘法的運算過程。

$$\begin{bmatrix} a_{11} & a_{12} & a_{13} \\ a_{21} & a_{22} & a_{23} \\ a_{31} & a_{32} & a_{33} \end{bmatrix} \times \begin{bmatrix} b_{11} & b_{12} & b_{13} \\ b_{21} & b_{22} & b_{23} \\ b_{31} & b_{32} & b_{33} \end{bmatrix} = \begin{bmatrix} c_{11} & c_{12} & c_{13} \\ c_{21} & c_{22} & c_{23} \\ c_{31} & c_{32} & c_{33} \end{bmatrix}$$

對於第一類情形，固定矩陣 C。如圖 5-18(a) 所示，初始狀態時 0 被預載入到脈動陣列中作為 C 的初值，然後矩陣 A 的元素從左端按照圖示方式每週期依次流入不同行，同時矩陣 B 的元素從頂端按照圖示方式流入不同列。每個處理單元進行矩陣 A 與 B 的元素相乘，然後將乘積與部分和暫存器中的值進行累加。經過圖 5-18(b) 的第 1 個週期和圖 5-18(c)

的第二個週期，到達如圖 5-18(d) 所示的第 3 個週期，矩陣 A 的元素 a_{13} 進入脈動陣列第 1 行的第 1 個處理單元，與頂部流入的資料 b_{31} 進行乘法，然後與部分和暫存器中的值累加，自此 c_{11} 處的處理單元已經完成了第 3 次更新，產生了結果矩陣中的 c_{11}，而這個元素會固定在該處理單元的部分和暫存器中。可以發現，每個部分和經過 3 次更新後即得到結果矩陣中對應位置的元素，這些元素儲存在脈動陣列的部分和暫存器中，再將結果輸出出來。

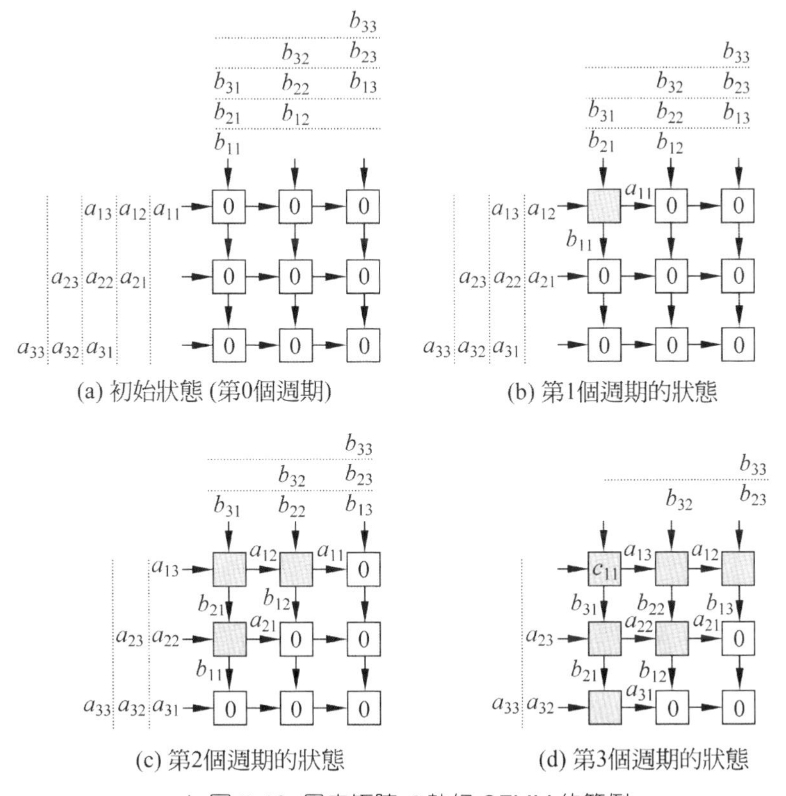

▲ 圖 5-18 固定矩陣 C 執行 GEMM 的範例

對於第二類情形，以固定矩陣 B 為例，它被預載入到脈動陣列中，矩陣 A 從陣列左端流入，矩陣 C 從陣列頂部流入，其初值都為 0。如圖

5-19(a) 所示，初始狀態時，a_{11} 和 c_{11}=0 同時進入脈動陣列第 1 行的第 1 個處理單元，記為單元 (1，1)。此時，a_{11} 與 b_{11} 先執行乘法運算，然後將乘積與 c_{11}=0 累加得到 $a_{11}\times b_{11}$，完成 c_{11} 部分和的第 1 次更新。接下來如圖 5-19(b) 所示的第 1 個週期，同時發生以下 4 個操作。

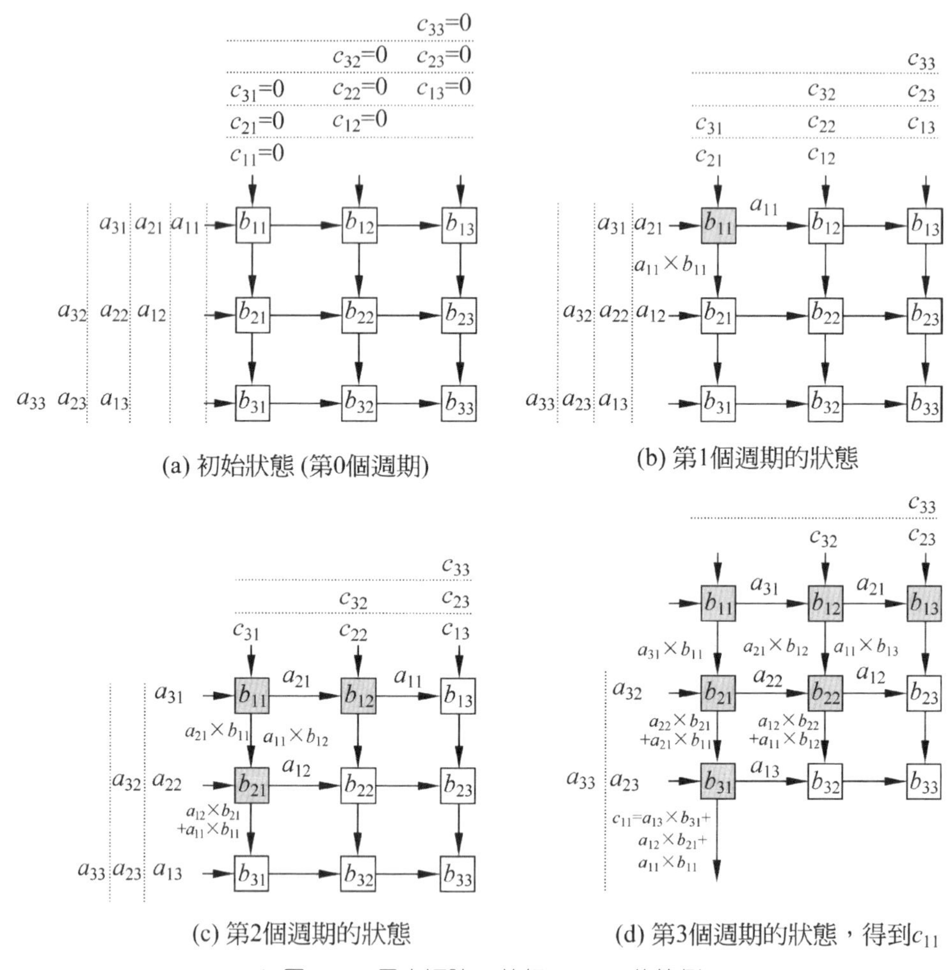

▲ 圖 5-19 固定矩陣 B 執行 GEMM 的範例

(1) 矩陣 A 和 C 分別沿各自的方向移動一個單元，此時 c_{11} 部分和從單元 (1, 1) 流入單元 (2, 1)。

(2) 第 2 行左側流入的 a_{12} 和預先載入的 b_{21} 相乘，並與流入的 c_{11} 部分和進行累加得到 $a_{11} \times b_{11} + a_{12} \times b_{21}$，完成 c_{11} 部分和的第 2 次更新。

(3) a_{11} 進入單元 (1, 2) 與預先載入的 b_{12} 相乘，然後與頂部流入的 $c_{12}=0$ 累加得到 $a_{11} \times b_{12}$，完成 c_{12} 部分和的第 1 次更新。

(4) 矩陣 A 的第 2 個元素 a_{21} 和 $c_{21}=0$ 也進入單元 (1, 1)，執行乘加運算後得到 $a_{21} \times b_{11}$，完成 c_{21} 部分和的第 1 次更新。

第 3 個週期如圖 5-19(d) 所示。此時 c_{11} 在單元 (3, 1) 中完成其第 3 次更新，產生結果矩陣中的第 1 個元素並將其從陣列底部輸出，而其他部分和仍為中間結果，此時被佔用的處理單元為灰色三角形區域，展現出資料在脈動陣列中是以倒階梯狀傳播的。值得注意的是，這種脈動方式允許結果矩陣在完成運算後自動流出陣列，而不需要像第一種脈動方式那樣，增加任何額外的步驟進行結果輸出。不過，這種方式要求一個輸入矩陣 (如矩陣 B) 是固定的。

2) 雙向資料通路結構

上述脈動陣列是一種單向資料通路結構，即處理單元之間的資料串流向是單向的，整個陣列只支援資料向右和向下移動，而且需要結果矩陣或輸入矩陣兩者固定之一，才能完成 GEMM 運算。假設有一種更加靈活的脈動陣列結構，它允許輸入矩陣在陣列處理單元之間流動，結果也能夠同時流出矩陣，則更符合 GEMM 運算的需求。本節介紹的雙向資料通路脈動結構能夠達到這個目標。

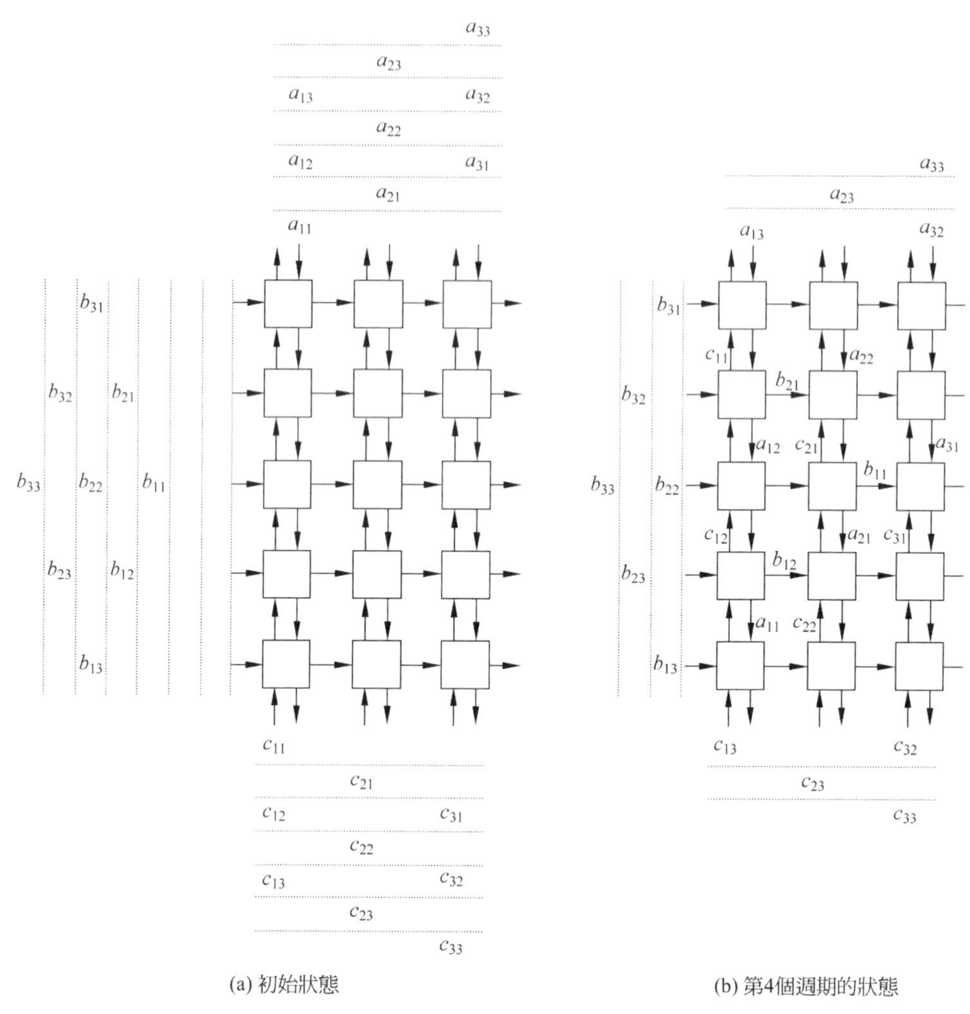

▲ 圖 5-20 雙向資料通路結構下的 GEMM 運算

圖 5-20 展示了一種雙向資料通路設計的脈動陣列架構及 GEMM 計算過程。陣列中水平方向資料單元之間仍為單向通路，但是在垂直方向增加了一筆反向資料通路，使得相鄰兩個資料單元之間允許資料的雙向傳遞。在執行矩陣乘法運算的過程中，一個矩陣，如矩陣 A，沿水平方向從左向右流入脈動陣列，同時另外兩個矩陣，如矩陣 B 和 C，分別從頂

端和底端沿著相反的方向流入。但為了匹配 GEMM 的運算，需要將三個輸入的元素間隔起來。為了控制資料進入脈動陣列的間隔，可以在資料的傳播路徑上增加數量不等的暫存器並進行合理控制。在這種脈動結構和脈動方式下，例如在第 4 個時鐘週期，b_{31} 從左側流入脈動陣列第 1 行第 1 列單元 (1,1)，與頂部流入的 a_{13} 相乘，然後再將乘積與底部流入的部分和 c_{11} 相加，得到新的部分和。由於 c_{11} 在第 3、4 週期已分別與 $a_{11} \times b_{11}$ 和 $a_{12} \times b_{21}$ 累加，當前為 c_{11} 部分和的最後一次更新，因此下個週期可以在脈動陣列第 1 列頂部得到 GEMM 結果矩陣的第 1 個元素。

在雙向資料通路的脈動陣列結構中，所有輸入和輸出資料都在陣列中流動，允許計算結果自動流出，這是雙向結構相較於上述單向結構中 GEMM 演算法的優勢。然而，這種優勢是以更大的陣列面積和更長的管線週期為代價的。

參考文獻

[1] Wikipedia.IEEE 754[Z].[2021-08-12].https://zh.wikipedia.org/wiki/IEEE_754.

[2] Paul Teich.TEARING APART GOOGLE'S TPU 3.0 AI COPROCESSOR [Z].[2021-08-12].https://www.nextplatform.com/2018/05/10/tearing-apart-googles-tpu-3-0-ai-coprocessor/.

[3] NVIDIA.NVIDIA A100 Tensor Core GPU Architecture[Z].[2021-08-12]. https://images.nvidia.com/aem-dam/en-zz/Solutions/data-center/nvidia-ampere-architecture-whitepaper.pdf.

[4] Koster, Urs, et al.Flexpoint: An Adaptive Numerical Format for Efficient Training of Deep Neural Networks[C].2017 31st Neural Information Processing Systems(NIPS).

[5] Jan M.Rabaey，Anantha Chandrakasan，Borivoje Nikolie.Digital integrated circuits[M].Englewood Cliffs： Prentice hall，2002.

[6] Behrooz Parhami.COMPUTER ARITHMETIC Algorithms and Hardware Designs[M].2nd ed.NEW YORK: OXFORD UNIVERSITY PRESS, 2010.

[7] Ang Li, Shuaiwen Leon Song, Mark Wijtvliet, et al.SFU-Driven Transparent Approximation Acceleration on GPUs[C].In Proceedings of the 2016 International Conference on Supercomputing(ICS'16).New York: Association for Computing Machinery, 2016: 1-14.

[8] Pineiro J A, Oberman S F, Muller J M,et al.High-speed function approximation using a minimax quadratic interpolator[J].IEEE Trans. Computers, 2005.54(3): 304-318.

[9] Tang P T P.Table-lookup algorithms for elementary functions and their error analysis[R].Argonne National Lab., IL(USA), 1991.

[10] Sarma D D, Matula D W.Faithful bipartite ROM reciprocal tables[C]. Proceedings of the 12th Symposium on Computer Arithmetic.IEEE, 1995: 17-28.

[11] Oberman S F, Siu M Y.A high-performance area-efficient multifunction interpolator[C].In 17th IEEE Symposium on Computer Arithmetic (ARITH).IEEE, 2005: 272-279.

[12] David Kanter.NVIDIA's GT200: Inside a Parallel Processor[Z].[2021-08-12].https://www.realworldtech.com/gt200/9/.

[13] NVIDIA Corporation.(2012, April).NVIDIA's Next Generation CUDA Compute Architecture: Kepler GK110/210[EB/OL].(2020-05-04)[2021-08-12].https://www.nvidia.com/content/dam/en-zz/Solutions/Data-Center/tesla-product-literature/NVIDIA-Kepler-GK110-GK210-Architecture-Whitepaper.pdf.

[14] NVIDIA Corporation.(2017, December 7).NVIDIA TESLA V100 GPU ARCHITECTURE.https://images.nvidia.com/content/volta-architecture/pdf/volta-architecture-whitepaper.pdf.

[15] Jing N，Chen S，Jiang S，et al.Bank stealing for conflict mitigation in GPGPU register file[C].2015 IEEE/ACM International Symposium on Low Power Electronics and Design(ISPLED).IEEE，2015： 55-60.

[16] Kung H T.Why systolic architectures?[J].Computer, 1982(1): 37-46.

[17] Jouppi N P，Young C，Patil N，et al.In-datacenter performance analysis of a tensor processing unit[C].44th Annual International Symposium on Computer Architecture(ISCA).IEEE，2017： 1-12.

[18] Kung H T，Leiserson C E.Algorithms for VLSI processor arrays，Sparse Matrix Proceedings[J].SIAM Press，1978： 256-282.

[19] Kung H T, Leiserson C E.Systolic Arrays for(VLSI)[R].Carnegie-Mellon Univ Pittsburgh Pa Dept of Computer Science,1978.

[20] Kung H T.The structure of parallel algorithms[M].Advances in computers.Elsevier, 1980, 19: 65-112.

[21] Wan C R，Evans D J.Nineteen ways of systolic matrix multiplication[J]. International Journal of Computer Mathematics.1998，68(1-2)： 39-69.

[22] Paulius Micikevicius.Mixed-precision training of deep neural networks[Z].[2021-08-12].https：//developer.nvidia.com/blog/mixed-precision-training-deep-neural-networks/.

Chapter

06

GPGPU 張量核心架構

近年來，類神經網路尤其是深度神經網路 (Deep Neural Network，DNN) 呈現爆炸式發展，帶動了深度學習應用對算力的巨大需求。GPGPU 作為具有高度可程式化能力的通用計算加速裝置，其運算能力隨著神經網路的發展快速提升。為了能夠滿足深度學習的算力需求，NVIDIA 公司在最近幾代 GPGPU 中增加了專門為深度神經網路而設計的張量核心，大幅提升 GPGPU 的矩陣運算算力。

本章以 NVIDIA GPGPU 中的張量核心為例，結合典型神經網路的計算特徵，介紹張量核心的架構設計特點，進而理解現代 GPGPU 對深度神經網路運算的加速方式。

6.1 深度神經網路的計算

以卷積神經網路為代表的深度神經網路呈現出巨大的算力需求，對硬體平台和計算架構提出了極高的要求。由於深度學習的普及性日益提升，神經網路加速器已經涵蓋了 GPGPU、ASIC、FPGA、DSP 及存算一體元件等各種架構類型。其中，GPGPU 得益於強大的算力、良好的可程式化性和完整的神經網路加速函數庫，從許多神經網路加速器中脫穎而出，成為目前加速深度學習訓練和推理過程的首選架構。

6.1.1 深度神經網路的計算特徵

在介紹 GPGPU 如何加速神經網路運算之前，首先以經典的 AlexNet 卷積神經網路 (Convolutional Neural Network，CNN) 為例，介紹深度神經網路計算的基本特徵及由此帶來的硬體設計挑戰。AlexNet 由 Hinton 團隊在 2012 年提出，被用於對整張影像根據其內容主體進行分類。圖 6-1 展示了 AlexNet 網路結構中每一層的參數設定。

如圖 6-1 所示，AlexNet 接受一張 227×227×3(RGB 三通道) 的影像作為輸入資料，經過各網路層變換得到一個 1000 維的向量。該向量中每一維資料代表一種影像類別的預測機率，最終選擇機率值最大的一項作為該輸入影像的類別。AlexNet 網路層的類型可分為以下幾種。

(1) 以卷積層為代表的線性計算層，主要由乘加計算組成。

(2) 以線性整流函數 (ReLU)、Sigmoid 函數為代表的非線性計算層，主要由指數計算、三角函數計算或分段線性計算組成。

(3) 以最大池化為代表的下採樣層，主要由邏輯運算或線性運算組成。

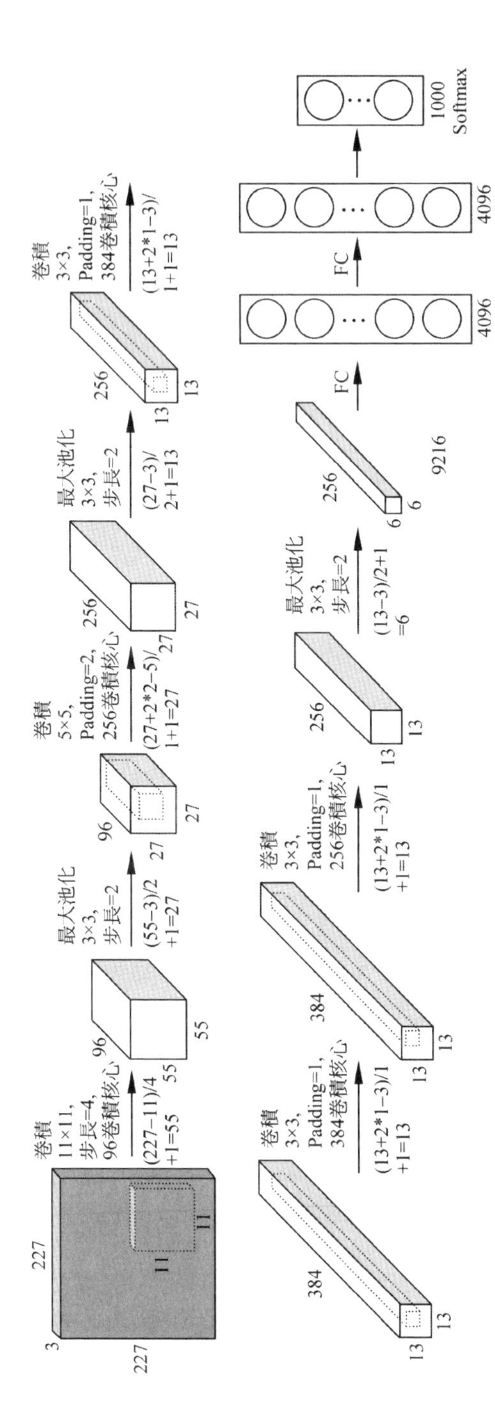

▲ 圖 6-1 AlexNet 網路結構中每一層的參數設定

其中，以卷積計算為代表的線性計算層佔據了整個 AlexNet 網路的主要部分和大部分執行時間。其他神經網路中卷積計算時間佔比也很高，因此對卷積計算的加速已然成為神經網路加速的代表。

深度神經網路的卷積計算具有多通道、多規格的特點。它一般有兩個輸入——輸入特徵圖 $[N, C_{in}, H_{in}, W_{in}]$ 和卷積核心 $[C_{out}, \mathrm{C}_{in}, \mathrm{K}, \mathrm{K}]$，以及一個輸出——輸出特徵圖 $[N, C_{out}, H_{out}, W_{out}]$。其中，$H_{out}$ 與 W_{out} 由 H_{in}、W_{in} 與步進值 S 共同決定。卷積層的通用卷積過程由程式 6-1 描述。卷積計算的算力需求可以表示為 $C_{in}\times 2\times K\times K\times H_{out}\times W_{out}\times C_{out}$。利用該公式可以計算出 AlexNet 中各卷積層的計算量如表 6-1 所示，同時各網路層的參數量也標注在其中。可以看到，線性計算層在整個網路的算力需求中佔據主導地位，而卷積計算又在整個線性層的算力需求中佔據主導地位。

從參數量與運算量的對比和程式 6-1 中卷積計算的虛擬程式碼可以看出，卷積神經網路中的資料具有非常高的重用性。對於每一個卷積核心而言，它會被輸入的 N 張特徵圖重複使用 N 次；對於一個卷積核心內的每個通道而言，它會被特徵圖所對應的通道重複使用 $H_{out}\times W_{out}$ 次。因此，卷積層有非常大的資料重複使用空間，對緩解頻寬壓力具有重要作用。

⬇ 程式 6-1 卷積層的通用卷積運算虛擬程式碼

```
1for n in 1..N (img_batch)
   for w in 1..Wout (img_width)
     for h in 1..Hout (img_height)
       for f in 1..Cout (num_filters)
         for c in 1..Cin (img_channel)
           for x in 1..K (filter_width)
             for y in 1..K (filter_height)
               output(n,f,w,h) += input(n,c,w+x,h+y) * filter(f,c,x,y)
             end
           end
         end
```

```
            end
        end
    end
end
```

表 6-1 AlexNet 網路各層規模和運算量分佈

網路層	參數量 / 個	運算量 /Flops
Conv{11×11,s4,96}	35K	210M
Conv{5×5,s1,256}	307K	448M
Conv{3×3,s1,384}	423K	300M
Conv{3×3,s1,384}	1.3M	224M
Conv{3×3,s1,256}	442K	148M
FC{256×6×6,4096}	37M	74M
FC{4096,4096}	16M	32M
FC{4096,1000}	4M	8M
ReLU	N\A	4K~186K
Max Pool	N\A	82K~629K

如表 6-1 所示，AlexNet 的算力需求在 2012 年看來雖然比較大，但仍然可以被當時的 GPGPU 所接受 (如 NVIDIA Tesla K40 的單精度峰值浮點性能約為 4~5TeraFlops)。訓練 AlexNet 需要 500PetaFlops 的計算量，而單塊 GPGPU 一天可以提供 250PetaFlops 左右的算力，這表示神經網路的算力需求與 GPGPU 的運算能力大體是匹配的。但隨著神經網路的高速發展，神經網路的層數和參數量逐月提升，訓練一個神經網路的計算量更是呈指數級增長。這個發展速度遠遠超過了摩爾定律的速度，導致演算法和硬體平台的算力差距逐年增大，而且這個鴻溝還在不斷加深。神經網路訓練算力需求和摩爾定律的發展速度對比如圖 6-2 所示。

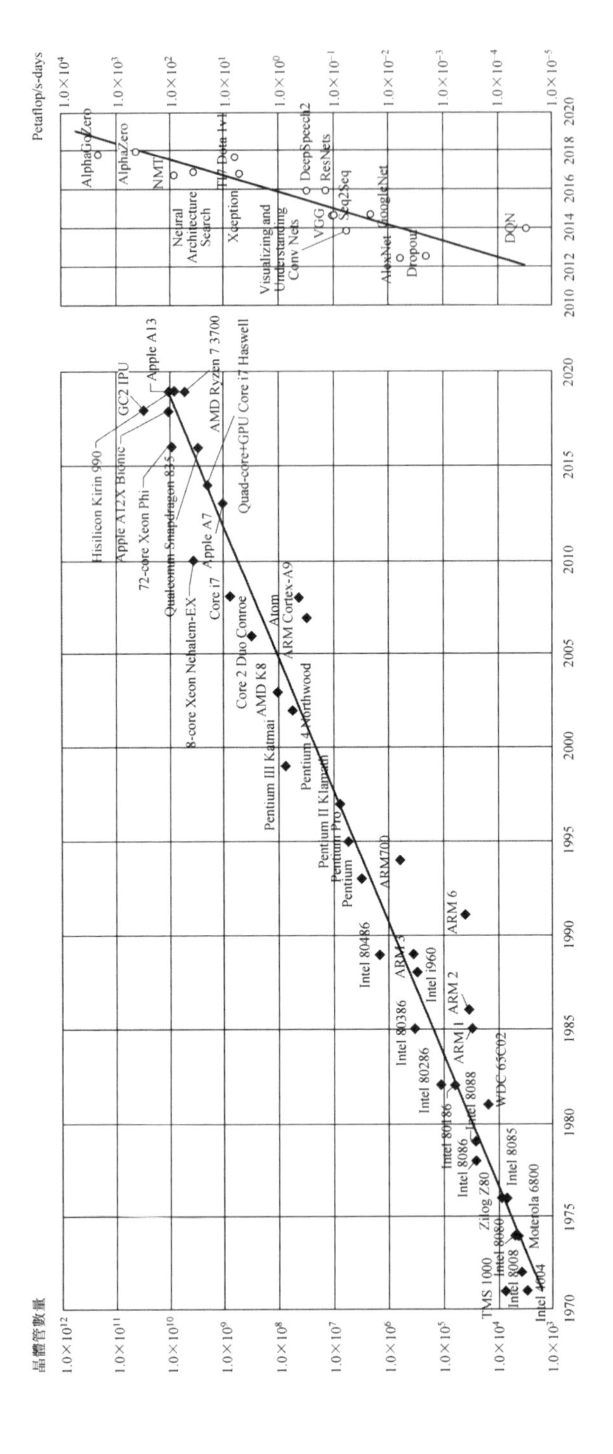

▲ 圖 6-2 神經網路訓練算力需求和摩爾定律的發展速度對比

近年來，深度神經網路模型雖然採用卷積作為主要運算，但卷積的類型卻趨於多樣化。舉例來説，FCN 和 GAN 網路中常用的轉置卷積 (deconv) 採用了不同於常規卷積的 Stride 參數；MobileNet 中的 depthwise 卷積，其卷積核心數目等於輸入特徵圖的通道數；DCN 中的 deformable 卷積，其卷積核心會有額外的 offset 參數；ASPP 結構中採用的 dilation 卷積，其卷積方式也發生了改變。這些卷積操作和網路模型的快速演變使得以 ASIC 為基礎的神經網路加速器設計面臨巨大挑戰，因為這些加速器大多注重提升卷積性能和能效比，卻在可程式化性上做出了很大妥協，因此只能針對一個或一些特定的神經網路進行加速，對於日益多樣化的深度神經網路很難提供完整的支援。

在深度神經網路加速器設計中，精度也是一個重要的考量因素。加速器區分了訓練用途加速器和推理用途加速器。訓練用途加速器多採用單精度浮點數 (FP32) 格式儲存特徵圖和權重，推理用途加速器則採用半精度浮點數 (FP16) 或更低精度的整數 (如 INT8、INT4 等) 的資料格式儲存權重和特徵圖。使用低精度進行推理的原因在於，神經網路本身能夠容忍精度上的些許誤差，透過基於預先定義模型的重訓練等操作，可以很大程度上恢復計算精度上的損失，同時獲取硬體性能的大幅提升。

綜上所述，深度神經網路的計算特徵主要包括以下 5 方面。

(1) 計算量大且集中在卷積操作。
(2) 卷積參數量大，頻寬需求高。
(3) 卷積參數存在高度重複使用的可能。
(4) 網路演算法、結構不斷變化，可程式化性要求高。
(5) 網路本身具有精度容忍性，推理需要多種可變換精度的支援。

從這幾個特點看，現有的 GPGPU 在各方面都能夠提供非常不錯的解決方案。GPGPU 的大量硬體運算單元和高吞吐高頻寬的儲存設計能夠提供強大的運算能力；同時針對矩陣運算和卷積，在軟體層面提供了靈活完整的加速函數庫支援，使得 GPGPU 能夠充分地利用其硬體運算資源和儲存資源，實作高吞吐的卷積計算。為了進一步提升矩陣運算的性能，近年來 NVIDIA 和 AMD 的 GPGPU 增加了全新的張量和矩陣核心硬體，大幅加速矩陣運算，而且還支援多種精度，使得 GPGPU 能夠適應深度神經網路不同場景、不同應用的精度需求。更為重要的是，GPGPU 本身的可程式化性能夠適應多種操作，為各種新增的卷積操作提供了支援。

本章將特別注意 GPGPU 是如何加速神經網路計算的。本章前半部分特別注意卷積計算的方法，即如何將卷積運算轉化為矩陣乘法運算，後半部分關注 NVIDIA GPGPU 的張量核心結構及其工作流程，介紹如何利用該硬體結構完成矩陣乘加計算，進而加速深度神經網路的計算。

6.1.2 卷積運算方式

無論是前向推理還是反向傳播過程，卷積神經網路最主要的計算仍然集中在卷積層，因此加速神經網路的關鍵在於加速卷積層。

1. 基於通用矩陣乘法的卷積

目前，在 GPGPU 上進行卷積計算最常用的方式是將卷積運算轉化為通用矩陣乘法 (GEneral Matrix Multiplication，GEMM) 操作，充分利用 GPGPU 軟硬體對通用矩陣乘法已有的各種最佳化來獲取卷積計算的加速。

這裡借助一個例子來展示如何將卷積轉化為矩陣相乘。圖 6-3(a) 展示了一張 5×5 的輸入特徵圖與一個 3×3 的卷積核心進行卷積且結果與偏置值累加。卷積核心以視窗滑動的形式從特徵圖左上角開始，以步進值 1 進行滑動覆蓋整個輸入特徵圖。在每個視窗內，卷積核心的 9 個權值與對應視窗內的 9 個特徵圖數值一一對應地進行乘法運算，然後將得到的 9 個積進行累加，再與偏置值相加，得到該視窗的最終卷積結果。

所有視窗執行相同的運算，得到該特徵圖的卷積結果。從這一計算過程中可以發現，視窗內的運算其實與矩陣運算中的一行乘一列類似，如圖 6-3(b) 所示。因此，以視窗為單位，將特徵圖視窗內的 3×3 的小塊展開成一維，作為左矩陣 A 中的一行；將卷積核心展開為一維，作為右矩陣 B 中的一列；偏置值從純量拓展至 1 維向量，長度等於視窗數量，作為累加矩陣 C 中的一列。圖 6-3(b) 展示上面的卷積轉化為矩陣乘法運算後的形式，其中灰色部分代表圖 6-3(a) 中的第一個視窗。

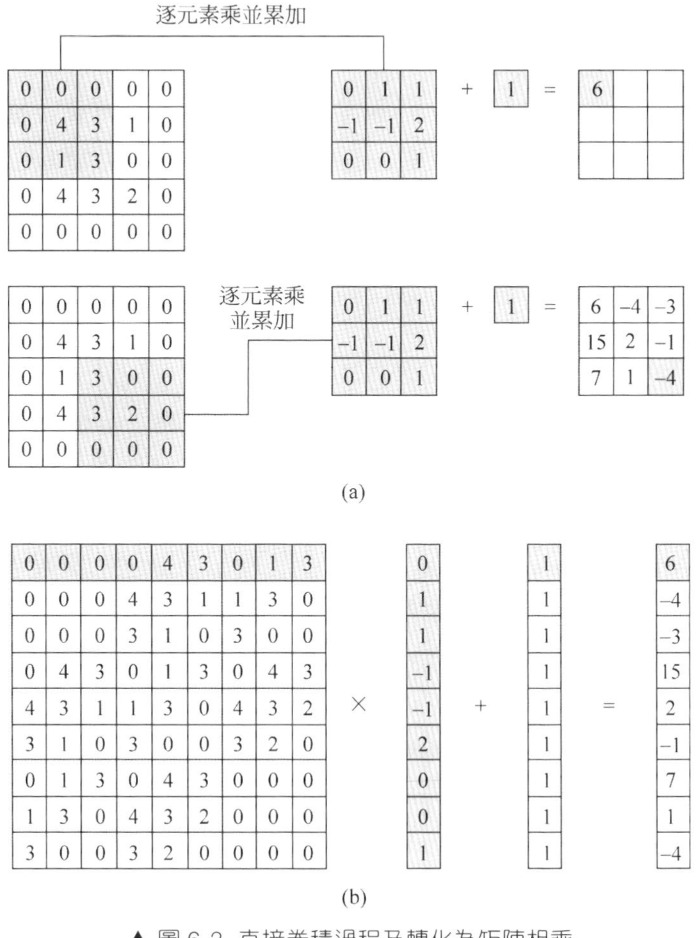

▲ 圖 6-3 直接卷積過程及轉化為矩陣相乘

上述例子展示了一張特徵圖與一個卷積核心進行卷積，用之前提到的參數描述該卷積為：$N=1$，$C_{in}=1$，$C_{out}=1$，$H_{in}=5$，$W_{in}=5$，$K=3$，$H_{out}=3$，$W_{out}=3$，$S=1$。事實上，當面對整個卷積層時，N、C_{in}、C_{out} 也需要進行轉化。

首先，考慮輸入通道參數 C_{in}。當輸入特徵圖具有 C_{in} 個通道時，要求卷積核心也需要具有 C_{in} 個通道，輸入特徵圖各個通道與卷積核心的各個通道獨立地進行先前的視窗滑動運算，得到 C_{in} 個結果。C_{in} 個結果進行累加，再與偏置值相加得到輸出特徵圖，圖 6-4(a) 展示了該過程。在轉化的矩陣中，輸入通道維度的拓展不會帶來輸出特徵圖維度的改變，因此左矩陣的行數與右矩陣的列數應該維持不變，只需要將輸入特徵圖各通道下同一視窗位置的值放在左矩陣的同一行，將卷積核心各通道下的值對應放在右矩陣的同一列即可。圖 6-4(b) 展示了加入 C_{in} 參數後的矩陣轉化方式，左矩陣第一行中兩種顏色代表第一個視窗位置下兩個不同輸入通道特徵圖的值，右矩陣第一列兩種顏色代表對應通道的卷積核心權重。

其次，考慮輸出通道參數 C_{out} 的轉化方法。為了方便描述，將先前參數的 C_{in} 固定為 1。一個卷積核心具有與輸出特徵圖通道數量 C_{out} 相同的卷積核心數量，不同卷積核心間接受相同的輸入特徵圖資料，最終輸出 C_{out} 個結果特徵圖。可以看到 C_{out} 改變了輸出特徵圖的維度，結果矩陣會對應地增加列數，而右矩陣 B 與偏置矩陣 C 同樣會對應地增加列數。圖 6-5 舉出了輸出通道的計算方式和矩陣表示方法。

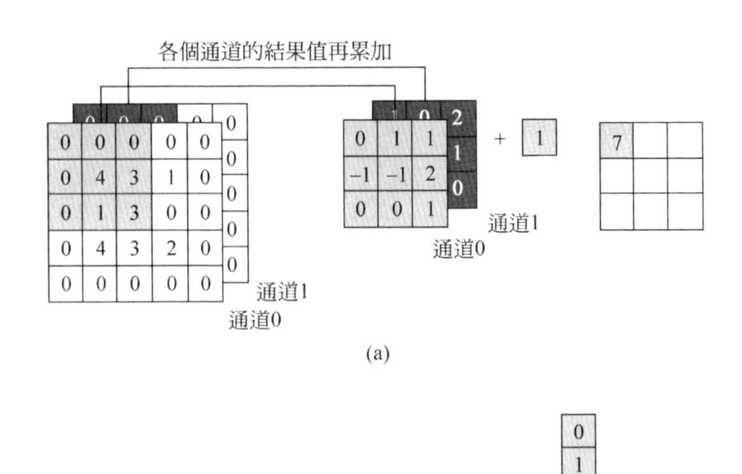

(a)

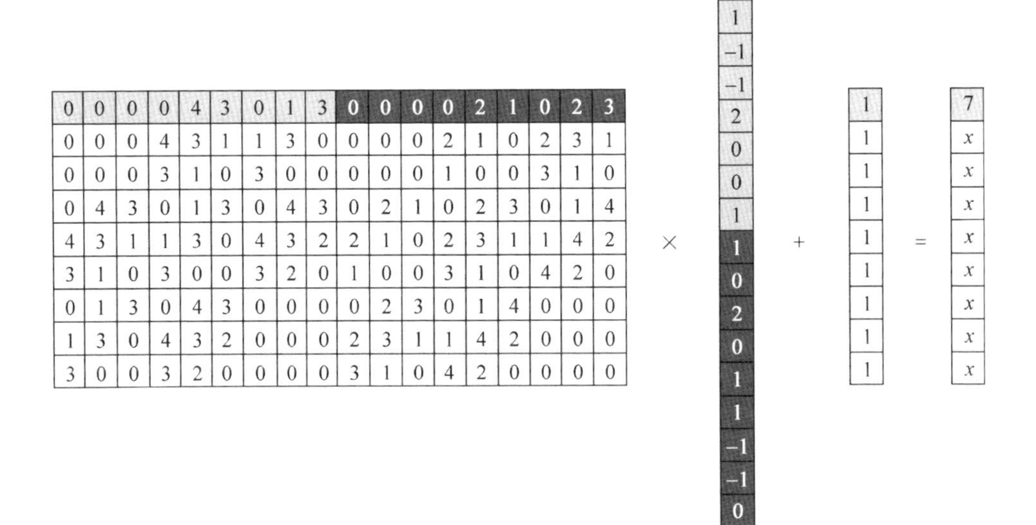

(b)

▲ 圖 6-4 通道參數 C_{in} 的轉化方法

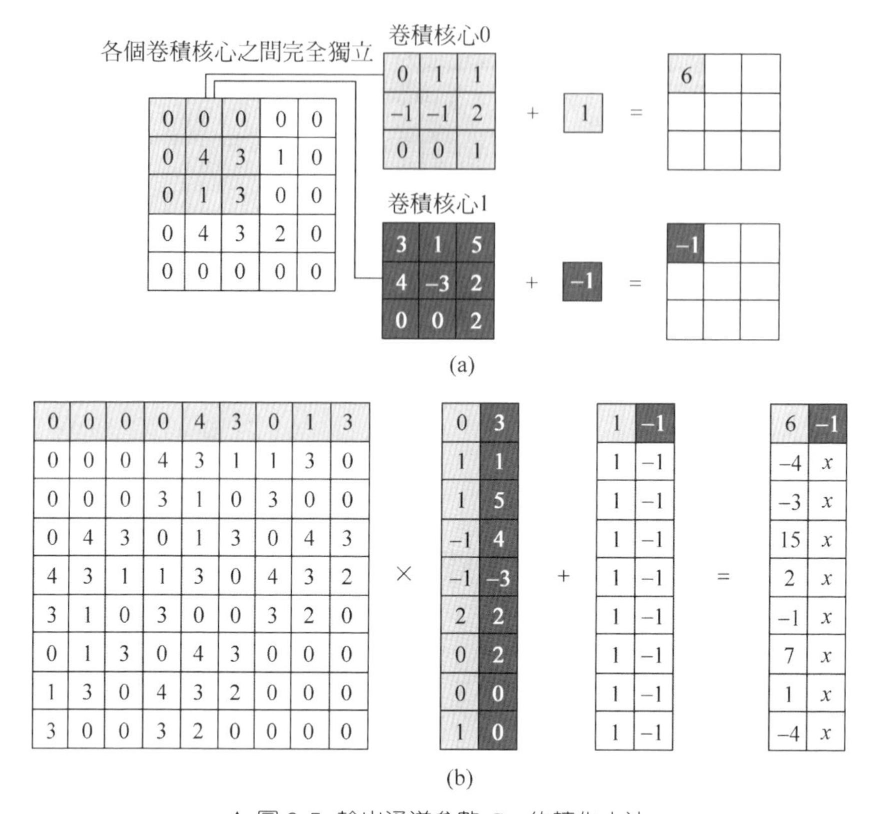

▲ 圖 6-5 輸出通道參數 C_{out} 的轉化方法

最後，考慮輸入特徵圖數量 N。為了方便描述，將先前的參數 C_in 和 C_{out} 均固定為 1。由於 N 個輸入特徵圖會共享同樣的 C_{out} 個卷積核心，所以 N 會被映射為左矩陣 A 的行數。先前一個輸入特徵圖上具有 9 個視窗，所以有 9 行。當輸入特徵圖數量增多至 N 時，行數也對應地增加至 $9\times N$。此外，偏置矩陣也可在左矩陣的最後一列增加全 1 的列，在右矩陣最後一行增加各個輸出通道對應的偏置值，即可把偏置矩陣 C 給略去。圖 6-6 展示了該過程。

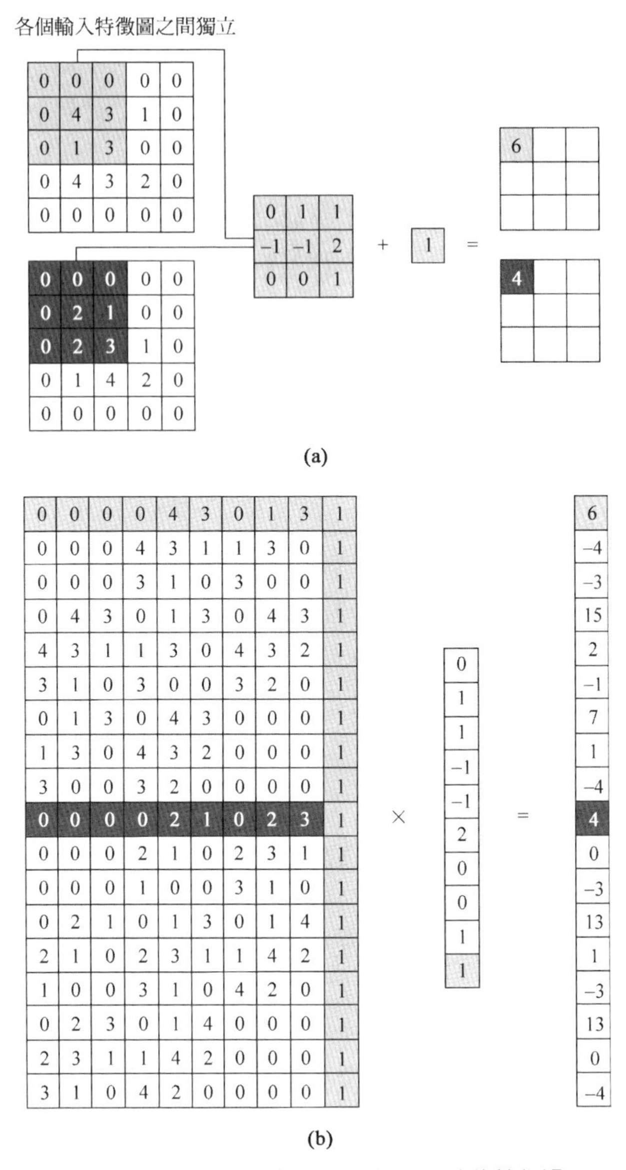

▲ 圖 6-6 輸入特徵圖數目 N 及偏置矩陣的轉化過程

綜上所述，整個卷積層的運算可以轉化為圖 6-7 的矩陣乘法運算，其中灰色部分表示轉化前後的對應關係，矩陣的維度可以由 N、C_{in}、C_{out}

等參數確定。這種將卷積計算轉化為矩陣乘法的方法通常稱為 im2col 操作，它將卷積層中不同參數的卷積統一成不同尺寸的矩陣乘法，再借助 GPGPU 的矩陣運算完成卷積。但該方法明顯增大了輸入特徵值的儲存空間，因為在展開特徵圖時每個視窗形成了矩陣的一行，所以特徵圖資料出現了大量重複。針對這一問題，NVIDIA 的神經網路計算函數庫 cuDNN 中提到了一些最佳化方式，例如對區域進行動態展開等方式，盡可能掩蓋或降低 im2col 展開所需的儲存銷耗和計算代價。

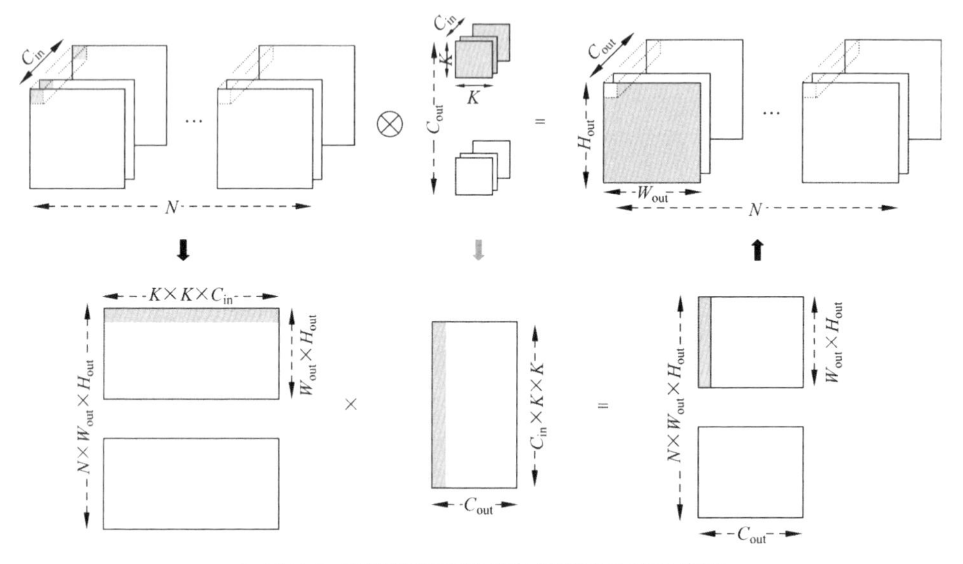

▲ 圖 6-7 完整的卷積轉化為矩陣乘法的示意圖

利用 GPGPU 的高度可程式化性，還可以用其他的方法實作卷積。下面進行簡介。

2. 軟體直接卷積

軟體直接卷積的方式將卷積虛擬程式碼中的 7 層迴圈映射到 GPGPU 的計算單元上：不同的卷積核心映射至不同的執行緒區塊，每個執行緒區塊內儲存該卷積核心下所有通道的權值，而每個執行緒區塊可以處理

若干 $C_{in} \times H_{in} \times W_{in}$ 的輸入特徵圖，輸出若干對應的 $C_{out} \times H_{out} \times W_{out}$ 的輸出特徵圖，最終所有執行緒區塊的結果匯整合 $N \times C_{out} \times H_{out} \times W_{out}$ 的輸出特徵圖。

該方法的優點是不需要額外的輔助儲存空間，可以靈活地適應各種卷積，缺點是性能和功耗很難最佳化。一旦卷積參數發生改變，那麼程式設計人員就得對新的卷積進行最佳化。多種多樣的卷積參數和卷積形式使得最佳化的卷積加速函數庫開發非常困難。

3. 基於快速傅立葉轉換

快速傅立葉轉換 (Fast Fourier Transform，FFT) 將時域的卷積操作轉化為頻域的乘法操作，一定條件下可以降低卷積的計算複雜度。

對單通道大小為 $H_{in} \times W_{in}$ 的輸入特徵圖 F 與單通道大小為 $K \times K$ 的卷積核心 W，利用 FFT 實作 2D 卷積的過程可以簡述為：第一，對 W 進行擴充至輸入特徵圖的大小，即 $H_{in} \times W_{in}$；第二，對兩者進行 FFT 得到 F' 與 W'；第三，將 F' 與 W' 進行逐元素乘得到頻域上的輸出特徵圖 O'；第四，將 O' 進行逆傅立葉轉換，得到所求的輸出特徵圖 O。

基於 FFT 的卷積以頻域上的逐元素乘法替代原有的卷積操作，降低了計算複雜度。原有的卷積計算需要大約 $H_{in} \times W_{in} \times K \times K$ 次乘加運算，基於 FFT 的卷積只需要特徵圖的傅立葉轉換與逆傅立葉轉換及 $H_{in} \times W_{in}$ 次乘法。對於特徵圖採用 FFT，其複雜度為 $H_{in} \times W_{in} \times \log_2(K \times K)$。因此，當卷積核心很大時，基於 FFT 的卷積計算可以降低時間複雜度。

但當應用到實際的深度神經網路中時，FFT 加速卷積網路存在很大的局限性，原因在於以下幾點。

(1) 頻域上進行的逐元素乘是對複數的逐元素乘，需要 4 次乘法和 2 次加法。

(2) 要求卷積核心擴充為特徵圖同等大小的 $H_{in} \times W_{in}$ 尺寸。當卷積核心小於輸入特徵圖時，會銷耗大量的額外空間，神經網路 (尤其是前幾層) 均是特徵圖尺寸遠大於卷積核心，使卷積核心的儲存佔用會顯著加大，原本可能利用單晶片儲存能夠加速的情況，需要多次與外部記憶體進行通訊，從而性能受到頻寬限制。

(3) 針對卷積步進值不為 1 的情況，例如 AlexNet 和 GoogleNet 中的前幾層，利用 FFT 卷積的方法效率會大幅下降。因此，在實際應用中，利用 FFT 進行卷積需要滿足的條件較為苛刻，不太適合現代神經網路中各種小卷積核心 (3×3 及 1×1) 的情況，只在一些規格的卷積上有效。

4. 基於 Winograd 變換

由於卷積核心在特徵圖上進行滑動時，滑動視窗內的特徵圖元素出現規律性的重複 (詳見 im2col 操作)。Winograd 演算法可以利用此重複特性，對特徵圖和卷積核心進行映射變換，用更少的乘法來完成卷積運算，實作卷積加速的效果。

這裡簡介用 Winograd 變換實作 3×3 卷積的方法。假設有一個 3×3 卷積核心 F 與一個 4×4 的特徵圖 I。

(1) 對特徵圖和卷積核心進行線性變換，得到 $F'=GFG^T$ 和 $I'=B^TIB$。其中 G 和 B 為 4×3 與 4×4 的矩陣，其具體數值為

$$\boldsymbol{G}=\begin{bmatrix}1 & 0 & 0\\ \frac{1}{2} & \frac{1}{2} & \frac{1}{2}\\ \frac{1}{2} & -\frac{1}{2} & \frac{1}{2}\\ 0 & 0 & 1\end{bmatrix},\quad \boldsymbol{B}^{\mathrm{T}}=\begin{bmatrix}1 & 0 & -1 & 0\\ 0 & 1 & 1 & 0\\ 0 & -1 & 1 & 0\\ 0 & 1 & 0 & -1\end{bmatrix}$$

(2) 得到的 F' 與 I' 均為 4×4 方陣。對兩個方陣進行逐元素乘法，得到 4×4 的 O' 方陣。

(3) 對 O' 再進行反變換，得到 2×2 輸出特徵圖 O，其變換公式為 $O=A^TO'A$，其中 A 是 4×2 的矩陣，其值為

$$\mathbf{A}^{\mathrm{T}}=\begin{bmatrix}1 & 1 & 1 & 0\\ 0 & 1 & -1 & -1\end{bmatrix}$$

以 4×4 輸入特徵圖和 3×3 卷積核心的 Winograd 卷積為基礎，其他尺寸的輸入特徵圖可以切分成同等大小但有重疊的多個分塊來完成。對於卷積網路經常採用的三維卷積，相當於逐層做二維卷積，然後將每層對應位置的結果相加，得到最終的輸出特徵圖。關於 Winograd 演算法的詳細介紹可參見文獻 [11]。

Winograd 能夠實作卷積加速的原因在於，一方面，線性映射矩陣 G、B 和 A 內的元素值均為 ±1、±1/2 或 0，所以線性映射可以依靠加法和移位運算完成；另一方面，映射後的 4×4 特徵圖與 3×3 的卷積運算會變成兩個 4×4 矩陣的對應元素乘運算，使得原本的 36 次乘法減少至 16 次。然而，加法操作的數量會對應增加，同時需要額外的變換計算及儲存變換矩陣。一般來講，Winograd 只適用於較小的卷積核心。對於較大尺寸的卷積核心，可使用 FFT 加速。另外，Winograd 方法並不適用於步進值不為 1 的卷積，其在通用性上稍有劣勢。

目前，在 NVIDIA 公司的 cuDNN 函數庫中提供了 3×3 和 5×5 卷積核心導向的 Winograd 變換加速方法。針對其他尺寸的卷積操作，只能利用其他方法計算。

6.2 張量核心架構

通用矩陣乘法可以在 GPGPU 的 SIMT 單元上執行，具有很高的通用性。但 SIMT 通路需要兼顧通用運算和科學計算的需要，需要配備 32 位元和 64 位元的高精度運算單元，其峰值算力受到了硬體面積和功耗的限制，難以滿足深度神經網路的計算需求。2017 年 5 月，NVIDIA 公司發佈了 Volta 架構的 GPGPU V100，引入了專門為神經網路計算而設計的張量核心單元。這表示 GPGPU 在通用計算基礎上加入了領域專用的特性，透過增加專門的硬體支援，聯合原有的 SIMT 單元以滿足特定領域的計算需求。這一設計想法在近幾代的 NVIDIA GPU 中都可以看到，例如 Turning 架構加入了專用的光線追蹤單元 (Ray-Tracing Core)。

本節將重點介紹為神經網路計算而生的張量核心架構。

6.2.1 張量核心架構特徵概述

神經網路良好的計算性質讓張量核心的設計更加符合應用的需求。舉例來說，神經網路具有大算力需求、低精度容忍度等特點，而張量核心的高度平行乘累加結構可以利用低精度運算器 (16/8 位元及其他) 取得顯著的算力提升，保證合理的功耗銷耗。同時，神經網路所需的大規模矩陣乘法運算具備良好的計算 / 存取記憶體比，使張量核心在顯著增加算力的同時不會對儲存頻寬提出過高的要求。舉例來說，對於一個 $m \times k \times n$ 的矩陣乘加運算 ($m \times k$ 與 $k \times n$ 的矩陣相乘再與 $m \times n$ 的矩陣相加)，它的計算 / 存取記憶體比為

$$\frac{2 \times m \times k \times n}{m \times k + k \times n + 2 \times m \times n}$$

如果考慮方陣的情況，即 $k=n=m$，此時計算 / 存取記憶體比可以簡化為

$$\frac{2m^3}{4m^2}=\frac{m}{2}$$

説明矩陣規模越大，計算 / 存取記憶體比會越高。加上卷積網路自身的資料重複使用特性，利用更大規模的矩陣運算可以透過合理的分塊降低儲存頻寬的壓力。

矩陣乘法的計算模式相對固定。在張量核心之前，神經網路導向的專用加速器多遵循兩種計算模式：①矩陣乘法被看作若干對向量進行逐元素對應相乘，得到新的向量後再進行向量內積簡加和得到最終的結果，結果矩陣為 $m\times n$ 時，會有 $m\times n$ 對向量進行該操作，這種模式對應向量乘法單元和加法樹單元的結構；②把矩陣相乘分解至以純量為單位，每次操作都是一次 3 個純量間的乘加運算。這種模式對應乘加單元組成的脈動陣列結構。兩種方法的差別在於各自的資料串流排程方式，即資料存取與重複使用上的差異。張量核心則遵循了矩陣乘法的計算模式，結合暫存器的讀取共享，盡可能地最佳化資料的重複使用以減少功耗。

接下來以 NVIDIA V100 GPGPU 架構中第一代張量核心設計為例，詳細分析張量核心的架構、運算流程和資料通路等。

6.2.2 Volta 架構中的張量核心

張量核心在 NVIDIA 的 Volta 架構中問世。圖 6-8 顯示了 Volta 架構一個 SM 的結構組成圖，其中每個 SM 內含 2×4 個張量核心。可以看到，每個可程式化多處理器 SM 內的 8 個張量核心在邏輯上與 CUDA 核心 (包含 INT32、FP32、FP64 等計算單元) 是等同的，它們均勻地分佈在每個 SM 內的 4 個處理子區塊 (processing block) 中，每個處理子區塊內含有兩個張量核心。

▲ 圖 6-8 NVIDIA 的 V100 架構 SM 概覽

根據 NVIDIA 對 V100 的介紹，每個張量核心可以在一個週期內完成 4×4×4=64 次乘加運算，其中兩個輸入矩陣為 FP16 格式，累加矩陣與結果矩陣為 FP16 或 FP32 格式。硬體上，V100 GPGPU 包含了 80 個 SM，即 640 個張量核心，因此在 1.53GHz 的工作頻率下，整個 GPGPU 能夠達到 125TFlops(FP16) 的算力水準。

在指令集上，Volta 架構為基於張量核心矩陣乘法操作提供了新的 wmma 指令，能夠完成 16×16×16 的矩陣乘加運算。這個指令由上述 4×4×4 的矩陣乘加透過拼接組合完成。對於其他矩陣形狀，如 15×15×15 的矩陣乘法，需要由程式設計人員填充至 16×16×16 才可計算；對於 17×17×17 的矩陣乘法，程式設計人員需要自行拆分成若干 16×16×16 的矩陣乘法。對於其他的資料型態，如 INT32、FP64 等，則不能使用張量核心。Volta 之後的 Turing 和 Ampere 架構對張量核心所支持的矩陣形狀與資料型態則更為廣泛。

接下來將對 V100 中張量核心進行矩陣乘法的具體計算流程分 4 方面詳細說明：矩陣乘法的程式設計抽象、矩陣資料的載入、矩陣乘法的計算過程和可能的硬體結構。

1. 矩陣乘法的程式設計抽象

在傳統的 SIMT 計算模型中，程式設計人員撰寫每個執行緒的程式，每個執行緒獨立完成各自的計算，包括運算元讀取、計算、寫回，再透過多執行緒平行來完成整個計算任務。舉例來說，可以為 16×16×16 的矩陣乘法運算宣告 16×16 個執行緒，每個執行緒負責計算結果矩陣中的每個元素，最終由這 256 個執行緒完成 16×16×16 的矩陣乘法。

然而在張量核心中，硬體為了達到更高的計算效率進行了訂製化的設計。為了遮罩大量的硬體細節，SIMT 模型發生了改變，即 16×16×16 的矩陣乘法不再由宣告執行緒的方式完成，而是由特定的 API 來完成。

這些 API 以執行緒束為細微性，程式設計人員需要以執行緒束為細微性控制張量核心的運算元讀取、計算、寫回。執行緒束內 32 個執行緒如何具體執行，不受程式設計人員控制，程式設計人員也不可見。

表 6-2 舉出了 Volta 架構 (compute capability 7.0) 中呼叫張量核心程式設計的 API，並簡介了各 API 的功能。

表 6-2 張量核心的程式設計 API(對應 CUDA 9.0 版本)

wmma::fragment <template paras>obj	新增的資料型態，加載被張量核心使用的 16×16 運算元。具有 3 種子類：matrix_a、matrix_b 和 accumulator，分別用於矩陣乘加中的左矩陣、右矩陣、累加矩陣與結果矩陣
wmma::fill_fragment()	對 fragment 填充指定的純量值，如偏置值
wmma::load_matrix_sync()	從記憶體 (全域記憶體或共享記憶體) 載入資料至 fragment 中
wmma::mma_sync()	對三個或四個 fragment 進行 D=A×B+C 或 C=A×B+C 運算
wmma::store_matrix_sync()	將 fragment 資料儲存至記憶體 (全域記憶體或共享記憶體) 中

這 5 個 API 雖然形式上仍是 SIMT 模型，但實際上要求歸屬於一個執行緒束內的執行緒在執行這 5 個 API 時的參數必須完全一致。從表 6-2 中還可以看到，在使用張量核心進行計算時，資料型態從純量資料變為一種新的專用於張量核心的資料型態 fragment。雖然仍然是讀取、計算、寫回的整體流程，但是執行細微性發生了改變。這是張量核心所帶來的程式設計模型上的改變。

2. 矩陣資料的載入

針對 wmma::load_matrix_sync() 這一 API，接下來具體分析矩陣乘法的輸入矩陣是如何載入的，以及矩陣元素與執行緒具體的對應關係。換句話說，在 A×B+C=D 的矩陣乘加運算中，每個執行緒載入資料時需要獲取矩陣 A、B、C 什麼位置的資料。

事實上，在執行 wmma::load_matrix_sync() 時，執行緒束內每個執行緒只負責載入 16×16×16 矩陣特定的一部分，形成資料與執行緒之間特定的映射關係。這種特定的映射關係使張量核心的硬體設計得以簡化。為了理清這個映射關係，可以人為指定 3 個 16×16 矩陣 A、B、C 中每個元素的數值，將其載入至對應的 fragment 中，再令每個執行緒列印出自己在 fragment 中可見的內容。舉例來說，將 A 和 B 矩陣設定為 FP16，C 和 D 矩陣設定為 FP32，程式 6-2 簡要地顯示了這一過程。

⬇ 程式 6-2 分析矩陣載入過程中資料與執行緒映射關係的程式範例

```
1  wmma::fragment<FRAGMENT_DECLARATION> a_frag;
2  wmma::load_matrix_sync(a_frag, mem_addr, stride);
3  for(int i=0; i < a_frag.num_elements; i++){
4    float t=static_cast<float>(a_frag.x[i]);
5    printf("THREAD%d CONTAINS %.2f\n",threadIdx.x,t);
6  }
```

第 1 行宣告了 fragment 資料型態變數，用來加載特定的 A 矩陣 (matrix_a)、B 矩陣 (matrix_b)、C 累加矩陣 (accumulator) 和 D 結果矩陣 (accumulator)。儘管 fragment 的宣告由執行緒程式完成，但實際上 fragment 是每個執行緒束內 32 個執行緒共有的。

第 2 行呼叫新增的 wmma 指令，將全域記憶體中按行主序排列的矩陣中某個 16×16 分塊加載到 fragment 中。

第 3~5 行的迴圈本體指示每個執行緒把自己在 fragment 中擁有的變數值列印出來。透過這個迴圈本體，可以看到每個 fragment 中的各個元素是如何分配給每個執行緒的。

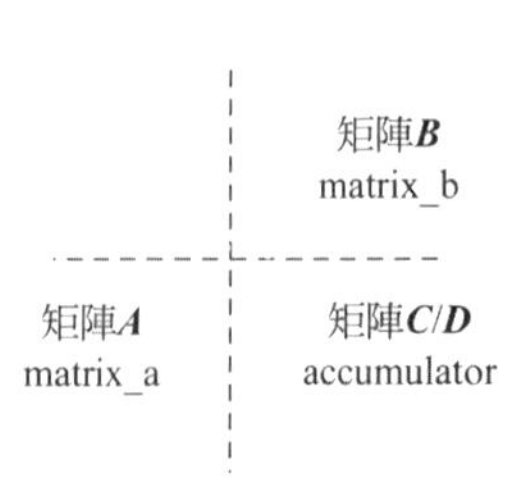

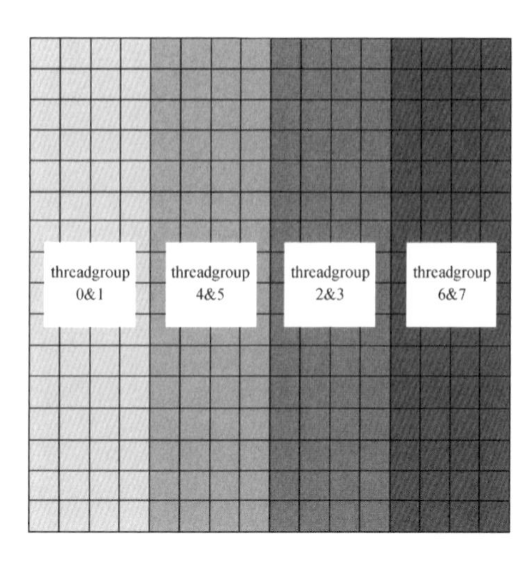

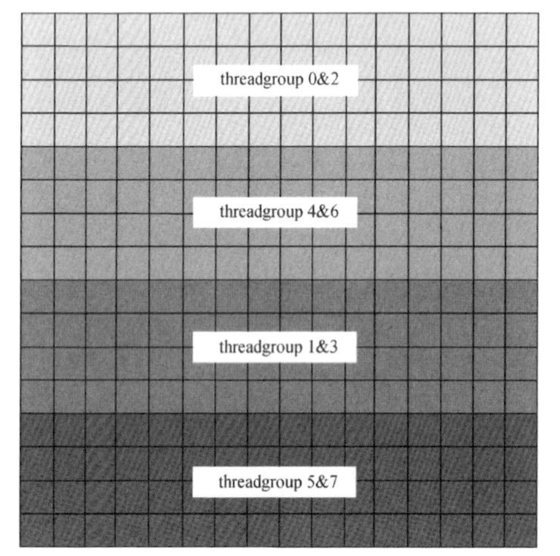

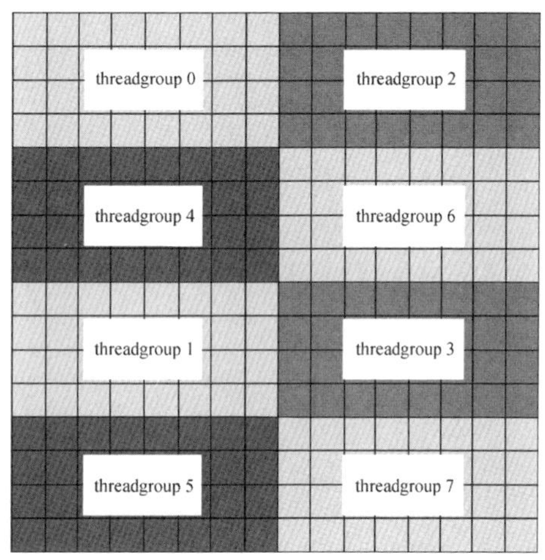

▲ 圖 6-9　矩陣 *A*、*B*、*C*/*D* 與 threadgroup 的對應關係

圖 6-9 和圖 6-10 對這段程式輸出結果進行了圖形化的展示，即 3 種 fragment 類型 matrix_a、matrix_b、accumulator 以行優先儲存方式儲存時，每個執行緒及執行緒組 (threadgroup) 與這 3 種 fragment 內每個元素的對應關係。為了能夠與張量核心每個週期完成的 4×4×4 矩陣資料讀取和計算過程相對應，這裡引入一個新的概念——執行緒組 threadgroup。它是指一個執行緒束內執行緒序號 (threadIdx.x) 連續的 4 個執行緒 (注

意，它不同於執行緒區塊即 thread block 的概念)。之所以會引入這個概念，是因為 V100 的張量核心中連續的 4 個執行緒在讀取資料時具有一致的行為特徵。一個執行緒束含有 32 個執行緒，因此每個執行緒束包含 8 個執行緒組。圖 6-9 展示了三種 fragment 類型中對應元素與 threadgroup 之間的對應關係，圖 6-10 展示了一個 threadgroup 中 4 個執行緒 (*t*、*t*+1、*t*+2 和 *t*+3) 與矩陣元素具體的對應關係。

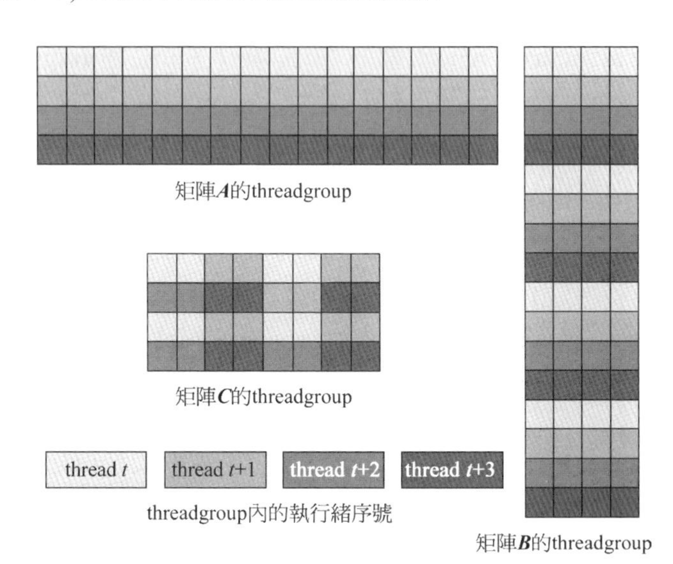

▲ 圖 6-10 一個 threadgroup 中 4 個執行緒 (*t*、*t*+1、*t*+2 和 *t*+3) 與矩陣元素具體的對應關係

從圖 6-9 和圖 6-10 中可以看到，3 種 fragment 類型會產生 3 種不同的映射關係，這表示 A、B、C/D 矩陣都有自己的執行緒對應規則來載入資料。具體來說，矩陣 A 中前 4 行的元素處在 threadgroup 0 和 2 中，表示執行緒 0~3 和執行緒 8~11 可以存取矩陣 A 前 4 行的元素。圖 6-10 顯示矩陣 A 中 threadgroup 的第 1 行都是執行緒 t 可見的，可知矩陣 A 中第 1 行的 16 個元素對執行緒 0 和執行緒 8 是可見的。同理，圖 6-9 顯示矩陣 B 中 [0,0] 至 [15,3] 區域的元素為 threadgroup 0 和 1 可見，而圖 6-10

顯示，矩陣 B 中 threadgroup 的第 0、4、8、12 行是執行緒 t 可見的，可知矩陣 B 中 [0,0] 至 [0,3]、[4,0] 至 [4,3]、[8,0] 至 [8,3] 和 [12,0] 至 [12,3] 元素對執行緒 0 和執行緒 4 是可見的。這裡「可見」是指每個執行緒如何載入 A、B、C/D 三個矩陣中特定位置元素的。舉例來說，矩陣 A 中第 1 行的 16 個元素對於執行緒 0 可見，說明執行緒 0 負責載入矩陣 A 中的第 1 行的 16 個元素到該執行緒自己的暫存器內。

wmma::load_matrix_sync() 會根據其載入的三種 fragment 類型分別生成 3 種 PTX 指令：wmma.load.a、wmma.load.b 和 wmma.load.c。它們在進一步轉換成 SASS 指令時會被拆分成一組 SASS 的 load 指令：LD.E.64、LD.E.128、LD.E.SYS。舉例來說，LD.E.128 每次從共享記憶體或全域記憶體的指定位置讀取 128 位元資料至指定的暫存器內。矩陣 A 透過執行兩次 LD.E.128 指令，共載入 256 位元，即 A 中的一行 16 個 FP16 的元素，如圖 6-11 所示。矩陣 B 的每個執行緒需要分四次執行 LD.E.64 指令，從而將矩陣 B 的資料搬移至給定的暫存器內。

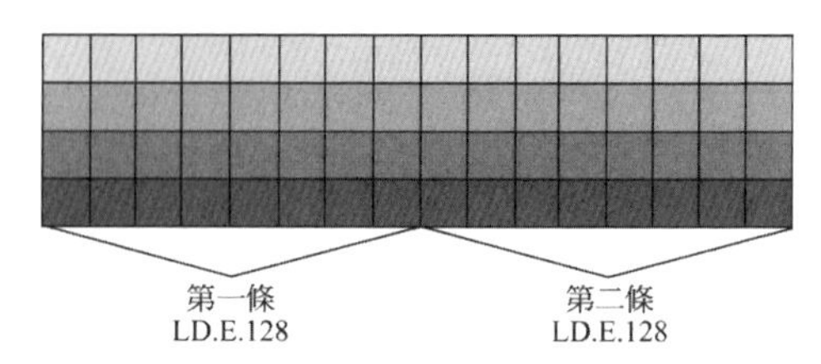

▲ 圖 6-11 A 矩陣中一個 threadgroup 分兩行指令讀取矩陣資料

從上述過程可以發現，由於張量核心的硬體設計，矩陣載入過程相較於 SIMT 模型來講變得更為複雜，但各個執行緒與所讀取的矩陣元素之間還是有確定關係的。區別在於，這個關係不再由程式設計人員透過執行緒和執行緒區塊的 ID 顯性指定，而是由 wmma::load_matrix_sync() 這一 API 來隱式管理和確定。這種方式將 GPGPU 中已有的 SIMT 模型和硬體與新的張量核心訂製設計結合起來，一定程度上也可以說是 SIMT 架構支援張量核心的一種折衷。

3. 矩陣乘法的計算過程

接下來分析 wmma::mma_sync() 的具體執行過程。一個 16×16×16 的矩陣乘加運算被拆分到每個張量核心上，以 4×4×4=64 個小矩陣乘加運算的形式分塊執行，然後透過協作完成整個計算。如表 6-3 所示，wmma::mma_sync() 被翻譯成 PTX 的 wmma.mma 指令，該指令進一步轉為表 6-3 中 16 行 SASS 等級的 HMMA 指令。這 16 行指令被分成了 4 組 (Set)，每組指令又被劃分為 4 個步驟 (Step)。

表 6-3 wmma.mma 指令被翻譯成 16 行 HMMA 指令

SET0	1	HMMA.884.F32.F32.STEP0 R8,R24.reuse.COL, R22.reuse.ROW, R8;
	2	HMMA.884.F32.F32.STEP1 R10,R24.reuse.COL, R22.reuse.ROW, R10;
	3	HMMA.884.F32.F32.STEP2 R4,R24.reuse.COL, R22.reuse.ROW, R4;
	4	HMMA.884.F32.F32.STEP3 R6,R24.COL, R22.ROW, R6;
SET1	1	HMMA.884.F32.F32.STEP0 R8,R20.reuse.COL, R18.reuse.ROW, R8;
	2	HMMA.884.F32.F32.STEP1 R10,R20.reuse.COL, R18.reuse.ROW, R10;
	3	HMMA.884.F32.F32.STEP2 R4,R20.reuse.COL, R18.reuse.ROW, R4;
	4	HMMA.884.F32.F32.STEP3 R6,R20.COL, R18.ROW, R6;
SET2	1	HMMA.884.F32.F32.STEP0 R8,R14.reuse.COL, R12.reuse.ROW, R8;
	2	HMMA.884.F32.F32.STEP1 R10,R14.reuse.COL, R12.reuse.ROW, R10;
	3	HMMA.884.F32.F32.STEP2 R4,R14.reuse.COL, R12.reuse.ROW, R4;
	4	HMMA.884.F32.F32.STEP3 R6,R14.COL, R12.ROW, R6;
SET3	1	HMMA.884.F32.F32.STEP0 R8,R16.reuse.COL, R2.reuse.ROW, R8;
	2	HMMA.884.F32.F32.STEP1 R10,R16.reuse.COL, R2.reuse.ROW, R10;
	3	HMMA.884.F32.F32.STEP2 R4,R16.reuse.COL, R2.reuse.ROW, R4;
	4	HMMA.884.F32.F32.STEP3 R6,R16.COL, R2.ROW, R6;

圖 6-12 和圖 6-13 進一步舉出了 threadgroup 0 負責計算的部分及每個 Set 是如何完成計算的。一個 threadgroup 負責一個 4×8 大小的子區塊，即讀取矩陣 A 的 4 行和矩陣 B 的 8 列，分成多個 Set 和 Step 完成計算。32 執行緒可以分為 8 個 threadgroup，每個 threadgroup 分別負責結果矩陣不同位置的子區塊，如圖 6-9 所示。8 個 threadgroup 以組合的方式完成整個結果矩陣的計算。

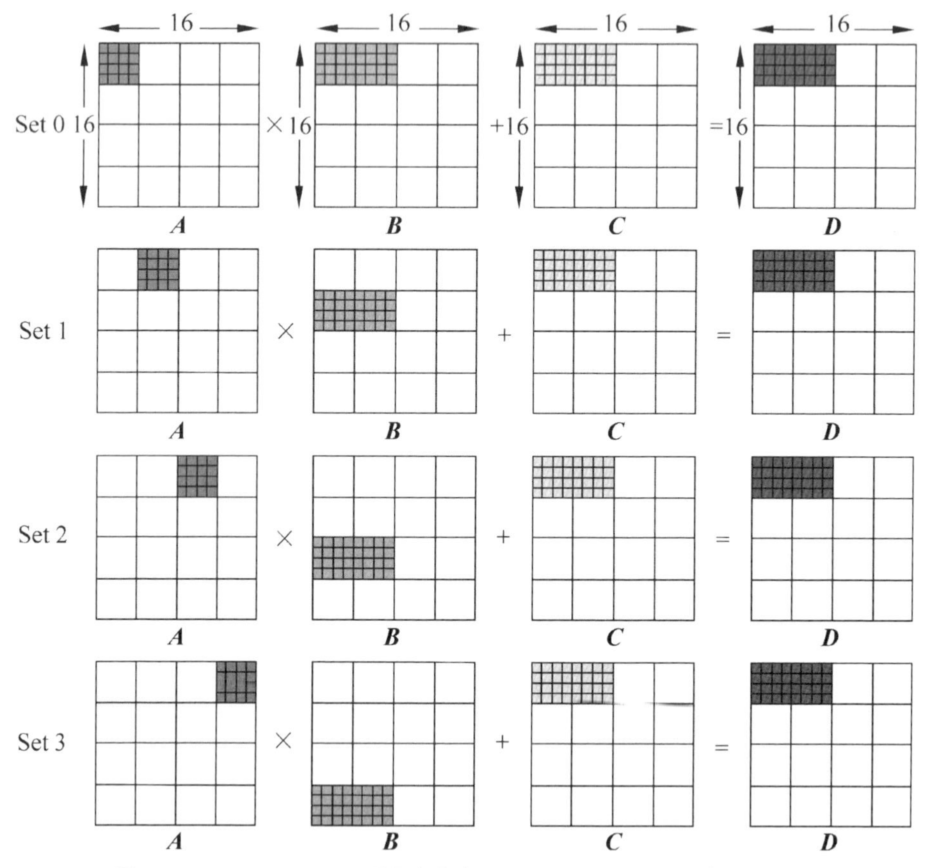

▲ 圖 6-12 threadgroup 0 所負責的部分由 4 個 Set 分步完成的計算過程

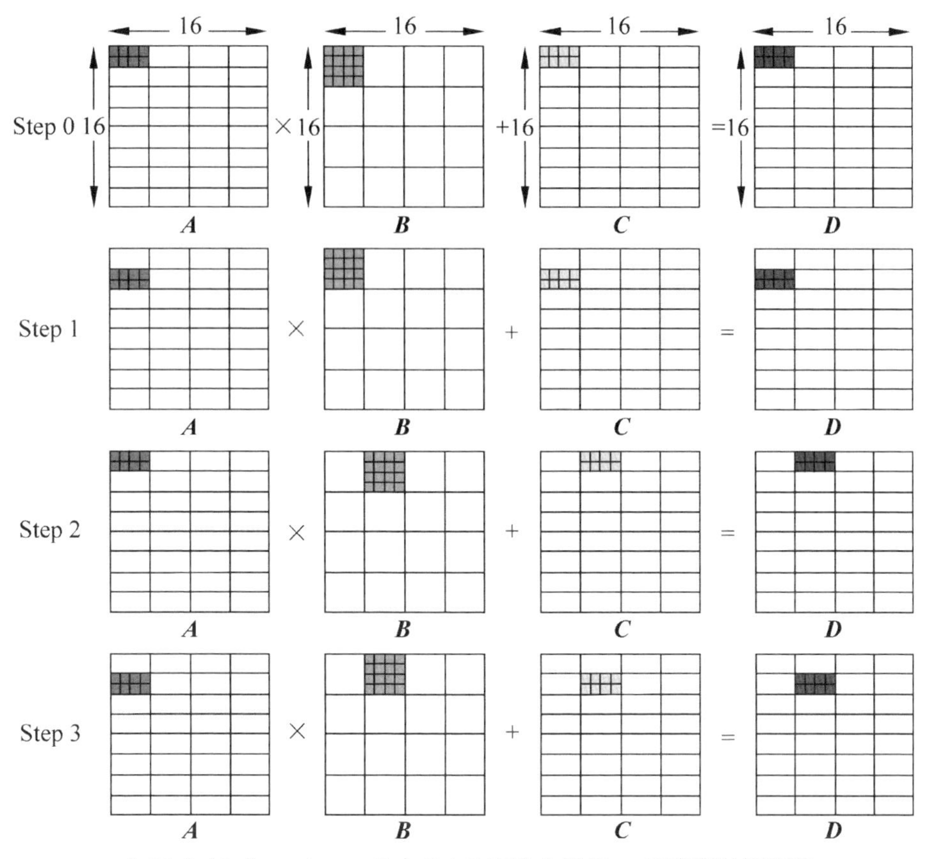

▲ 圖 6-13 threadgroup0 中 Set 0 再分 4 個 Step 完成的計算過程

結合圖 6-9 中 threadgroup 與矩陣內元素的對應情況，為了計算得到 threadgroup 0 的結果，threadgroup 0 負責的 4 個 Set 需要的矩陣 A 和矩陣 C 的元素都是儲存在 threadgroup 0 中的，但矩陣 B 卻需要讀取其他 threadgroup 中儲存的元素，例如矩陣 B 中前 4 列被儲存在 threadgroup 0 和 1 中，後 4 列則儲存在 threadgroup 4 和 5 中。這一現象說明，張量核心在進行矩陣乘加運算時，需要在 threadgroup 之間共享並交換資料。舉例來說，在計算 Set 0 時，threadgroup 0 除了需要在自身的執行緒暫存器中讀取矩陣 B 前 4 列的資料，還需要到其他執行緒的暫存器中讀取矩陣

B 後 4 列的資料。在傳統 GPGPU 的暫存器檔案中，執行緒暫存器僅對各自執行緒可見，而在張量核心的計算過程中，某些執行緒需要獲取另一些執行緒的暫存器資料才能完成既定的計算。這表示為了支援張量核心的計算方式，需要為暫存器增加跨執行緒存取的硬體和機制，才能滿足 threadgroup 間資料共享的需求。

具體來説，threadgroup 0 需要 threadgroup 4 或 5 的資料，threadgroup 2 需要 threadgroup 6 或 7 的資料。依此類推，任意兩個 threadgroup 只要其序號間隔 4，它們之間就需要進行資料共享完成各自負責的 4×8 小矩陣的結果計算。在每個 Set 的 4 個 Step 中，透過這樣的方式可以使矩陣 B 裡的子區塊同時被兩個 threadgroup 共享，節省了讀取的頻寬。

從圖 6-9 還可以看到，在矩陣 C/D 中兩個 threadgroup 內的元素組成了 8×8 的矩陣子區塊。threadgroup 以各自編號間隔為 4 的方式進行組合，形成每 8 個執行緒為一個單元的執行緒方陣 (Octet)。4 個執行緒方陣獨立地完成各自 8×8×8 的矩陣乘加運算，獲得 wmma::mma_sync() 所定義的整個 16×16×16 的計算結果。

4. 可能的硬體結構

根據上述對張量核心矩陣乘加運算過程的分析，可以進一步推測張量核心可能的硬體結構。圖 6-8 舉出的結構圖中，1 個 SM 包含 4 個處理子區塊，每個 block 包含 2 個張量核心。由於單一執行緒束會被發射到一個處理子區塊中執行，那麼一個執行緒束所能完成的 16×16×16 矩陣乘加運算應該由 2 個張量核心完成。由於 1 個執行緒束會被拆分成 4 個獨立的執行緒方陣，可以推斷每個張量核心計算 2 個執行緒方陣，即每個張量核心還可能進一步拆分成 2 個相互獨立的結構來支援 2 個執行緒方陣或 4 個 threadgroup 的計算。

表 6-3 中的程式表明，每個 threadgroup 會按照 4 個 Set、每個 Set 分 4 個 Step 的方式，利用 8 個 threadgroup 平行處理完成 16×16×16 矩陣乘加。如圖 6-13 所示，每個 Step 完成 2×4×4 矩陣乘加。假設以 4×4 的向量點積作為一次基本運算，稱為 4 元素內積運算 (Four-Element Dot Product，FEDP)，那麼每個 threadgroup 完成一個 Step 需要 8 個 FEDP。測試發現，threadgroup 基本能在兩個週期完成 1 個 Step，那麼每個 threadgroup 每個週期需要的便是 4 個 FEDP。由此可以推測張量核心內部運算資源的資訊：每個張量核心負責 2 個執行緒方陣，每個執行緒方陣包含 2 個 threadgroup，每個 threadgroup 需要 4 個 FEDP，即每個執行緒配備一個 FEDP，每個 FEDP 實際上是由 4 個乘法器加上 3 個加法器完成累加，再設定一個加法器來處理部分和的累加運算。因此，1 個處理子區塊內 2 個張量核心的粗略結構可能如圖 6-14 所示。

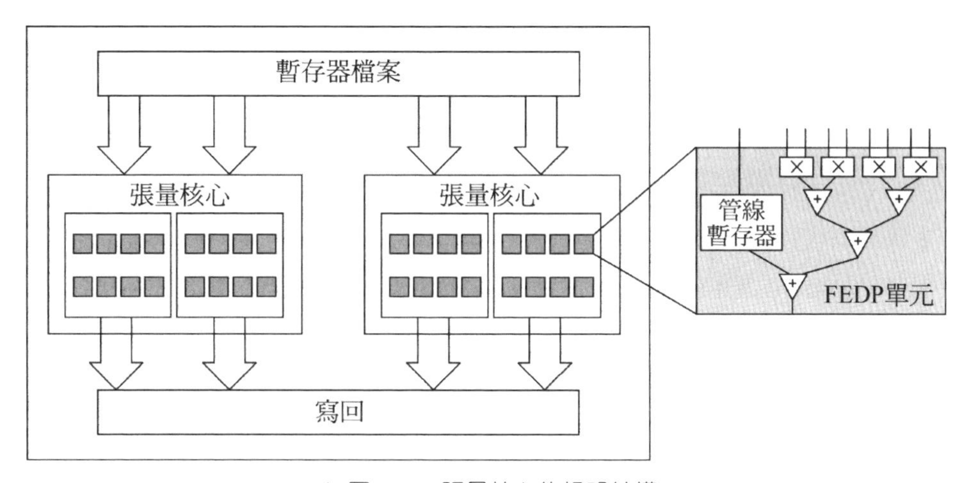

▲ 圖 6-14 張量核心的粗略結構

接下來考慮 threadgroup 之間的資料重複使用。以執行緒方陣 0，即 threadgroup 0 和 4 的資料為例進行分析。從圖 6-13 可以看到，矩陣 A 的資料在 Step 0 和 Step 2 之間、Step 1 和 Step 3 之間存在資料重複使用，矩陣 B 的資料在 Step 0 和 Step 1 之間、Step 2 和 Step 3 之間存在資料重複使用，而矩陣 C/D 的資料在 4 個 Step 之間不存在資料重複使用。從圖 6-12 可以看到，矩陣 A 和 B 在 Set 之間不存在資料重複使用，而矩陣 C/D 在各個 Set 之間資料完全重複使用。根據這樣的資料重複使用關係，可以透過增加內部緩衝的方式減少對暫存器檔案的存取。如圖 6-15 所示，針對 Set 內矩陣 A 和 B 的資料重複使用，增加 A 緩衝 (表示儲存矩陣 A 的緩衝區域，B 緩衝同理) 和 B 緩衝，針對 Set 間矩陣 C/D 的資料重複使用，增加存放中間結果的累加緩衝 (Accum 緩衝)。

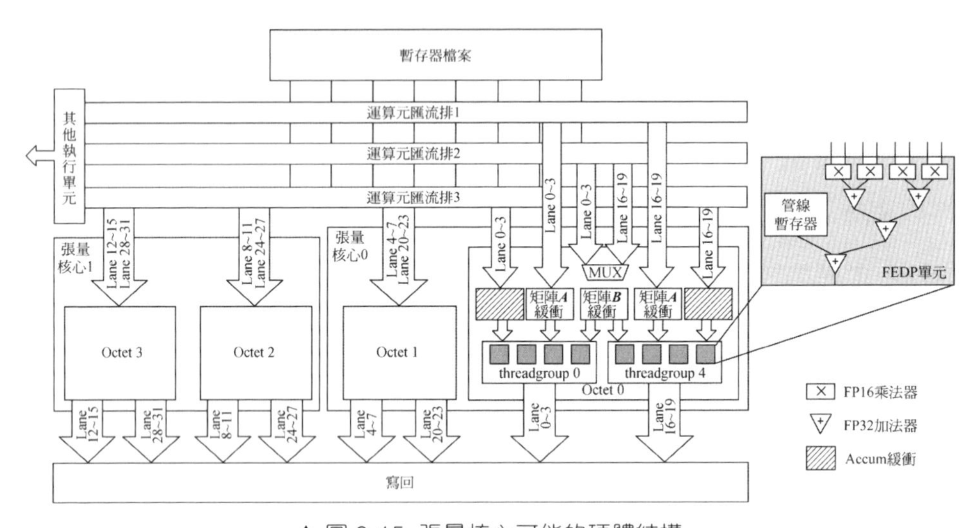

▲ 圖 6-15 張量核心可能的硬體結構

由於 GPGPU 會利用暫存器檔案作為不同 fragment 類型矩陣元素的儲存空間，所以張量核心會與 SIMT 執行單元共享暫存器檔案。張量核心每個週期都需要更新運算元，原則上需要 3 組運算元匯流排獲取矩陣元素的資料。這 3 組運算元匯流排對應每個 HMMA 指令中的 3 個來源運算元暫存器，將暫存器中的資料填充到不同 fragment 類型的多個緩衝區，即 A 緩衝、B 緩衝和 Accum 緩衝中，利用緩衝資料的重複使用減少對暫存器檔案的存取。完成整個 16×16×16 的矩陣乘加運算後，將緩衝區中的資料寫回至暫存器檔案。

根據執行緒對資料的存取關係，不同的執行緒會根據各自的編號從運算元匯流排對應的通道上獲取資料。從圖 6-9 可以看到，矩陣 B 的資料需要共享。為了支援矩陣 B 在 1 個執行緒方陣內即 2 個 threadgroup 被共享，B 緩衝還應該連通到兩個 threadgroup 的運算資源。如圖 6-15 所示，threadgroup 0 需要 thread 0~3 的暫存器資料，A 緩衝和累加緩衝對應通道 0~3。threadgroup 0 還需要與 threadgroup 4 共享資料，透過 B 緩衝還能存取到 threadgroup 4 的資料。依此類推，透過不同的緩衝區，執行緒的資料可以對應到不同 threadgroup 的 FEDP 單元上完成計算。

最終分析得到的張量核心結構如圖 6-15 所示，一個處理子區塊中有兩個張量核心，每個張量核心內部容納兩個執行緒方陣或 4 個 threadgroup，每個執行緒方陣需要 8 組 FEDP 單元完成運算，這 8 組運算單元與 2×2+1=5 塊緩衝區相連，其中一塊作為 B 緩衝被 8 組 FEDP 單元共享，而 A 緩衝為每個 threadgroup 獨有，提供 Set 內 4 個 Step 所需要的資料重複使用，Accum 緩衝提供 4 個 Set 中間結果的資料重複使用。多個緩衝區經由 3 組運算元匯流排與暫存器檔案相連。根據 threadgroup 資料存取和共享關係，不同執行緒會從運算元匯流排對應的通道上獲取資料，不同 threadgroup 在各自的 FEDP 單元上平行完成計算。

由於在計算過程中的映射複雜，步驟繁多，因此整個張量核心的工作過程被封裝成了執行緒束等級的 API 供呼叫，合理地隱藏了硬體的細節。簡單來說，一個處理子區塊內部完成了 16×16×16 矩陣乘加的取數、計算和寫回，與張量核心提供的高層次 API 實作連結。

6.2.3 張量核心的發展

在 Volta 架構之後，NVIDIA 後續發佈的 Turing 和 Ampere 架構中也都包含了張量核心，並且不斷進行改進。尤其是 Ampere 架構對張量核心進行了很多重要的設計升級，增加了新的特性。本節將三代架構中的張量核心進行對比，對其中一些值得關注的特性進行簡要分析。

1. Turing 與 Ampere 架構中張量核心概述

Turing 架構是 NVIDIA 於 2018 年發佈的圖形領域導向的新一代 GPU，儘管在許多方面做出了創新和改進，但在 AI 加速領域的改變相對保守。首先，Turing 架構的張量核心相較 Volta 架構沒有太大改變。根據研究人員的測試，Turing 架構張量核心的單位時鐘週期性能甚至有所下降。此外，在全域記憶體大小和頻寬方面，Turing 架構的全域記憶體容量也不及 V100 中的 32GB，沒有搭載 HBM，導致頻寬受限，限制了 Turing 架構在深度學習方面的表現。Turing 架構中的張量核心在矩陣乘加的尺寸和矩陣元素的資料型態上增加了更多可用的類型，並且在底層的 SASS 指令上做出了調整，反映了底層執行模式的一些改變。

在 2020 年發佈 Ampere 架構 A100 中，NVIDIA 大幅改進了張量核心的設計。舉例來說，在原先基礎上新增了更多用於深度學習領域的資料型態，並對深度學習業界廣泛研究的「剪枝」，即稀疏化權重參數，在硬體層面上提供了支援。當權重參數具有符合其預期的結構化稀疏特性時，張量核心的峰值輸送量能相較於常規的密集權重神經網路再加倍。對應地，A100 中的張量核心在執行矩陣乘加時，底層的指令與執行模式也發生了改變。根據官方公佈的資料，A100 中每個張量核心的性能相當於 V100 中的 4 個張量核心。

2. 張量資料型態與矩陣尺寸的變化

6.1.1 節中提到，深度神經網路具有明顯的低精度運算能力和網路精度容忍能力，這是深度神經網路一個重要的計算特徵。利用低精度的運算提升神經網路推理的效率成了許多加速器的重要手段。GPGPU 架構則借助張量核心的訂製化設計積極地支援這一特性，在保持高度可程式化性的同時，利用多種運算精度提升深度學習計算任務下的算力。

舉例來説，從 Turing 架構開始，張量核心支援的矩陣乘法資料型態廣泛增加，不僅增加了現階段深度學習模型中廣泛使用的 8 位元有號整數 (INT8) 和無號整數 (UINT8) 類型，還對更低精度的 4 位元有號 / 無號整數 (INT4/UINT4) 甚至 1 位元數 (binary) 的提供了支援。到了 Ampere 架構，張量核心支援的資料型態進一步增加，例如 Google 公司提出的 BF16 類型和 NVIDIA 公司提出的 TF32 類型。兩種新的資料型態和特點在 5.1.3 節中都有所介紹。

表 6-4 對比了 Volta、Turing 和 Ampere 三種架構下，張量核心支援矩陣乘加操作的指令、資料型態和矩陣尺寸的具體情況。

表 6-4 三種架構下張量核心支援的指令、資料型態和矩陣尺寸對比

指令名稱	架構	矩陣 A/B 資料型態	矩陣 C/D 資料型態	單行指令矩陣乘加尺寸
HMMA	Volta	FP16	FP16 / FP32	8×8×4
	Turing	FP16	FP16 / FP32	8×8×4 / 16×8×8 / 16×8×16
	Ampere	FP16 / BF16	FP16 / FP32*	16×8×8 / 16×8×16
HMMA	Ampere	TF32	FP32	16×8×4
IMMA	Turing	UINT8 / INT8	INT32	8×8×16
	Ampere	UINT8 / INT8	INT32	8×8×16 / 16×8×16 / 16×8×32
	Turing	UINT4 / INT4	INT32	8×8×32
	Ampere	UINT4 / INT4	INT32	8×8×32 / 16×8×32 / 16×8×64

指令名稱	架構	矩陣 A/B 資料型態	矩陣 C/D 資料型態	單行指令矩陣乘加尺寸
BMMA	Turing	Binary	INT32	8×8×128
	Ampere	Binary	INT32	8×8×128 / 16×8×128 / 16×8×256
DMMA	Ampere	FP64	FP64	8×8×4

*BFloat16 僅支援 FP32 的累加。

從張量核心指令的發展來看，後兩代 Turing 和 Ampere 架構的張量核心較 Volta 架構的張量核心大幅地拓展了資料型態，幾乎達到了對現有主流資料型態的全面覆蓋。除此之外，單行指令支援的矩陣乘加尺寸也隨著架構推進不斷增大。一方面，這表示張量核心的硬體運算能力在不斷增強；另一方面，資料可以有更多的重複使用，從而減少了容錯的讀取，降低了單晶片儲存的頻寬需求。

3. Ampere 架構張量核心工作模式的升級

Ampere 架構中的張量核心相比前兩代 GPGPU 有較大幅度的提升。在性能上，A100 每個可程式化多處理器 SM 內 4 個張量核心提供的算力相當於原先 V100 16 個張量核心的總算力。而就目前所公開的內容，以下三點對其性能的提升有著積極的作用。

(1) **執行緒協作模式的改變**。無論在 Volta 還是 Turing 架構中，呼叫張量核心進行矩陣乘加運算時都是以執行緒束為單位進行的。執行緒束內 32 執行緒以 4 為單位分 threadgroup 執行緒組，threadgroup *t* 與 *t*+4 相互分享資料。NVIDIA 稱這種協作模式為「執行緒間資料共享」。在前兩代張量核心中，執行緒間資料共享是發生在 8 個執行緒之間的。

在 Ampere 架構中，新設計的張量核心改變了這樣的「資料共享」模式，把原先執行緒束中 8 個執行緒共享資料的模式改變為整個執行緒束內 32 個執行緒共享資料，如圖 6-16 所示。對應地，SASS 指令也進行了修改，把原來的 HMMA.884 指令 (以 m=8，n=8，k=4 進行的矩陣乘加) 替換成 HMMA.16816 指令 (以 m=16，n=8，k=16 的方式分塊進行 16×16×16 的矩陣乘加)，使得原先在 V100 中需要 16 行指令的任務在 A100 中能以 2 行指令完成。

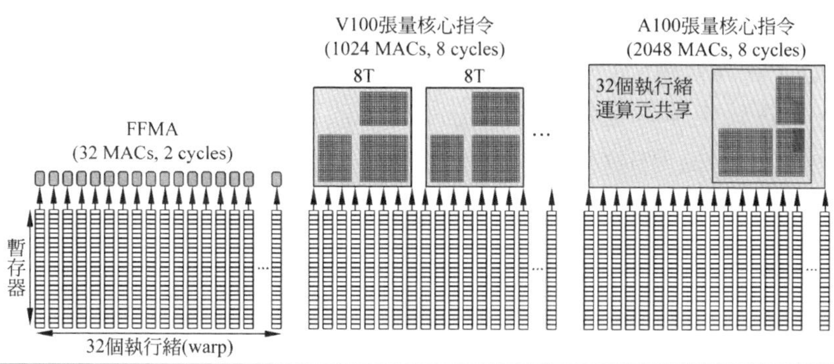

16×16×16矩陣乘	FFMA	V100張量核心	V100張量核心	A100 vs. V100（提升）	A100 vs. FFMA（提升）
執行緒共享	1	8	32	4x	32x
硬體指令	128	16	2	8x	64x
暫存器讀+寫(warp)	512	80	28	2.9x	18x
時鐘週期	256	32	16	2x	16x

▲ 圖 6-16 A100 與 V100 中的張量核心的一些指標比對

這種更大範圍的執行緒協作模式所帶來的收益在於暫存器頻寬需求的減小。相較於 V100，A100 完成 16×16×16 矩陣乘加的暫存器讀寫次數減少了 2.9 倍，使在相同暫存器頻寬的條件下，新的 SM 可以容納更多的張量核心同時進行運算。

(2) **最佳化的共享記憶體**。Ampere 架構加入了一個新的非同步複製指令，該指令可將資料直接從全域記憶體載入到 SM 內的共享記憶體中，如前面圖 4-18 所示。A100 避免了資料必須經過暫存器才能儲存至共享記憶體這一步驟，從而節省了 SM 內部頻寬，也避免了為共享記憶體資料分配暫存器的需求，從而提升了張量核心在運算時的資料存取能力。

(3) **結構化稀疏**。A100 在張量核心上還加入了結構化稀疏的特性。

6.2.4 擴充討論：張量核心對稀疏的支援

稀疏性是神經網路中重要的資料特性，可以減小模型和參數的規模，對演算法和架構的性能提升都能造成積極的促進作用。但稀疏性具有高度的隨機性和不確定性，需要專門的架構支援，否則很難利用它來獲取性能提升。本節借助張量核心單元的設計來探討在 GPGPU 中利用稀疏性加速深度神經網路計算的可能性。

1. 深度神經網路的稀疏性

近年來，隨著深度神經網路的快速發展和應用實踐，計算量與參數量成倍增長。巨量的參數有時對於神經網路而言是過量的，越來越多的研究關於如何將一部分過量的參數裁剪掉，將模型和參數規模壓縮至一個相對較小的體量，同時儘量保證神經網路的準確率不受太大影響，使得輕量級的網路在邊緣裝置上也能有較快的推斷速度，並且獲得高精度的預測結果。目前，這種剪枝技術在深度學習領域已經成為一種非常有效的推理加速方法。支援剪枝後的稀疏神經網路的加速器硬體設計也層出不窮，學術界也有用張量核心支援稀疏加速的研究。

雖然剪枝技術透過大規模地去除每一層的權重參數，可能獲得幾十倍的參數壓縮比，但在運算輸送量上的提升可能很有限。有研究稱，在提高 batch_size 後輸送量提升僅為 2 倍。在一些經典的神經網路加速器 (如 DianNao) 上性能提升並不明顯，原因在於很多加速器在執行時需要將原本已經剪除的權重回補為 0。這表示，簡單的權重裁剪所帶來的收益並不會直觀地帶來計算量的縮減。這樣的剪枝還會帶來權重參數值分佈的隨機性，即過分地追求權重裁剪的比例會導致非零值的權重參數在空間位置上是隨機的。

研究人員也提出了一些硬體上支援稀疏權重卷積的加速器，透過增加專用的索引單元並且每個處理單元固定稀疏權重的方式來實作加速。但是這樣的方式過度依賴訂製化硬體的支援，缺乏通用性，使得這樣細微性針對每個權重進行裁剪的方法不適用於流行的 GPGPU 平台。當把這樣的計算部署在 GPGPU 上時，記憶體讀寫也是不規則、非合併的，還會導致某些執行緒束會執行過多的時間，一些執行緒束過早結束等問題。因此，稀疏化的方法要充分考慮硬體平台的特性。

2. Ampere 架構的結構化稀疏支援

NVIDIA 的 A100 GPGPU 第一次在其張量核心單元上加入了稀疏性的考慮，可以支援權值矩陣中 2　4 的稀疏。這裡 2　4 是指對於權重矩陣中的每一行，其非零權值與該行所有權值的比值為 2　4。這種結構化的稀疏更適合 GPGPU 架構，實作一些粗細微性的剪枝方法。透過軟硬體協作的方法對該種矩陣乘加運算增加支援，可以使計算輸送量增加 2 倍，儲存與頻寬需求降低 50%。

具體來講，利用 A100 稀疏加速的整體過程如下。

(1) 對於一個網路進行正常的訓練，得到密集權重矩陣。
(2) 對密集權重矩陣進行規則剪枝，按每行 (即在卷積核心的所有通道內的所有權值) 每 4 個元素去掉 2 個權重值的方式進行剪枝。
(3) 進行重訓練，得到最終的權值矩陣，進行壓縮，得到壓縮後的僅含非零值的權重矩陣與對應的索引儲存。
(4) 用該神經網路進行推測時，把原先所使用的密集權重替換成壓縮後的權值矩陣與索引。

同時，張量核心增加了對稀疏加速的硬體支援，如圖 6-17 所示。與大多數稀疏加速結構類似，稀疏化後的權值會以專門的格式存放非零資料 (non-zero data)，同時儲存這一份非零權重的索引 (non-zero indices)，指示其在原權重矩陣中的位置資訊。輸入特徵圖仍然保持其本身的形式。在矩陣乘加的計算過程中，輸入特徵圖的每一列會經過稀疏張量核心中新增的多路選擇器 (MUX)，根據非零權重索引選取對應位置上非零權重的特徵圖數值，相乘得到輸出特徵值結果。由於採用了 2：4 的強制壓縮比例，稀疏張量核心能在相同算力下將矩陣乘加的計算輸送量加倍。

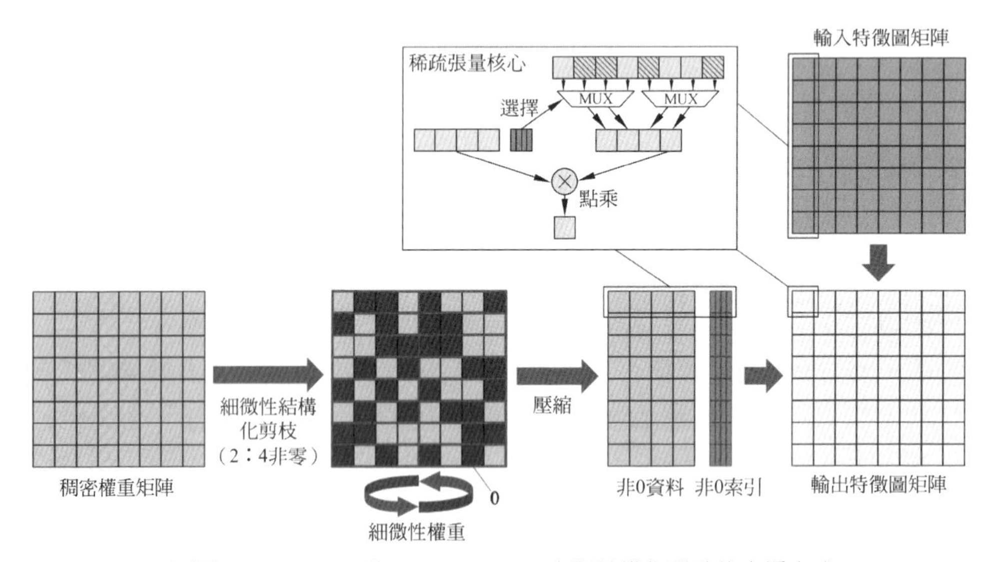

▲ 圖 6-17 NVIDIA 的 A100 GPGPU 中對結構化稀疏的支援方式

3. 張量核心的稀疏化改進設計

在 Ampere 架構推出之前，學術界也對張量核心的稀疏化支援進行了前瞻性的研究。舉例來說，文獻 [24] 就提出了一種基於 Volta 架構張量核心來實作結構化稀疏矩陣乘加的方法，其簡要步驟如下。

首先求解權重的結構化稀疏。該文獻首先提出了對權重矩陣進行結構化稀疏的方法。6.1.2 節介紹過，對於卷積層的權重，即一個 $[C_{out}, C_{in}, K, K]$ 大小的張量，通常可以透過 im2col 的方法將其轉換成一個 $[K \times K \times C_{in}, C_{out}]$ 大小的權重矩陣，這裡稱之為密集權重矩陣 W。該文獻提出了一種 Vector Sparse Prun$_{in}$g 方法，對 W 進行剪枝得到結構化稀疏權重矩陣 W'，其步驟如下。

(1) 對矩陣 W 進行「向量切分」，即將一個 $m \times n$ 的矩陣在行方向或列方向上切分。為不失一般性，可以假設在列方向切分為 $m \times \text{ceil}(n/l)$ 個長度為 l 的一維向量。遍歷所有向量，統計每個向量的非零值個數，記錄最大非零個數為 k。

(2) 記錄初始的錯誤率為 E_0，當前錯誤率為 E_N，設定錯誤率設定值為 E_M。

(3) k=k-1，對每個向量內的元素按其絕對值大小進行排序，保留向量內的前 k 個元素。

(4) 進行驗證集驗證，得到當前錯誤率。如果當前錯誤率高於錯誤率設定值，則跳出迴圈至步驟 (5)，否則傳回步驟 (3) 繼續迴圈。

(5) 得到矩陣 W'，其中矩陣內每 l 個元素至多含有 k 個非零值。

(6) 對 W' 矩陣進行壓縮編碼，得到壓縮矩陣 W_{nzd} 與對應的偏移索引矩陣 W_{idx}。

透過以上步驟該文獻發現，最終將向量長度 l 確定為 16，每個向量內的最多非零值數 k 確定為 4，即可對整個權重矩陣 W 實施 75% 的稀疏剪枝。

然後改進張量核心結構來支援稀疏矩陣乘加。為了能夠在張量核心上支援稀疏矩陣的乘加操作，該文獻提出增加 3 行 PTX 指令、兩行 SASS 指令和一個專用的偏移索引暫存器。增加的幾行指令如表 6-5 所示。

表 6-5 為支援張量核心上稀疏矩陣的乘加操作而額外引入的指令

指令類型	具體指令	指令說明
PTX 指令	swmma.load.a.K ra, [pa]	讀取編碼後的稀疏矩陣
	swmma.load.offset.K ro [po]	讀取稀疏矩陣對應的偏移索引
	swmma.mma.f32.f32.K rd, ra, rb, rc, ro	進行稀疏矩陣計算
SASS 指令	SHMMA.FETCHIDX RO	將索引存放至專用的 RO 暫存器
	SHMMA.EXEC.F32.F32 RD, RA, RB, RC	進行稀疏矩陣計算

為支援 16×16×16 稀疏矩陣乘加操作，該文獻設定矩陣 A 為壓縮後 16×4 的稀疏矩陣，B、C、D 矩陣仍然維持 16×16 的尺寸。在擴充指令設計的基礎上，A、B、C、D 矩陣內元素與執行緒間的映射關係也需要對應改變，如圖 6-18 所示。

從圖 6-18 中可以看到，矩陣 A 中的元素以 4×4 為細微性，分為 4 個執行緒方陣。矩陣 B 由於需要與壓縮後的 A 進行 16 個元素的內積，所以其元素對每個執行緒方陣可見。矩陣 C/D 元素以 4×16 為細微性，分為 4 個執行緒方陣。遵循著 Volta 架構張量核心的方式，16×16×16 的矩陣乘加仍然被分成了 4 個 Set，每個 Set 完成 D 矩陣相鄰四行的計算。其具體過程如下：

(1) 從 RO 暫存器取出當前需要的索引。

(2) 對索引進行解碼，確定需要取 B 的哪四行。如圖 6-18(b) 中，執行緒方陣得到 A 的偏移索引為 4、6、8、9，因此需要 B 每一列的第 4、6、8、9 個元素。

(3) 張量核心的 A 緩衝、B 緩衝同時地將 A 的 4 個資料與 B 矩陣的 4×16 個資料送入兩個 threadgroup 的 FEDP 單元內。此時 A 的 4

個資料在兩組 FEDP 單元內共享，而兩組 FEDP 單元各接受一份 B 的 4×8 資料。

(4) 執行緒方陣控制 FEDP 單元完成計算。從張量核心的分析可知，一個方陣中的兩組 FEDP 單元每週期可以完成 8 次 4 元素內積，而現在每個 Set 的計算量為 16 個 4 元素內積，因此需要 2 週期來完成計算。

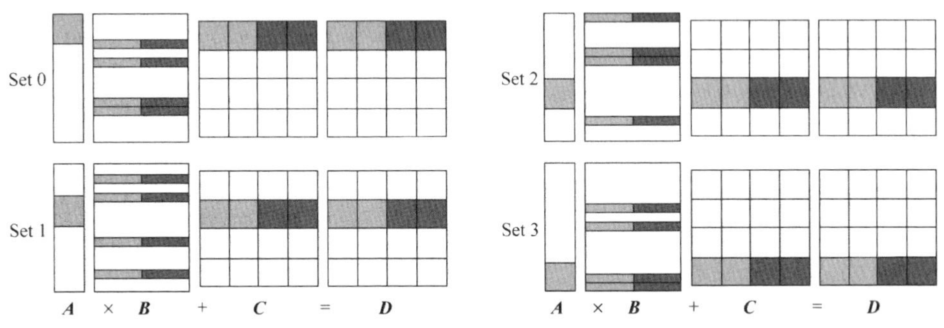

(a) 基於Volta的張量核心提出的權重矩陣結構化稀疏計算方法

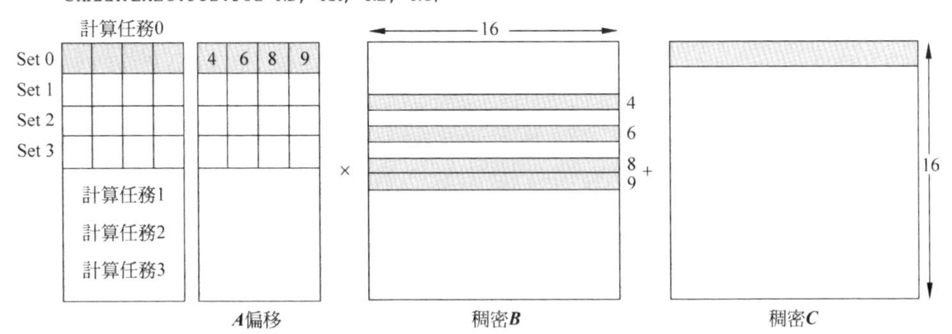

(b) 第一個執行緒方陣中第一個Set執行的具體情況

▲ 圖 6-18 基於 Volta 張量核心的稀疏化改進

如圖 6-18 所示，上述操作需要兩行擴充的 SASS 指令完成，而整個矩陣乘加計算需要 4 個 Set 完成，因此共需要 8 行指令。圖 6-19 舉出了這 8 行指令的執行週期。

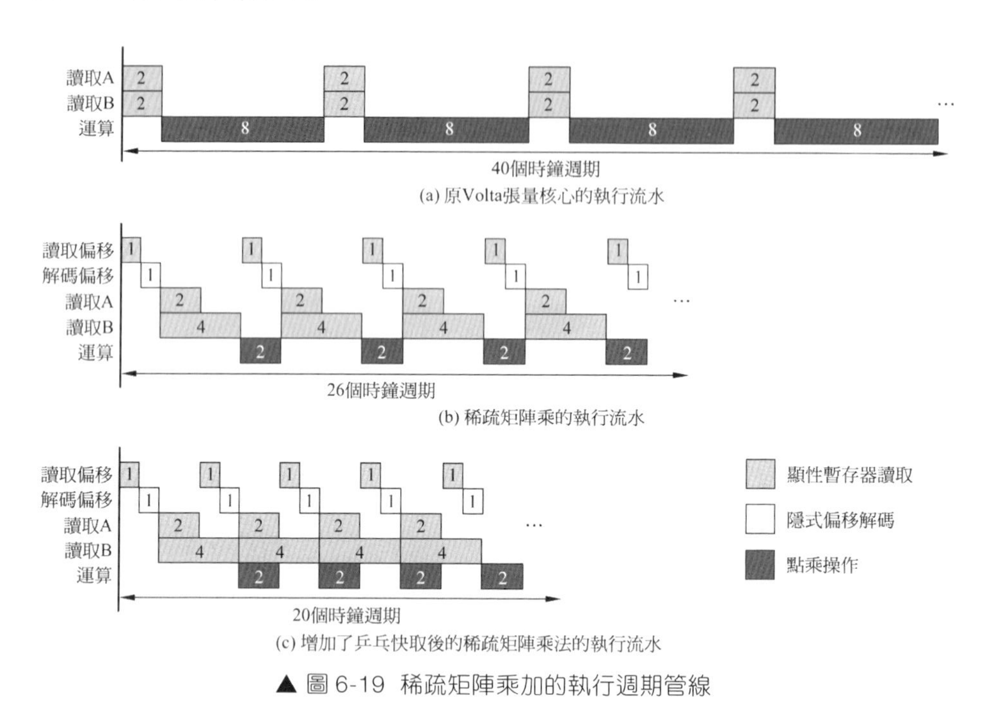

▲ 圖 6-19　稀疏矩陣乘加的執行週期管線

文獻 [24] 提出的稀疏矩陣乘加設計利用了張量核心基本運算為 4 元素內積這一特點，針對稀疏的 16×16×16 矩陣乘加提出了一種可行的計算流程。這個流程沒有大幅改變原先執行緒組和執行緒方陣的工作方式，而是變換了它們與矩陣內各個元素的映射關係，使得每個執行緒方陣在每個 Set 內接受規整的資料，完成一整行的計算。

該方案採用了 75% 的稀疏度。在頻寬不受限的前提下，75% 的稀疏度相較於稠密矩陣乘加應有 4 倍的計算輸送量提升。根據圖 6-19(c) 的執行管線分析可知，理論上應該獲得兩倍的性能提升。其中的性能損失主要來自矩陣 B 從暫存器供給至 B 緩衝時，頻寬跟不上計算。這是因為

A 是稀疏矩陣，需要根據矩陣 A 的非零元素位置取得對應矩陣 B 對應行的元素。然而根據文獻舉出的測試結果，實際獲得的性能較原本的張量核心只提升了 1.49 倍，低於理想情況下的性能收益預期。這之間的性能差距可能是由於在載入矩陣 A、B 資料時，對矩陣 B 的載入是完全隨機的，可能出現暫存器的板塊衝突而增加了延遲時間，導致實際的性能提升與理論提升有差異。

Ampere 架構中採用了 50% 的稀疏度。從推理精度上來說，75% 與 50% 的稀疏度會有差別，但應該不會很顯著。從性能上看，更高的稀疏度表示更低的頻寬需求與更少的計算量。根據文獻資料對比，Ampere 能在較差的稀疏度下取得更高的計算輸送量，應該是有效地解決了資料存取的問題，例如新的執行緒協作模式使暫存器至張量核心的頻寬與計算匹配得更好，從而獲得更高的計算輸送量提升。

6.3 神經網路計算的軟體支援

6.2 節詳細分析了張量核心是如何加速矩陣乘加計算的。但每個張量核心只能計算 16×16×16 的細微性。面對深度神經網路龐大的算力需求，還需要透過上層軟體和函數庫函數協作這些基本硬體單元才能更進一步地加速整個神經網路的計算。本節將在硬體架構的基礎上，簡要討論神經網路的基本計算方法和框架流程，來理解現代 GPGPU 如何滿足深度神經網路的諸多計算特徵。

當前，神經網路的程式設計主要依靠框架完成，例如 Google 的 TensorFlow、FaceBook 的 PyTorch 等。這些框架把資料抽象封裝為張量，把張量的計算操作抽象為一個運算元，進而把神經網路的一系列計算抽象為基於不同張量運算元連接起來的計算流圖。對使用者而言，依靠框架來定義張量，呼叫框架提供的運算元來對這些張量的計算進行合理安排，再將各個層的計算進行組裝，得到希望的神經網路架構。舉例來說，圖 6-20 中展示的是神經網路中的全連接層，包含了矩陣乘、偏置累加、啟動運算三步。每一步計算在框架中都對應一個運算元。運算元接受輸入張量與一定的參數，完成計算輸出張量，全連接層便由圖 6-20 中舉出的三個運算元組裝完成。之後，全連接層可以與其他層進行進一步組裝，最終形成完整的網路。

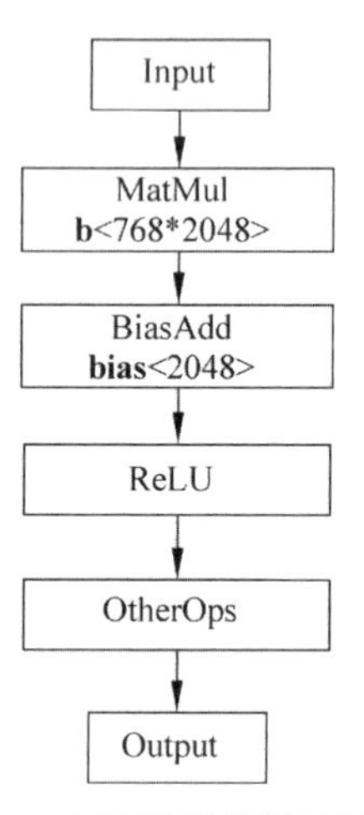

▲ 圖 6-20 全連接層的計算流圖範例

框架負責提供各種運算元和 API 供使用者靈活地呼叫，生成期望的計算圖排列。這部分作為前端往往和硬體無關，只是提供了一種描述神經網路架構的方法和工具。在前端描述的基礎上，框架結合神經網路編譯工具 (如 TVM、nGraph 等) 根據輸入張量的資訊和目標硬體的特徵合理地安排和排程運算元，再根據目標硬體指令集規範生成指令或驅動，從而使得這些運算元的實際計算可以部署到真正的計算硬體上執行。

如果是面向 GPGPU 進行神經網路開發，後端就會根據 GPGPU 的硬體特點，產生適合特定 GPGPU 架構和運算能力執行的程式。例如；如果採用 NVIDIA 的 GPGPU 往往都會呼叫 cuDNN 函數庫；如果採用配有張量核心的 GPGPU，cuDNN 函數庫還可以呼叫張量核心來加速運算元的計算過程。cuDNN 函數庫是一個專門針對 NVIDIA GPGPU 支援神經網路低階基本操作的加速函數庫。它對神經網路中頻繁出現的計算操作提供了高度最佳化的 API 實作，使得使用者可以方便且高效率地利用 NVIDIA 的 GPGPU 進行神經網路計算。在 NVIDIA 的神經網路開發軟體堆疊中，cuDNN 具有重要的作用。如圖 6-21 所示，它作為橋樑連接了多個深度學習框架的前端與執行在底層 GPGPU 硬體的核心函數。良好的介面和豐富的最佳化使得使用者只需要保證所用的框架連線了 cuDNN，便可享受到 GPGPU 的加速。

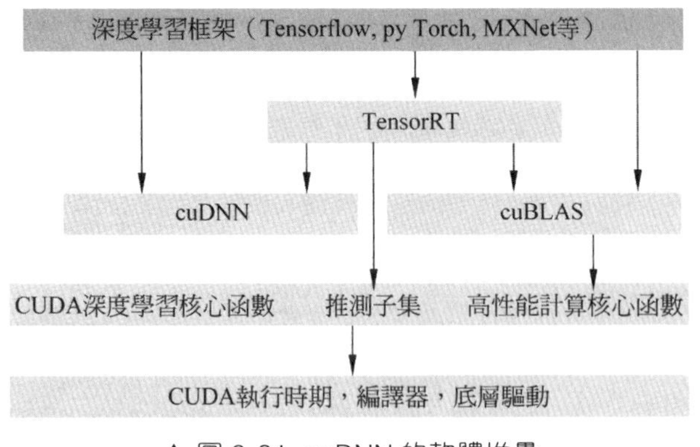

▲ 圖 6-21 cuDNN 的軟體堆疊

6.4 深度學習評價基準——MLPerf

隨著硬體平台裝置的運算能力和儲存能力的迅速增強，機器學習在各個領域都在展開越來越廣泛的應用。目前大多數的機器學習系統都基於深度神經網路建構，在訓練和部署時對計算量有極高的要求，因此深度神經網路計算的需求推動了訂製的硬體架構和軟體生態的快速發展。

為了能夠合理地評價支援深度神經網路計算的架構和軟體，人們需要一個通用且公認的評價基準和案例集。MLPerf 基準測試套件就是業界推出導向的首款致力於評價機器學習軟硬體性能的通用標準系統。MLPerf 旨在建構公平和有意義的基準測試，衡量機器學習硬體、軟體和服務的訓練和推理性能，因此從誕生之初就得到學術界、研究實驗室和相關產業 AI 領導者的認同。

機器學習的基準測試需要考慮深度神經網路的多方面。圖 6-22 羅列了在設計機器學習測試基準時需要考慮的各方面及其一些現有實例。可以看出，機器學習領域在硬體和軟體層面具有豐富的多樣性，這種多樣性也極大地提高了測試基準的設計難度。一套測試基準需要解決的主要問題包括如何明確一個可測量的任務，根據什麼指標測量性能及選擇哪些任務進行測量。針對機器學習，建構一套測試基準還需要延伸解決更多的問題，如不同加速器架構的實作等價性、訓練任務超參數的等價性、訓練任務收斂時間的差異性、推斷任務權重的等價性及使用重新訓練或稀疏化權重參數的可行性等。

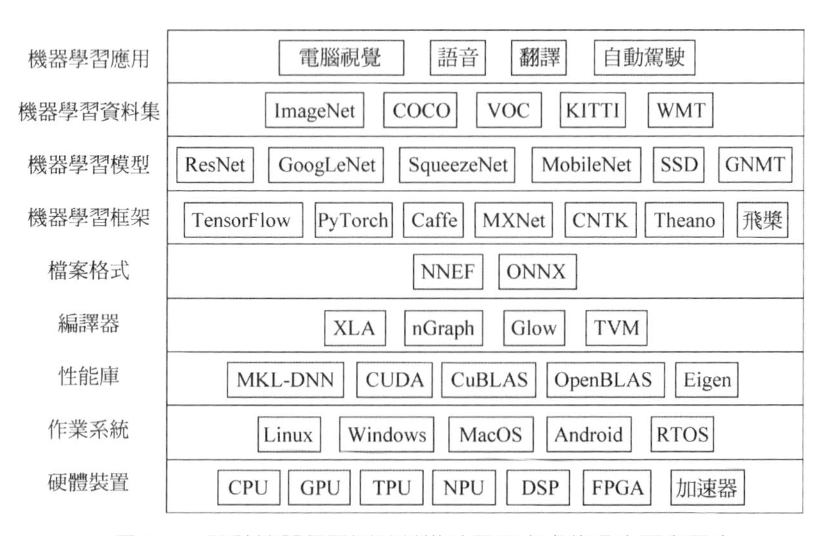

▲ 圖 6-22 設計機器學習測試基準時需要考慮的各方面和因素

1. 訓練任務測試基準的設計

MLPerf 訓練任務的測試基準要求訓練的神經網路模型在特定的資料集上達到指定的目標性能。舉例來說，一個測試基準要求在 ImageNet 資料集上進行訓練，直到影像分類的 top-1 正確率達到 75.9%，然而這樣的定義仍未回答一個關鍵問題，即是否需要指定一個明確的訓練模型。如果指定了一個明確的模型，就能夠保證不同的實作之間有相同的計算量。若不指定明確的模型，則鼓勵對模型的最佳化及軟硬體協作設計。所以 MLPerf 將測試結果分為兩類，在固定任務這一類別中，每個實作都需要使用同一個指定的模型直接進行比較，而在開放任務這一類別中則支持創新，可以使用任何模型進行測試。

深度學習的加速晶片通常採用輸送量和訓練時間作為直觀評價訓練性能的兩個指標。輸送量指的是每秒處理的資料量，訓練時間指的是模型從頭訓練至達到目標性能的時間。選擇輸送量作為指標的優勢在於檢測速度較快且穩定性較強，不需要等到模型訓練完成，在計算過程中就能夠直接進行測量，且在大多數模型的計算過程中變化相對較小。資料輸送量可以透過降低計算精度來實作，其代價為延長訓練時間。相比之下，訓練時間可能銷耗很大的計算量來得到測試結果，且時間隨著不同的權重初始化值等因素會發生一定的改變。MLPerf 選擇訓練時間作為衡量指標，因為它更準確地反映了對於訓練的主要目標的完成情況，即盡可能快速地將一個模型訓練完成。

在完成對基準的定義之後，還需要選擇一系列基準進行測試。MLPerf v0.5 涵蓋了各種主要的機器學習的應用，包括影像分類 (image classification)、物件辨識 (object detection)、語音和文字互相轉換、文字翻譯和自然語言處理、個性化推薦、時間序列、強化學習、生成對抗網路等，同時依照這些類別選擇了一些測試基準，遵循成熟性、多樣性、複雜性和可行性。成熟性主要指模型應該兼具演算法先進性與應用廣泛性；多樣性指的是模型應該包含多種結構，如卷積神經網路、循環神 經網路、注意力機制等；複雜性指的是模型的參數應該符合當下與未來的市場需求；可行性主要指模型和資料集應該是開放原始碼的，可供公開使用。MLPerf 也在不斷演進滿足機器學習的發展，增加代表當前水準的新工作負載。

在等價性衡量方面，目前仍然欠缺高效的、可移植的機器學習程式，也沒有同一個機器學習框架可以支援所有的硬體架構。傳統的測試基準執行完全相同的程式，進行完全相同的測試，然而機器學習的測試基準並不能照搬應用，機器學習程式需要適應不同的架構以達到最佳性能。因此，MLPerf 允許上傳者自行實作測試基準，但這同時帶來實作的等價性問題。在特定一個任務時，MLPerf 要求使用相同的模型來進行硬體之間的直接比較，但是需要進一步明確「相同的模型」這一定義。MLPerf 會舉出模型的參考實作，並且要求所有的實作方式都使用與參考實作相同的數學操作進行實驗結果輸出，利用相同的最佳化器更新權重，並採用相同的前置處理和結果評價方法。程式上傳者可以重新設計資料通道及平行方式，或在允許範圍內進行改動。

不同的系統需要不同的超參數值以達到最佳性能，訓練的批次尺寸根據不同的平行化設計方案也有所區別，數值表達方式的相異性也將影響學習率或其他超參數。多個超參數會在不同的維度上對訓練過程產生影響，而對於單一處理器，可能需要數天的時間對模型進行訓練直到其收斂。所以當對所有超參數進行調整時，擁有較多運算資源或更好的超參數調整策略的上傳者往往更有優勢，這在以往的公開性能測試中也有所表現。MLPerf 透過兩種方式限制了超參數的調整，其一為對於可調整的超參數進行限制，其二為允許上傳者使用其他已上傳實作的超參數設定，並更新自己的實作。

訓練一個特定模型達到目標性能所需要的時間隨場景而異，通常和訓練所需的迭代次數成正比。訓練需要的迭代差別來自隨機生成的不同權重初值。通常採取執行多次程式再取平均時間來實作降低訓練時間差異，但是多次執行深度學習模型也將帶來更多的時間銷耗。對於視覺任務，結果相對穩定，MLPerf v0.5 選擇取 5 次執行的平均時間，誤差約為 2.5%；對於其他更具差異性的任務，取 10 次執行的平均時間，誤差約為 5%。

2. 推理任務測試基準的設計

MLPerf 推斷任務的測試基準要求給定一系列資料並輸入一個完成訓練的模型，要求其輸出達到目標性能。在這個基礎定義之上，對於不同測試場景進行擴充，如單資料串流、多資料串流、伺服器、離線等。單資料串流指需要依次處理的輸入資料，例如行動裝置上的電腦視覺應用；多資料流通常為需要分批次處理的輸入資料，每批資料量相同且需要同時處理，例如車輛的自動駕駛應用；伺服器的輸入資料的到達時間服從卜松分佈 (Poisson Distribution)，例如線上翻譯服務；離線指的是所有輸入資料已經具備，在裝置處理前已經全部到達，例如影像分類應用。MLPerf 的推斷任務為每個場景定義了一個測試基準。和訓練任務類似，推斷任務也分為固定任務和開放任務，可以分別進行模型之間的直接比較，可以使用任何模型以鼓勵創新。

對不同的推斷任務，理想的性能測試指標也有所不同。舉例來說，行動裝置上的視覺應用需要低延遲，而離線的影像應用需要高輸送量。因此，每個推斷任務場景都有獨特的性能指標，例如在單資料串流參照下良好的性能表現為低延遲；多資料串流要求資料串流的數目增加的同時，需要保證延遲控制在一定數值範圍內；伺服器的指標為基於卜松分佈的每秒查詢率，同時保證延遲的控制；離線場景的指標通常指輸送量。

在測試基準選擇上，MLPerf 的推斷任務具有多樣性和複雜性，需要根據不同測試場景，以及行動裝置和伺服器的硬體條件，選擇合適的模型。所以 MLPerf 的推斷任務最初只選擇了一些最為常見的視覺任務，在之後的版本中對標訓練任務選擇合適的測試基準。

在實作的等價性上，MLPerf 的推斷任務同樣允許上傳者基於各自的硬體條件對模型進行重新實作，但這也引發了對於固定任務的實作是否等價的問題。為此，MLPerf 的推斷任務也舉出了兩個基礎的限制條件。首先，所有的實作必須使用相同的標準資料載入器，這個載入器實作了上述典型應用場景並且能夠測量對應的指標；其次，所有的實作必須使用相同的權重係數。在這兩個基礎的限制條件之外，還有一些禁止的最佳化措施，例如使用額外的權重資料，使用資料集的其他資訊，將輸出結果快取用於重複輸入等。

推斷系統可以對權重使用量化、重新訓練或稀疏化的方法，以準確率為代價提高計算的效率。然而這種做法可能並不符合實際應用的需求，並且會影響測試的公平性。對於不同的應用而言，能夠允許的誤差範圍也不盡相同，需要考慮如何合理地設定目標性能。MLPerf 推斷任務的初期版本並不允許上傳者使用重新訓練及稀疏化的方法。大部分任務的目標性能設定為 99% 的準確率，這些任務可以使用 32 位元的單精度浮點數達到指定性能，在未來的版本中也許會允許更加自由的實作方式。

3. MLPerf 測試基準

在 MLPerf v0.5 訓練任務的測試中，每個測試基準包含一個資料集和一個目標性能。由於機器學習任務的訓練時間可能會受到一些隨機因素的影響，最終的結果會在多次執行之後捨去一個最小時間與一個最大時間之後取平均數。MLPerf v0.5 訓練任務的測試基準表 6-6 所示。

表 6-6 MLPerf v0.5 訓練任務的測試基準

應用類別	測試基準	資料集	目標性能
視覺	影像分類	ImageNet	74.9% Top-1 正確率
視覺	物件辨識 (少量)	COCO 2017	21.2mAP
視覺	物件辨識與分割	COCO 2017	37.7/33.9 Box/Mask min AP
語言	翻譯 (循環)	WMT16 EN-DE	21.8Sacre BLEU
語言	翻譯 (非循環)	WMT17 EN-DE	25.0BLEU
廣告	自動推薦	MovieLens-20M	0.635HR@10
研究	強化學習	圍棋	40.0% 專業棋手落子預測正確率

影像分類是一種常見的用於評價機器學習系統性能的任務，系統扮演影像分類器的角色，即對於一張給定的圖片，選出一個最符合影像內容的類別。在其他電腦視覺任務中，影像分類模型也常常作為特徵提取器，例如物件偵測或風格轉換等任務。典型的影像分類資料集 ImageNet 中包含 128 多萬張訓練影像和 5 萬張驗證影像。物件辨識任務和影像分割任務是許多系統中重要的組成部分，如自動控制、自動駕駛、視訊分析等。物件辨識任務需要輸出影像中目標框 (bounding box) 的座標，分割任務需要為影像中的每個像素標注一個類別。COCO 2017 資料集中包含超過 11 萬張訓練影像和 5000 張驗證影像。翻譯任務需要將一系列單字從來源語言翻譯為目的語言，MLPerf 所用的 WMT 資料集中包含約 450 萬組英文到德語的句子對。自動推薦系統在許多網際網路公司中都承擔了重要任務。MovieLens-20M 資料集中包含了近 3 萬部電影及它們的 2000 萬個評分與 46 萬筆標籤。強化學習任務的計算需求也在逐漸增長，並在一些控制系統中得到應用。比較常見的應用是遊戲、西洋棋或圍棋，強化學習演算法能夠訓練出足以對抗人類的代理。和其他機器學習測試基準不同，強化學習並不是使用一組現有的訓練資料，而是透過探索生成訓練資料。

以 MLPerf v0.5 訓練任務測試基準中的固定任務為例，所有的上傳者使用相同資料集和相同神經網路結構。參加 MLPerf v0.5 的上傳者為 Google、Intel 和 NVIDIA。測試範圍包括從嵌入式裝置到雲端的解決方案，但每個上傳者測試範圍並沒有覆蓋所有測試基準。不同系統之間有最高達 4 個數量級的性能差異。

機器學習正處於一個蓬勃發展的研究階段，同時處於硬體資源高速進步的時代。應運而生的 MLPerf 針對當前時期的機器學習應用分類，分別建構相對正規化的測試基準，使得各個工業研究組織之間能夠比較公平地比較不同的機器學習系統之間的性能。隨著機器學習技術的更新和進步，這些測試基準也需要不斷地進行調整和發展，以保持 MLPerf 的有效性和先進性。

參考文獻

[1] Krizhevsky A,Sutskever I,Hinton G E.ImageNet classification with deep convolutional neural networks[J].Communications of the ACM,2017,60(6): 84-90.

[2] Dario Amodei,Danny Hernandez.AI and Compute[R/OL].(2018-05-16)[2021-08-12].https://openai.com/blog/ai-and-compute/.

[3] Long J，Shelhamer E，Darrell T.Fully convolutional networks for semantic segmentation[C].Proceedings of the IEEE Conference on Computer Vision and Pattern Recognition(CVPR).IEEE，2015： 3431-3440.

[4] Goodfellow I,Pouget-Abadie J,Mirza M,et al.Generative adversarial nets[J].Advances in neural information processing systems,2014,27.

[5] Howard A G,Zhu M,Chen B,et al.Mobilenets: Efficient convolutional

neural networks for mobile vision applications[J].arXiv preprint arXiv: 1704.04861,2017.

[6] Dai J，Qi H，Xiong Y，et al.Deformable convolutional networks[C]. Proceedings of the IEEE International Conference on Computer Vision(ICCV).IEEE，2017： 764-773.

[7] Chen L C，Zhu Y，Papandreou G，et al.Encoder-decoder with atrous separable convolution for semantic image segmentation[C].Proceedings of the European Conference on Computer Vision(ECCV).2018： 801-818.

[8] Chetlur S,Woolley C,Vandermersch P,et al.cuDNN: Efficient primitives for deep learning[J].arXiv preprint arXiv: 1410.0759,2014.

[9] Stanley W D,Dougherty G R,Dougherty R.Digital Signal Processing[J]. Reston,VA,1984.

[10] Szegedy C，Liu W，Jia Y，et al.Going deeper with convolutions[C]. Proceedings of the IEEE Conference on Computer Vision and Pattern Recognition(CVPR).IEEE，2015： 1-9.

[11] Lavin A，Gray S.Fast algorithms for convolutional neural networks[C]. Proceedings of the IEEE Conference on Computer Vision and Pattern Recognition(CVPR).IEEE，2016： 4013-4021.

[12] Raihan M A,Goli N,Aamodt T M.Modeling deep learning accelerator enabled gpus[C].2019 IEEE International Symposium on Performance Analysis of Systems and Software(ISPASS).IEEE,2019: 79-92.

[13] Jia Z,Maggioni M,Staiger B,et al.Dissecting the NVIDIA volta GPU architecture via microbenchmarking[J].arXiv preprint arXiv: 1804.06826,2018.

[14] Nvidia.NVIDIA Tesla V100 GPU Architecture[Z/OL].(2017-08)[2021-08-12].http://www.nvidia.com/content/PDF/tegra_white_papers/tegra-K1-whitepaper.pdf.

[15] Jia Z,Maggioni M,Smith J,et al.Dissecting the NVidia Turing T4 GPU via microbenchmarking[J].arXiv preprint arXiv: 1903.07486,2019.

[16] Nvidia.NVIDIA A100 tensor core GPU Architecture[Z/OL].(2020-05-14) [2021-08-12].https://images.nvidia.com/aem-dam/en-zz/Solutions/data-center/nvidia-ampere-architecture-whitepaper.pdf.

[17] Abadi M,Barham P,Chen J,et al.Tensorflow: A system for large-scale machine learning[C].12th USENIX symposium on operating systems design and implementation(OSDI).2016: 265-283.

[18] Paszke A,Gross S,Massa F,et al.PyTorch: An imperative style,high-performance deep learning library[J].Advances in neural information processing systems,2019,32: 8026-8037.

[19] Chen T,Moreau T,Jiang Z,et al.TVM: An automated end-to-end optimizing compiler for deep learning[C].13th USENIX Symposium on Operating Systems Design and Implementation(OSDI).2018: 578-594.

[20] Boemer F,Lao Y,Cammarota R,et al.nGraph-HE: a graph compiler for deep learning on homomorphically encrypted data[C].Proceedings of the 16th ACM International Conference on Computing Frontiers.2019: 3-13.

[21] Han S，Pool J，Tran J，et al.Learning both weights and connections for efficient neural networks[C].28th International Conference on Neural Information Processing Systems(NIPS).IEEE，2015：1135-1143.

[22] Zhang S,Du Z,Zhang L,et al.Cambricon-X: An accelerator for sparse neural networks[C].2016 49th Annual IEEE/ACM International Symposium on Microarchitecture(MICRO).IEEE,2016: 1-12.

[23] Parashar A，Rhu M，Mukkara A，et al.SCNN： An accelerator for compressed-sparse convolutional neural networks[C].44th Annual International Symposium on Computer Architecture(ISCA).IEEE，2017： 27-40.

[24] Zhu M,Zhang T,Gu Z,et al.Sparse tensor core: Algorithm and hardware co-design for vector-wise sparse neural networks on modern gpus[C]. Proceedings of the 52nd Annual IEEE/ACM International Symposium on Microarchitecture(MICRO).2019: 359-371.

[25] Chen T，Du Z，Sun N，et al.Diannao： A small-footprint high-throughput accelerator for ubiquitous machine-learning[C].19th International Conference on Architectural Support for Programming Languages and Operating Systems(ASPLOS).IEEE，2014： 269-284.

[26] Yao Z,Cao S,Xiao W,et al.Balanced sparsity for efficient dnn inference on gpu[C].Proceedings of the AAAI Conference on Artificial Intelligence.2019,33(01): 5676-5683.

[27] Wikipedia.Transistor count[Z/OL].(2006-03-21)[2021-08-12].https://en.wikipedia.org/wiki/Transistor_count.

[28] Mattson Peter,Reddi Vijay Janapa,Cheng Christine,et al.MLPerf: An industry standard benchmark suite for machine learning performance [J]. IEEE Micro 40.2(2020): 8-16.

[29] Reddi Vijay Janapa，Cheng Christine，Kanter David，et al.MLPerf inference benchmark[C].Proceedings of the ACM/IEEE 47th Annual International Symposium on Computer Architecture(ISCA).IEEE，2020： 446-459.

[30] Mattson P，Cheng C，Coleman C，et al.Mlperf training benchmark[J]. Proceedings of Machine Learning and Systems.2020： 336-349.

Chapter

07 複習與展望

7.1 本書內容複習

近十餘年來，GPGPU 作為橫跨圖形 / 遊戲、高性能計算、人工智慧、虛擬貨幣和雲端運算等多種產業應用的一種通用加速元件，獲得了廣泛的認同和快速的發展。得益於其 SIMT 計算架構，GPGPU 的平行計算能力出眾，成為利用資料級平行 (Data-Level Parallelism) 提高任務處理性能的首選。同時，專門的圖形儲存元件和先進的三維堆疊記憶體 (HBM) 的加持提供了遠高於傳統 CPU 處理器的儲存存取記憶體頻寬，成為推動 GPGPU 算力持續提升的重要因素。配合不斷完整的工具鏈和豐富的加速軟體套件，GPGPU 可以快速部署和應用到多種產業中，充分利用硬體能力取得明顯的加速效果，成為產業領域應用加速的典型範例。

本書從 GPGPU 程式設計模型出發，透過對硬體架構的模組化解構，從控制核心架構、儲存架構、運算單元架構和張量核心架構四個關鍵方面，組織起 GPGPU 硬體的設計概貌和架構核心要素。本書不僅介紹了 GPGPU 程式設計模型和架構設計相關的基本概念、基礎知識和基本原理，例如執行緒模型、執行緒分支執行、排程與發射、暫存器檔案、共享記憶體、張量核心計算等，同時還分析了現有架構設計所面臨的諸多挑戰，例如執行緒分支、層次化排程、全域儲存合併存取和單晶片儲存的資料重複使用效率等，由此展開了對 GPGPU 架構設計最佳化和最新研究成果的多方位討論。

本書的介紹可以促進架構和電路設計人員深入理解 GPGPU 的系統結構原理，幫助應用和演算法開發人員設計出更高性能的軟體。希望本書所探討的架構設計原理能夠啟發讀者深入理解 GPGPU 晶片設計的要點，啟發讀者進一步思考計算的本質，把握未來高性能通用架構的發展方向。

7.2 GPGPU 發展展望

身為加速元件形態，GPGPU 正經歷著快速的技術變革，並朝著領域更為多樣、計算更為高效的方向快速發展。透過對核心架構設計現狀和最新研究成果的分析，未來的 GPGPU 的發展還會重點考慮以下幾方面的問題。

(1) **功耗問題**。隨著 GPGPU 算力的不斷攀升和記憶體的不斷升級，功耗問題愈發突出，已經逼近物理設計的極限。雖然在資料中心和桌面領域，高功耗的 GPGPU 能夠提供強大的算力，但在能效比方面仍然具有提升的空間。同時，在能效苛刻的智慧裝置和自動駕駛領域，低功耗的 GPGPU 設計仍然面臨許多難題，需要進一步結合場景需求確定能效比更高的架構形態。

(2) **人工智慧的支援**。GPGPU 近年來的快速發展很大程度上得益於人工智慧領域，尤其是深度學習領域的高速進步。快速迭代的演算法、巨大的神經網路算力需求和複雜的神經網路模型結構演變對於 GPGPU 的可程式化性、通用性和運算能力等方面都提出了更高的要求。如何在摩爾定律放緩的情況下支撐人工智慧演算法和算力的高速發展，成為擺在 GPGPU 架構和電路設計者面前的難題。

(3) **擴充性及虛擬化的支援**。受限於半導體的製程整合能力和功耗，單晶片 GPGPU 運算能力仍然有限。大規模多晶片互聯成為進一步提升算力的有效解決方案。在大量部署的 GPGPU 系統架構中，在硬體、軟體和系統層面支援虛擬化技術，更進一步地支援高性能計算和雲端運算等新型業務場景，是 GPGPU 支援各行各業發展的關鍵性問題。此外，某些應用單晶片 GPGPU 也可能存在算力過剩的問題。透過虛擬化技術，讓多個使用者共享 GPGPU 晶片資源也已成為現實，但在效率和使用者體驗上有待進一步改善。

(4) **統一化軟硬體介面**。一方面，未來的 GPGPU 發展會延伸到 CPU 的運算領域。另一方面，包括 CPU 和 GPGPU 在內的多種硬體形態，如 ASIC 和 FPGA，仍然遵循著各自的開發標準和使用習慣。屆時多種硬體形態的發展方向是對立還是統一？是否存在統一的計算描述方法、統一的軟體框架實作到不同硬體形態的轉化？這仍然是等待工業界和學術界共同思考和回答的問題。

NOTE